深度学习原理与基于Keras编程方法

董　武　主编

清華大學出版社
北　京

内容简介

本书详细介绍了深度学习的基本理论和基于Keras深度学习框架的编程方法。全书由5章组成。第1章介绍了深度学习的基本概况，包括深度学习的基本概念、应用领域和深度学习程序的框架等。第2章介绍了神经网络的基本原理，包括神经元模型、激活函数、神经网络的训练过程等。第3章介绍了基于Keras的全连接前馈神经网络编程方法，包括运行深度学习程序的硬件环境和软件环境、张量、使用全连接前馈神经网络处理回归问题和分类问题的编程方法。第4章介绍了卷积神经网络的原理和编程方法，包括卷积计算、池化计算、使用Keras进行卷积神经网络编程的方法、卷积神经网络的常用方法、经典的卷积神经网络模型和迁移学习方法。第5章介绍了循环神经网络的原理和编程方法，包括循环神经网络的特点、词语嵌入编码的原理、长短期记忆模型网络、门控循环单元网络、基于Keras对简单循环神经网络和长短期记忆模型网络进行编程的方法。

本书可以作为高等院校智能科学与技术、人工智能、智能制造工程等人工智能类专业的教材，也可以作为人工智能领域技术人员自学或参考的书籍。

图书在版编目（CIP）数据

深度学习原理与基于Keras编程方法/董武主编. -- 北京：清华大学出版社，2025.5. --（21世纪人工智能创新与应用丛书）. -- ISBN 978-7-302-69115-0

Ⅰ. TP181

中国国家版本馆CIP数据核字第2025SK1488号

责任编辑：袁勤勇
封面设计：常雪影
责任校对：王勤勤
责任印制：丛怀宇

出版发行：清华大学出版社

网　　址：https://www.tup.com.cn，https://www.wqxuetang.com
地　　址：北京清华大学学研大厦A座　　**邮　　编**：100084
社 总 机：010-83470000　　**邮　　购**：010-62786544
投稿与读者服务：010-62776969，c-service@tup.tsinghua.edu.cn
质量反馈：010-62772015，zhiliang@tup.tsinghua.edu.cn
课件下载：https://www.tup.com.cn，010-83470236

印 装 者：大厂回族自治县彩虹印刷有限公司
经　　销：全国新华书店
开　　本：185mm×260mm　　**印　　张**：14.5　　**字　　数**：351千字
版　　次：2025年6月第1版　　**印　　次**：2025年6月第1次印刷
定　　价：58.00元

产品编号：103654-01

前 言

PREFACE

随着目前 Sora、ChatGPT 和文心一言等人工智能视频和语言大模型的问世和广泛应用，人工智能正在改变整个世界，并且在各行各业中得到了大量的应用。深度学习的理论和技术是人工智能领域非常重要的内容，它在人工智能的发展过程中起到了非常重要的作用。在高校开展深度学习课程的教学过程中，教材的选择非常重要。在目前已有的深度学习教材中，经常存在理论知识深奥、编程实践比较困难等问题。为了解决这些问题，笔者专门编写了这本教材。

本书详细介绍了深度学习的基本理论和基于 Keras 深度学习框架的编程方法，对深度学习理论的基本原理、神经网络的基本原理、全连接前馈神经网络的编程方法、卷积神经网络的原理和编程方法、循环神经网络的原理和编程方法等内容进行了详细介绍。本书主要有以下 3 个特点。

(1) 本书对深度学习理论知识的介绍非常全面，既包括传统的全连接前馈神经网络，也包括目前深度学习理论中常用的卷积神经网络和循环神经网络。全连接前馈神经网络的内容包括人工神经元模型的特点、神经网络的特点、神经网络的训练过程、前向传播算法的原理、损失函数的特点、梯度下降方法的原理、反向传播算法的原理、过拟合现象等。卷积神经网络的内容包括卷积计算的原理、池化计算的原理、卷积神经网络的宽结构模型和深结构模型、经典的卷积神经网络模型、迁移学习方法的基本原理。循环神经网络的内容包括简单循环神经网络的原理、语言的分词问题、词语嵌入编码的原理、长短期记忆模型网络的原理和门控循环单元网络的原理等。

(2) 本书详细介绍了使用 Keras 深度学习框架对深度学习理论进行编程的方法，包括运行深度学习程序的硬件环境和软件环境、全连接前馈神经网络的编程方法、卷积神经网络的编程方法和循环神经网络的编程方法等。在介绍运行深度学习程序的软件环境时，分别介绍了 Anaconda 软件的使用方法、CUDA Toolkit 软件和 cuDNN 软件的安装方法、TensorFlow 库和 Keras 库的安装方法、Jupter Notebook 软件和 PyCharm 软件的使用方法等。在介绍全连接前馈神经网络的编程方法时，分别介绍了线性回归模型的编程方法、单层全连接前馈神经网络的编程方法、多层全连接前馈神经网络的编程方法、回归问题和分类问题的编程方法等。在介绍卷积神经网络的编程方法时，分别介绍了卷积神经网络宽结构模型的编程方法、卷积神经网络深结构模型的编程方法、批归一化操作的编程方法、数据增强操作的编程方法、经典卷积神经网络模型的编程方法和迁移学习的编程方法等。在介绍循环神经网络的编程方法时，分别介绍了简单循环神经网络的编程方法和长短期记忆模型网络的编程方法等。

(3) 在本书的撰写过程中，尽可能使用简单轻松的语言诠释深度学习的理论和编程方法，尽可能不涉及复杂深奥的理论公式。深度学习的复杂理论知识请参考其他相关书籍。这样做的初衷是希望使深度学习的初学者能够轻松入门，不会被艰深的深度学习理论公式所困惑，防止对深度学习产生很强的畏难心理，从而影响下一步的学习积极性和学习体验。

本书结构合理、内容新颖、层次清晰、易于理解和学习，可以作为高等院校智能科学与技术、人工智能、智能制造工程等人工智能类专业本科学生和研究生的入门书籍，也可以作为人工智能领域科技人员的参考资料。

北京印刷学院信息工程学院智能科学技术专业董武副教授完成了本书的撰写，并对本书的全部内容进行了统稿审定。

本书是笔者多年努力的成果，为了编写本书，笔者付出了很多心血，牺牲了很多休息时间。同时，本书在编写过程中得到了清华大学出版社和北京印刷学院信息工程学院各级领导的大力支持，在此表示衷心的感谢。此外，本书的出版得到多个科研项目的资助，包括北京市数字教育研究重点课题(项目编号为 BDEC2022619027)、北京市高等教育学会 2023 年立项面上课题(项目编号为 MS2023168)、北京印刷学院校级科研项目(项目编号为 Ec202303、Ea202301、E6202405)、北京印刷学院学科建设和研究生教育专项(项目编号为 21090323009)和北京印刷学院出版学新兴交叉学科平台建设项目(项目编号为 04190123001/003)，在此对北京市教委、北京市高等教育学会和北京印刷学院等资助机构表示深切的谢意。特别感谢家人的大力支持和理解。如果没有你们的关心和付出，难以完成本书的撰写和出版工作。

由于时间比较仓促，而且笔者的理论水平和实践能力有限，书中难免存在疏漏和不足的地方，希望各位读者和专家批评指正，在此表示衷心的感谢。

董武　于北京

2025 年 1 月

目 录

CONTENTS

第1章 概述

本章首先介绍深度学习的发展历史；然后介绍人工智能、机器学习和深度学习的基本概念，同时介绍人工智能和机器学习、深度学习之间的关系；接着，介绍深度学习分别在计算机视觉、自然语言处理、语音识别、棋类比赛、游戏开发、医疗保健、自动驾驶和金融领域中的应用；最后介绍深度学习的框架。

1.1 深度学习的发展历史

深度学习本质上是机器学习的一个分支，经历了一个漫长的发展历史。深度学习在最近几年发展非常迅速，在社会上得到广泛的关注。

20世纪50年代，科学家开始研究人工神经网络(Artificial Neural Network，ANN)的理论和应用，这是深度学习领域最早的研究工作。1943年，心理学家沃伦·麦卡洛克(Warren McCulloch)和数学逻辑学家沃尔特·皮兹(Walter Pitts)最早提出了神经网络的模型，即MP模型。MP模型模仿了人类大脑中神经元的结构和工作原理，它本质上是一种“模拟人类大脑”的神经元模型。MP模型作为人工神经网络的起源，开创了人工神经网络的新时代，也奠定了神经网络模型的基础。1949年，加拿大心理学家唐纳德·赫布(Donald Olding Hebb)在《行为的组织》一书中提出了一种基于无监督学习的规则，即赫布学习规则(Hebb Learning Rule)。赫布学习规则模仿人类认知世界的过程，并建立一种网络模型，该网络模型针对训练集进行大量的训练并提取训练集的统计特征，然后按照样本的相似程度进行分类，把相互之间联系密切的样本分为一类，从而把样本分成了若干类。赫布学习规则为以后的神经网络学习算法奠定了基础，具有重大的历史意义。

1958年，在MP模型和赫布学习规则的研究基础上，美国科学家弗兰克·罗森布拉特(Frank Rosenblatt)发现了一种类似人类学习过程的学习算法，即感知器学习。他正式提出了由两层神经元组成的神经网络，并把此网络称为“感知器”(Perceptron)。感知器本质上是一种线性模型，可以对输入的训练集数据进行二分类，能够在训练集中自动更新权值。感知器的提出引发了大量科学家对人工神经网络研究的兴趣，对神经网络的发展具有里程碑式的意义。

1969年，具有“AI之父”称号的科学家马文·明斯基(Marvin Lee Minsky)和LOGO语言的创始人西蒙·派珀特(Seymour Papert)出版了《感知器》一书，在此书中，他们证明了单层感知器无法解决线性不可分问题，如异或问题。由于单层感知器具有此致命缺陷，因此单层感知器没有及时推广到多层神经网络中。20 世纪 60 年代末和 70 年代初计算机的计算能力较差，人工神经网络进入了寒冬期，科学家对人工神经网络的研究几乎陷于停滞的状态。

20 世纪 80 年代，由于计算机性能的提高和反向传播算法的发明，神经网络再次成为科学家研究的热点问题。1982 年，著名物理学家约翰·霍普菲尔德(John Hopfield)发明了Hopfield 神经网络。Hopfield 神经网络是一种结合存储系统和二元系统的循环神经网络，能够模拟人类的记忆功能。根据激活函数的不同，Hopfield 神经网络分为连续型和离散型，这两种类型能够分别用于优化计算和联想记忆。但是，Hopfield 神经网络有一个缺点，即它容易陷入局部最小值而无法得到全局最小值。1986 年，科学家杰弗里·辛顿(Geoffrey Hinton)提出了能够用于多层感知器的反向传播(Back Propagation，BP)算法。反向传播算法在传统神经网络正向传播的基础上，增加了误差的反向传播过程。反向传播过程不断地调整神经元的权值和阈值，直到输出的误差减小到允许的范围内，或者达到预先设定的训练次数为止。反向传播算法使人工神经网络再次引起社会的广泛关注。

由于 20 世纪 80 年代计算机硬件的计算能力不足，因此在神经网络的规模变大时，如果使用反向传播算法会带来梯度消失(即梯度值为 0)的问题，这限制了反向传播算法的进一步发展。此外，科学家于 20 世纪 90 年代中期提出了以支持向量机(Support Vector Machine，SVM)为代表的浅层机器学习算法，这些浅层算法在分类问题和回归问题上取得了较好的效果，而且这些浅层算法的原理和神经网络完全不同，所以人工神经网络的发展再次变得比较缓慢。

到了 20 世纪 90 年代，由于计算机的计算能力大大增强，深度学习的发展变得非常迅速，科学家开始研究卷积神经网络(Convolutional Neural Network，CNN)和循环神经网络(Recurrent Neural Network，RNN)等更加复杂的深度学习模型，"深度学习"这个专业术语得到社会的广泛关注。1998 年，具有"卷积神经网络之父"称号的杨立昆(Yann LeCun)提出了卷积神经网络 LeNet-5 模型，此模型在手写数字识别任务上取得了重大突破。2006 年，杰弗里·辛顿和鲁斯兰·萨拉赫丁诺夫(Ruslan Salakhutdinov)正式提出了深度学习的概念。在他们发表于世界顶级学术期刊《科学》的一篇文章中，详细给出了梯度消失问题的解决方法，即首先使用无监督的学习方法逐层训练深度学习的模型，再使用有监督的反向传播算法进行参数的调整。此方法在科研界引起了很大的反响，斯坦福大学、多伦多大学等很多著名高校纷纷开展深度学习领域的相关研究，工业界也投入很大精力研究深度学习的理论和应用。随着计算机性能的提高和算法的改进，神经网络的深度和宽度不断增加。同年，杰弗里·辛顿等提出了深度信念网络(Deep Belief Network，DBN)，为深度学习的发展打下了基础。

2012 年，在著名的 ImageNet 图像识别大赛中，杰弗里·辛顿等提出的 AlexNet 深度学习模型获得了冠军。AlexNet 模型以 15.3%的 Top-5 低错误率赢得了比赛，这几乎是此前获胜者错误率的一半。AlexNet 模型由 5 个卷积层、5 个最大值池化层和 3 个全连接层组成。它使用了 ReLU 激活函数，从根本上解决了梯度消失问题。此外，AlexNet 模型使用了图形处理器(Graphic Processing Unit，GPU)进行深度学习模型的训练，所以极大提高了深度学习模型的运算速度。同年，斯坦福大学的吴恩达教授和世界顶尖计算机专家杰夫·迪恩(Jeff Dean)共同提出了深度神经网络(Deep Neural Network,DNN)模型,深度神经网络模型在图像识别领域取得了惊人的成绩,它在ImageNet数据集上把识别的错误率从26%降低到15%。深度学习算法在ImageNet大赛中取得了优异的成绩,这再一次吸引了科研界和工业界对深度学习领域的关注。2014年,脸书(Facebook)公司提出了基于深度学习的DeepFace模型,此模型在人脸识别方面的准确率达到了97%,跟人类识别的准确率几乎没有差别。此结果再一次证明了深度学习算法在图像识别方面具有强大的优势。同年,在ImageNet大赛中,牛津大学提出的VGG Net模型(最多19层)在分类任务中把错误率降低到7.3%,谷歌(Google)公司提出的Inception模型在分类任务中把错误率降低到6.7%。此外,在这一年,Ian Goodfellow提出了生成对抗网络(Generative Adversarial Network,GAN)。生成对抗网络由两个主要部分组成:生成假样本的生成器,区分真实样本和生成器生成样本的判别器。生成器不断生成欺骗判别器的假样本,而判别器则努力发现假样本。2015年,何恺明等提出的ResNet模型(最多152层)获得ImageNet大赛的冠军,其在分类任务中把错误率降低到了3.6%。

2016年,谷歌公司设计了基于深度学习的阿尔法狗(AlphaGo)。阿尔法狗又称为阿尔法围棋,它是世界上第一个战胜人类围棋世界冠军的人工智能机器人。它以4∶1的比分战胜了国际顶尖围棋棋手李世石,后来阿尔法狗又战胜了其他世界级围棋高手,这表明在围棋领域,基于深度学习技术的智能机器人已经超越了人类。2017年,谷歌公司设计了基于强化学习算法的AlphaGo Zero。AlphaGo Zero是阿尔法狗的升级版,它以100∶0的比分轻松地打败了之前的阿尔法狗。除了围棋,AlphaGo Zero还精通国际象棋、将棋等其他棋类游戏,可以说是真正的棋类“天才”。

2017年,科学家提出了用于自然语言处理(Natural Language Processing,NLP)的Transformer模型。此模型使用了注意力机制,它没有使用卷积操作,它的结构包括多头注意力、残差连接、层归一化、全连接层和位置编码。2017年,谷歌公司提出了适用于移动设备的轻量级移动端模型MobileNet。同年,在国际计算机视觉与模式识别会议(IEEE Conference on Computer Vision and Pattern Recognition,CVPR)上,黄高等提出的DenseNet模型(最多264层)在模型复杂度、预测精度上做了更加深入的探索和研究。2018年,科学家提出了用于图像处理的Transformer扩展模型,即视觉变换器(Vision Transformer,ViT),它在计算机视觉任务中有着不错的表现。

2022年11月,OpenAI公司提出了大规模语言模型ChatGPT(Chat Generative Pre-trained Transformer),其网址为https://chat.openai.com。ChatGPT是基于人工智能技术的自然语言处理工具,它能够基于在预训练阶段使用的模式和统计规律生成回答,还能根据聊天的上下文进行互动,真正像人类一样聊天交流,还能够撰写邮件、视频脚本、文案、计算机程序、稿件等。2023年3月,OpenAI公司推出了GPT-4模型。GPT-4是多模态的大模型,能够支持图像和文本的输入和输出,拥有强大的识图能力,文字输入限制提升到了2.5万字。截止到2024年2月,中国的很多高科技公司和研究机构也研发了多个大语言模型,例如百度公司研发的文心一言4.0,科大讯飞公司研发的讯飞星火V3.0,vivo公司研发的vivoLM,月之暗面公司研发的Moonshot、商汤科技公司研发的Sense Chat 3.0,阿里巴巴公司研发的Qwen-14B-Chat,字节跳动公司研发的云雀大模型等。大规模语言模型的出现,又一次在全世界范围内激发了深度学习和人工智能的研究热潮。

在深度学习的浪潮之下，不管是人工智能的相关从业者还是其他各行各业的工作者，都应该以开放、学习的心态关注深度学习、人工智能的热点动态。人工智能正在悄无声息地改变我们的生活和工作！

1.2 深度学习的基本概念

本节介绍深度学习的定义、机器学习的定义，以及深度学习和机器学习、人工智能之间的关系。

1.2.1 人工智能

人工智能(Artificial Intelligence，AI)是一门研究制造智能机器或智能系统、模拟人类的智能活动并在某些方面远远超过人类智能水平的新技术科学。人工智能旨在使机器能够像人一样进行感知、认知、决策和执行任务，通过模拟人类智能行为来实现这一目标。人工智能的模拟行为主要包括结构的模拟和功能的模拟。在结构的模拟方面，人工智能能够模仿人的生理结构，包括眼睛、腿、手、胳膊等。通过复制人体器官和结构，人工智能系统可以实现感知和交互的基本功能。例如，计算机视觉系统通过模拟人眼睛的功能来理解和解释图像。在功能的模拟方面，能够模拟人的多种功能，这些功能具体包括自动推理、语音识别、视觉识别、运动识别、图像理解、自然语言处理等。也就是说，希望智能机器人能够像人一样思考、像人一样听懂并看懂、像人一样运动等。通过模拟人类执行各种任务的能力，人工智能系统可以具备更广泛的智能行为。例如，语音助手通过模拟人的语音识别和自然语言处理能力来执行用户的命令。

人工智能有三大类别，分别是逻辑主义、连接主义和进化主义。逻辑主义也称为符号主义，其基本思想是将人工智能表示为符号、规则和算法的集合。逻辑主义认为，通过使用计算机实现符号、规则和算法的表示和计算，可以模拟人类的智能思维过程。逻辑主义类别强调逻辑推理和符号处理。连接主义也称为仿生学派，这一类别基于仿生学的思想，认为生物智能由神经网络产生。通过人工方式构造神经网络，并训练这些网络，可以实现人工智能。连接主义类别强调通过模拟神经网络的学习和适应机制来实现人工智能。进化主义类别的基本思想是模拟自然界的进化现象和生物群体的智能行为。通过设计问题的处理方法，进化主义类别模拟进化的过程，使机器逐步适应和改进，从而实现人工智能。这一类别强调演化算法和自适应系统的应用。这三大类别并非相互独立，而是在实践中相互结合，形成综合性的人工智能系统。逻辑主义、连接主义和进化主义这三个类别各自在不同方面为人工智能的发展提供了独特的理论和方法，共同推动着人工智能领域的不断进步。

1.2.2 机器学习

什么是机器学习(Machine Learning，ML)？对于某类任务 T(Task)和性能度量 P(Performance Measure)，一个计算机程序可以从经验 E(Experience)中学习，通过经验 E 改进后，计算机程序在任务 T 上的性能度量 P 有所提升，这就是机器学习。在机器学习中，“机器”这两个字通常指实现某个机器学习模型的计算机程序，“学习”这两个字通常指计算机程序去学习经验中包含的规律，不断提高计算机程序的预测性能。

机器学习的任务可以有很多种，例如在图像分类问题中，有两类图像，分别为猫的图像和狗的图像，对于某一个图像，分辨它是猫的图像还是狗的图像，就是机器学习的二分类任务。再如，进行语音的识别，把语音转换成汉字；进行新闻的分类，把新闻分为体育新闻、汽车新闻、房产新闻、旅游新闻、教育新闻、时尚新闻、科技新闻、财经新闻、娱乐新闻和母婴新闻等；使用计算机程序进行机器翻译，把汉语翻译成英语，或者把英语翻译成汉语。这些都是机器学习的任务。

机器学习的模型有很多种，如线性模型、决策树、神经网络、支持向量机、贝叶斯分类器、集成学习、聚类、降维与度量学习等。

机器学习的经验指已有的历史数据，机器学习模型从已有的历史数据中学习其规律和特点。机器学习的性能指标是判断机器学习模型性能优劣的量化参数，例如，在猫狗分类中，分类的准确率；在进行语音识别时，语音转换成汉字的准确率；在进行新闻的分类中，分类的准确率；在使用计算机程序进行机器翻译时，汉语翻译成英语的准确率。

机器学习的过程分为两个阶段：训练阶段和预测阶段。机器学习使用的数据分为两种类型：训练集和测试集。训练集也称为训练数据集，指机器学习模型在训练阶段使用的历史信息。测试集也称为测试数据集，指机器学习模型在预测阶段使用的历史信息。机器学习模型的两个阶段有先后顺序，先进行训练阶段，再进行预测阶段，如图 1-1 所示。在图 1-1 中，$f(\cdot)$表示机器学习模型。在训练阶段，使用训练数据对机器学习模型进行训练，不断调整机器学习模型内部的参数，也可以认为是机器学习模型去学习训练数据中的规律和特征，最终得到训练好的机器学习模型。在预测阶段，不需要使用测试数据对机器学习模型进行训练，而是把测试数据送给在训练阶段已经训练好的机器学习模型，得到测试数据的预测结果。在预测阶段，对于已经训练好的机器学习模型来说，测试数据是未知的或新鲜的数据。在预测阶段使用的测试数据不对机器学习模型进行训练，即不会调整机器学习模型内部的参数。

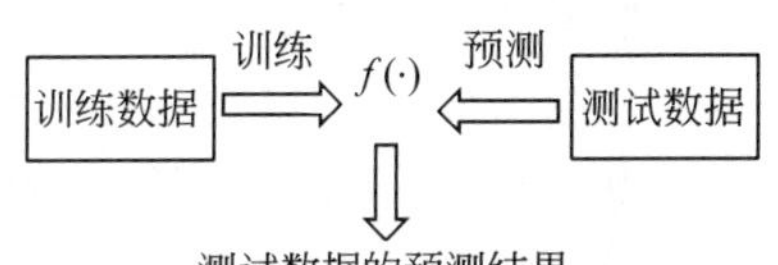

图 1-1 机器学习的两个阶段

例如，使用机器学习算法去判断一个人是老年人还是年轻人，显然在这里任务 T 就是把人判断为老年人或年轻人，这是一个典型的二分类问题。为了完成该任务，需要很多人的历史信息。这里信息包括两部分：特征和标签。特征能够描述人的特点，如黑头发的比例、行走的速度等。在机器学习任务中，特征是机器学习算法进行学习和做出预测的关键内容。标签也称为标注，指每个人对应的类别，即老年人或年轻人。在机器学习的训练阶段（也称为学习阶段），把大量人的历史信息送给机器学习算法，此算法学习特征和标注之间的映射关系，送入的已有信息越多，此算法就越有经验 E。把训练阶段使用的已有信息称为训练集或训练数据集，训练集的质量和数量直接影响机器学习算法的学习效果。把每个人的历史信息称为一个样本，样本包含这个人的特征和标签。训练集中的样本越多，机器学习算法就能够积累更多的经验，即能够获得更多关于特征和标签之间的映射特点，这样机器学习算法在面对新样本时就会具有更强的泛化能力。在训练阶段，机器学习算法通过调整模型参数，使得在训练集上的预测结果更接近真实的标签值，这个过程称为参数调整或优化。在机器学习的预测阶段（也称为测试阶段），首先收集一些人的历史信息，并只把历史信息中的特征送给机器学习算法；然后，得到每个历史信息是否为老年人或年轻人的预测结果，比较预测结果和历史信息中真正的标签值，从而得到识别准确率。识别准确率就是机器学习算法的性能度量值 P，它反映了机器学习算法在真实场景中的表现。把预测阶段使用的人的历史信息称为测试集或测试数据集。优秀的机器学习算法不仅在训练集上表现好，还能在未见过的样本上进行准确预测，即具有良好的泛化能力。这样，机器学习的整个过程就形成了一个闭环，从定义任务、提取特征，到训练模型、评估性能。在这个过程中，不断进行经验的积累和模型的优化，以逐渐提高模型的准确性和适应性。

机器学习可以分为 3 类，即有监督学习(Supervised Learning)、无监督学习(Unsupervised Learning)和半监督学习(Semi-Supervised Learning)。有监督学习也称为监督学习、有教师学习，指每个样本既有特征数据又有标签数据。特征表示样本的属性，而标签表示样本所属的类别或值。在有监督学习中，机器学习算法根据这些样本数据建立特征和标签之间的映射模型。有监督学习处理的问题分为两类，即分类问题和回归问题。分类问题指标签是离散值或类别的标签。分类的例子有很多，例如把 Email 分为正常 Email 和垃圾 Email，如图 1-2 所示，显然这是一个二分类问题；判断贷款客户是否会违约，这也是一个二分类问题；把新闻文本分为科技新闻、军事新闻、娱乐新闻，这是一个三分类问题；识别手写数字图像中的 0、1、2……9 数字，这是一个十分类问题。回归问题指标签是连续值，例如根据前 10 天的股票价格预测明天的股票价格；根据前 4 个月房屋的均价预测下一个月的房屋价格等。

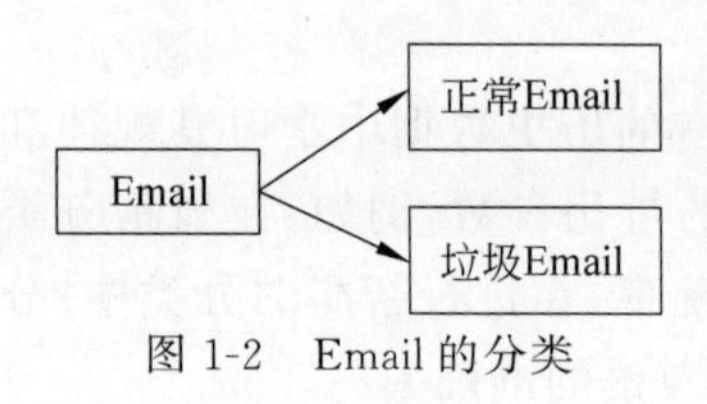

图 1-2 Email 的分类

无监督学习也称为无导师学习，指样本中仅仅包含特征数据，没有相应的标签数据，此时机器学习算法从没有标注的数据中学习数据的特征。无监督学习方法有很多，如 K-Means 聚类算法、主成分分析(Principal Component Analysis，PCA)方法等。在 K-Means 聚类算法中，把数据划分为不同的簇，去发现数据中的相似性和群集结构。为了减少数据的维度，主成分分析方法保留了数据的主要特征，其目的是帮助发现数据中的主要变化方向。例如，样本数据如图 1-3 所示，这些数据没有标签值，根据样本数据的不同特征，可以对这些数据进行分类。如果根据样本数据的形状特征进行分类，分类结果如图 1-4(a)所示；如果根据样本数据的颜色特征进行分类，分类结果如图 1-4(b)所示；如果根据样本数据的尺寸特征进行分类，分类结果如图 1-4(c)所示。

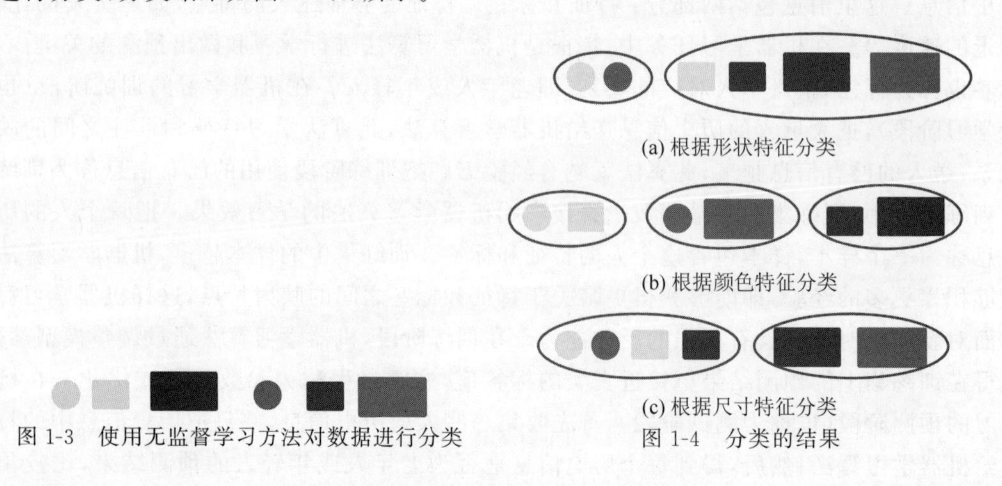

图 1-3 使用无监督学习方法对数据进行分类

图 1-4 分类的结果

半监督学习是介于有监督学习和无监督学习之间的一种机器学习方法。在半监督学习中，使用了少量有标签的训练数据和大量无标签的训练数据。半监督学习旨在结合有标签数据的监督信息和无标签数据的无监督学习优势，提高模型的性能和泛化能力。半监督学习通常应用于数据标注成本较高或不易获得大量标签的场景。

1.2.3　深度学习

1. 深度学习的定义

深度学习(Deep Learning)是一种机器学习算法，其模型的灵感来源于人类大脑的神经网络结构。人类大脑是地球上具有最高智慧动物的智能中枢，其高效的信息处理方式激发了科学家创建了深度学习模型。人类通过大脑进行思考、联想、记忆和推理判断，大脑内部有很多生理神经元。深度学习希望能够模拟大脑的工作过程。为了实现这种模仿，深度学习使用人工神经元组成的神经网络，通过多层次的网络结构来进行信息处理。深度学习中的"深度"指神经网络有很多层，至少多于3层。层数的增加使神经网络能够学习更加抽象和复杂的特征，从而提高对复杂任务的处理能力。深度学习中的"学习"指神经网络的训练过程，即通过大量的数据来调整网络的参数，使其能够更好地拟合输入数据。这个过程类似于人类学习的过程，通过不断理解信息来提高自身的认知和判断能力。深度学习能够处理图像、语音、自然语言等信息，已经被广泛应用于计算机视觉、语音识别、自然语言处理、智能推荐等领域。深度学习的成功应用证明了其在处理复杂任务和大规模数据时的有效性，极大地推动了人工智能领域的发展。

深度学习的网络结构涵盖了多种类型，其中3种主要类型是全连接多层前馈神经网络、卷积神经网络和循环神经网络。全连接多层前馈神经网络也称为多层感知器(Multilayer Perceptron, MLP)，它是最基本的深度学习网络结构，由多个层的神经元组成，每一层的神经元都与下一层的所有神经元相连。每个神经元接收上一层所有神经元的输出信号，并通过权重进行加权求和，然后通过激活函数进行非线性转换。这种结构使网络能够学习非线性的关系，适用于一些简单的分类问题。图1-5表示一个三层的全连接前馈神经网络，包括2个隐藏层和1个输出层，输入层不计入层数的总数量。在此网络中，输入层有3个输入信号，两个隐藏层神经元的数量都是4个，输出层有2个神经元。

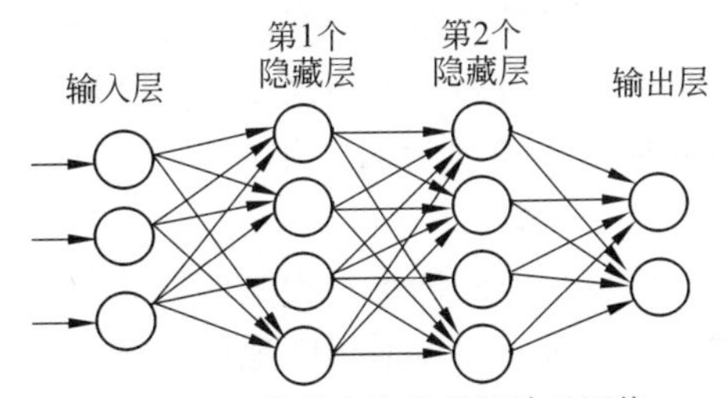

图1-5　三层的全连接前馈神经网络

卷积神经网络首先使用卷积层提取输入数据的局部特征，然后使用池化层减小数据的维度，最后使用全连接层进行分类或回归。卷积神经网络在图像处理中表现出色，其具有权重共享的特点以及强大的层级特征提取能力。LeNet-5是一种最早的经典卷积神经网络模型，如图1-6所示。LeNet-5模型包括2个卷积层、2个池化层、2个全连接层和1个输出层。此模型已经成功应用于手写数字识别，准确率达99.2%，此模型为以后的深度学习发展奠定了坚实的基础。

循环神经网络能够处理序列数据，例如时间序列数据或自然语言数据。它把前一时刻的输出信号作为当前时刻的输入信号，因此具有记忆功能。传统的循环神经网络模型如

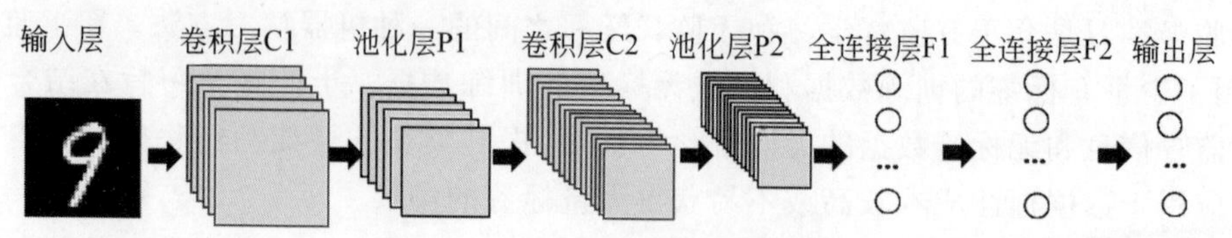

图 1-6 LeNet-5 卷积神经网络模型

图 1-7 所示。传统的循环神经网络模型存在梯度消失或梯度爆炸的问题，为了解决这个问题，出现了一些改进的结构，如长短期记忆模型和门控循环单元模型等。

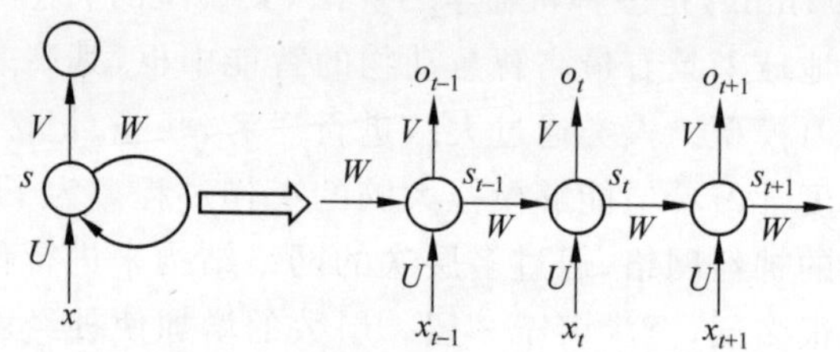

图 1-7 传统的循环神经网络模型

人脑处理视觉信号包括以下 3 个步骤。首先，光线通过瞳孔进入视网膜(Rentina)，形成图像信号；然后，Area V1 部分(即初级视觉皮层)对图像信号进行初步处理，其中的细胞能够发现边缘和方向；接着，信号进入 Area V2 部分，此部分能够对物体的形状进行更高级的抽象处理，例如判定物体是否为圆形或长方形；最后，信号进入 Area V3、Area V4 和 Area V5，这些部分中的大脑组织能够对信号做进一步的抽象处理，并判定物体的类型，如人脸等。

人脑对进入眼睛的视觉信号的处理过程如下：首先，人眼获得多个点信号；然后，这些点组成边缘；接着，由边缘组成各种形状；最后，由多个形状组成物体的轮廓。深度学习模型能够模拟人脑视觉的工作过程，对原始信号做低级的抽象处理，进而做进一步的高级抽象处理。

深度学习的训练过程类似婴儿学习外部世界的过程。在深度学习的训练过程中，模型的参数通过反向传播不断地调整，同时网络的预测性能不断提高，这类似于婴儿通过观察和互动来调整对外部世界的认知。深度学习模型通过多次循环去学习并逐渐提高对复杂信息的理解能力，此过程类似于婴儿从简单的感知到复杂认知的逐渐演进。随着训练的进行，深度学习模型积累了大量的经验，能够更准确地进行分类和预测，这类似于婴儿通过与外界的交互逐渐积累了对世界认知的经验。

总体而言，深度学习模型在模拟人脑视觉的工作原理方面取得了显著进展，通过层层抽象的处理方式，实现了对图像信息的高级理解。深度学习模型的训练过程与婴儿学习外部世界的过程存在相似之处，都是通过与环境互动，不断调整和优化以提高认知水平。这种模拟人脑视觉工作的方法为深度学习在计算机视觉等领域的成功应用奠定了基础。

2. 深度学习与机器学习的区别

机器学习方法和深度学习方法的实现过程具有相同特点，即它们都包括两部分：特征的提取和分类器。在机器学习方法中，分类器通常使用支持向量机、随机森林等方法。在深度学习方法中，分类器通常使用 1 个或多个全连接层完成特征和标签值之间的映射。

在特征提取方面，机器学习方法和深度学习方法存在显著的区别。在机器学习方法中，需要手动提取特征，即科研人员先根据不同的问题设计不同的算子或函数，然后使用算子去提取数据的特征。例如，使用局部二值模式(Local Binary Pattern，LBP)算子捕捉图像的纹理信息，使用梯度方向直方图(Histogram of Oriented Gradient，HOG)算子捕捉图像的边缘和轮廓特征。在机器学习中，特征的提取需要专业知识和经验，并且需要不断地调整和改进，这是一项费力的任务。机器学习提取的特征很难保证是最优的，所以机器学习方法在处理复杂问题时会受限于特征的质量和适应性。

深度学习模型的每个层能够从原始数据中自动提取抽象的特征，这摆脱了机器学习方法中手动提取特征的缺陷。例如，卷积神经网络的卷积核系数是网络参数，在卷积神经网络的训练过程中，首先通过训练过程中的反向传播不断自动调整卷积核的系数；然后把卷积核和输入信号做卷积运算，得到最优的抽象特征；最后，把抽象特征和样本的标签值做进一步的映射。深度学习模型直接从输入信号中进行学习，不需要手动提取特征。这种自动学习的方式减轻了特征工程任务的负担，使模型更加适应不同的任务。

总的来说，深度学习采用了自动提取抽象特征的方法，克服了传统机器学习方法中手动提取特征的瓶颈。这使得深度学习在处理大规模、复杂任务时表现出色，且不同于传统机器学习方法需要依赖领域专家进行算子的设计。

3. 在深度学习模型中输入信号和输出信号之间的映射关系

深度学习模型本质上能够实现输入信号和输出信号之间的映射关系。在深度学习模型中，输入信号和输出信号之间的映射关系可以表示为

$$\mathbf{Out}=M(\mathbf{In},\theta) \tag{1-1}$$

其中，**In** 表示输入信号，它是一个 n 维的矩阵或张量；**Out** 表示输出信号，它是具有 m 个元素的向量，M 表示输入信号 **In** 和输出信号 **Out** 之间的映射模型，如多层全连接前馈神经网络、卷积神经网络等。在深度学习模型中，由于输入信号 **In** 和输出信号 **Out** 之间的映射关系比较复杂，很难使用一个具体的数学表达式清晰地描述这种关系，因此输入信号 **In** 和输出信号 **Out** 之间的映射模型 M 通常不是具体的数学表达式。在式(1-1)中，θ 表示映射模型的参数，深度学习模型通过训练能够确定 θ 的最终数值。在深度学习模型中，其网络结构可能非常复杂，θ 的数量可能非常大，有的甚至上亿，例如 ChatGPT-3.5 语言大模型有 1800 亿个参数。

下面举例说明在深度学习模型中输入信号和输出信号的特点。在人脸识别技术中，能够根据人脸判断人的年龄和性别。在百度的 AI 开放平台网站中，能够根据人脸识别人的性别和年龄，其网址为 https://ai.baidu.com/tech/face/detect。使用该网站对本书编著者的人脸进行识别，结果如图 1-8 所示。

在以上根据人脸识别年龄和性别的例子中，输入信号 **In** 是三维的彩色图像，此彩色图像有 3 个组成部分，分别是红色分量的二维图像、绿色分量的二维图像和蓝色分量的二维图像。图像以像素的形式存储，像素越多，图像包含的信息越多，图像也就越清晰。如果此彩色图像的尺寸为 1024 像素×1024 像素，那么输入信号 **In** 的数量为 1024×1024×3=1 048 576。如果希望判断人脸的年龄，那么输出信号 **Out** 就是一个 0～100 的数值。如果希望判断人脸的性别，那么会得到两个概率值，一个为男性的概率值，另一个为女性的概率值。如果男性的概率值大于女性的概率值，那么输出信号 **Out** 的值就是“男性”；反之，如果男性的概率值小于女性的概率值，那么输出信号 **Out** 的值就是“女性”。

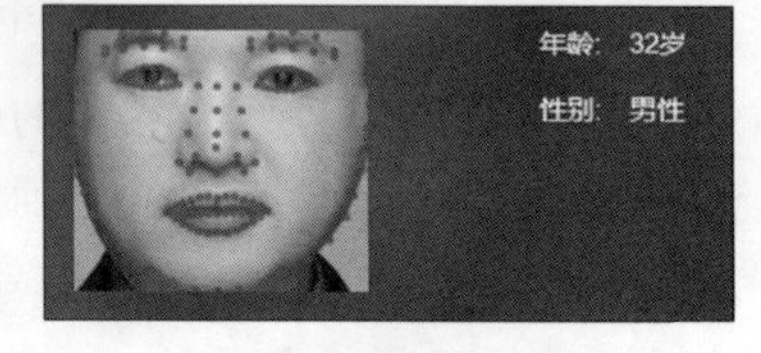

(a) 上传的人脸图像　　　　(b) 人脸识别的结果

图 1-8　人脸识别案例

在百度的 AI 开放平台网站中，还能够判断两个人脸之间的相似度，其网址为 https://ai.baidu.com/tech/face/compare。在图 1-9 中，把本书作者现在的照片和 20 年之前的照片同时上传到此网站，能够得到这两个人脸图像的相似度为 95%。在该例中，2 个彩色图像的尺寸都是 1024 像素×1024 像素，那么输入信号 **In** 的数量为 1024×1024×3×2=2 097 152；输出信号 **Out** 是相似度值，是一个 0～1 的数值。

图 1-9　两个人脸图像之间的相似度

1.2.4　人工智能和机器学习、深度学习之间的关系

人工智能和机器学习、深度学习之间存在密切的关系，它们构成了人工智能技术体系中的不同层次和范畴。人工智能是一个非常广泛的概念，通常指使计算机系统拥有执行人类

智能任务的能力，这包括模拟人类的感知、认知、学习、决策和解决问题的能力。人工智能旨在使机器具备类似人类的智能，可以在不同领域执行各种任务，从自然语言处理到图像识别，再到自动驾驶等。人工智能的范围非常广泛，包括语音识别、自然语言处理、机器人、机器学习、计算机视觉、专家系统、规划与推理等。语音识别包括文本到语音的转换、语音到文本的转换等。自然语言处理包括文本的生成、机器问答、上下文抽取、文本分类和机器翻译等。

机器学习是人工智能的一个子集，它是一种使计算机系统学习数据中的统计规律的技术。机器学习算法使计算机能够逐步提高模型的性能，而不需要明确编写特定的规则。在机器学习中，模型从大量数据中学习并进行预测、分类或决策。机器学习的方法包括支持向量机、决策树、强化学习、朴素贝叶斯、随机森林、深度学习等。

深度学习是机器学习的一个分支，它使用深度神经网络解决复杂的问题。深度学习的核心是深度神经网络，它是一种多层次的结构，可以通过多层次的学习来提取和表示数据的高级抽象特征。深度学习在处理大规模数据集和复杂任务时表现出色，如图像处理和语音识别等。

总体而言，深度学习是机器学习中更具专业性和高度自动化的分支，而机器学习是实现人工智能的关键手段，它们一起构成了实现人工智能目标的技术体系。人工智能是整个范畴的概念，涵盖了所有让机器表现出类似人类智能的技术和任务。机器学习是实现人工智能的一种手段，强调学习数据中的统计规律，使计算机系统能够从经验中提高性能。深度学习是机器学习中的一种技术，主要使用深度神经网络进行学习和特征的提取，特别适用于处理大规模和高度复杂的数据。人工智能和机器学习、深度学习之间的关系如图 1-10 所示。

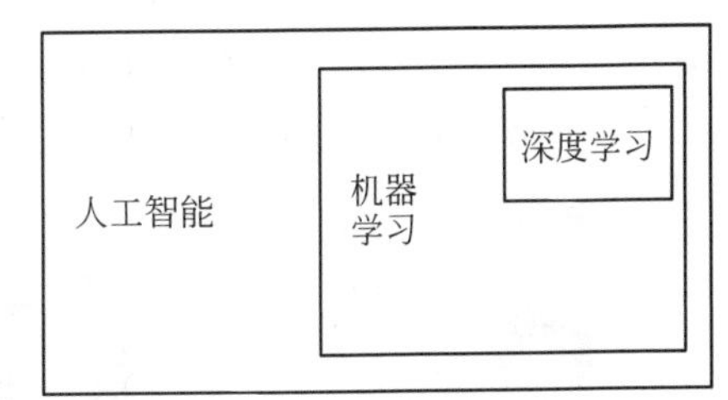

图 1-10 人工智能和机器学习、深度学习之间的关系

1.3 深度学习的应用领域

深度学习在很多领域都取得了巨大的成功，这些领域包括计算机视觉、自然语言处理、语音识别、棋类比赛、游戏开发、医疗保健、自动驾驶和金融等。

1.3.1 深度学习在计算机视觉中的应用

计算机视觉(Computer Vision)是一门“教”会计算机如何“看”世界的学科，其核心思想是使用计算机模拟人的视觉并且在性能上超过人的视觉，即使用计算机代替人去处理图像数据，从而使计算机更好地观察和理解这个世界。在计算机视觉中，使用成像系统代替人的眼睛输入外部世界的图像信息，并使用计算机代替人的大脑对图像进行分析和处理。在计算机视觉中，深度学习能够用于图像分类、人脸识别、目标检测、图像分割和行人识别等领域。例如，卷积神经网络可以用于图像的分类和目标检测，生成对抗网络可以用于生成新的图像和图像风格的迁移。

1. 图像的分类

当人观察外部世界时，会下意识地对观察到的所有对象自动进行分类，这是一个正常成年人的本能行为。例如，学生在教室里上课，抬头观察教师授课时，会看到很多对象，如黑板、教室、讲桌、投影仪设备、投影仪的幕布、投影仪幕布后面的墙、多个同学、很多课桌等。学生首先看到了这些对象，然后下意识地对这些对象自动进行分类。使用深度学习技术，可以模拟人的这种本能行为。例如，使用深度学习技术处理猫狗分类问题，即对猫和狗的照片进行自动分类，如图 1-11 所示。

(a) 狗的照片

(b) 猫的照片

图 1-11　猫狗分类

使用深度学习技术进行图像分类的例子还有很多，例如对人的性别进行分类，如图 1-12 所示。手写数字的识别问题也可以认为是图像分类问题，把手写的数字图像分类为 0、1、2……9 这 10 个类别，如图 1-13 所示。

(a) 男性照片

(b) 女性照片

图 1-12　性别分类问题

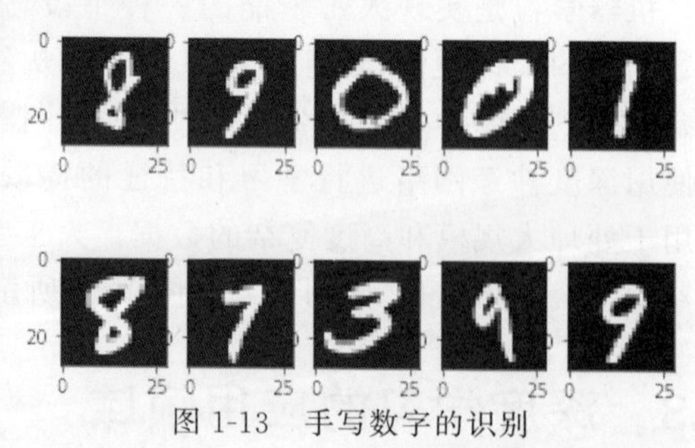

图 1-13　手写数字的识别

2. 人脸图像的识别

深度学习技术在人脸图像的自动识别问题上发挥着重要作用，能够准确地识别人的姓名、年龄和表情等多方面信息，表情包括开心、微笑、痛苦等多种不同的类型。目前很多学校门口安装了人脸自动识别的门禁系统，该系统通过摄像头自动对进入校门的人员进行拍照，并能够自动识别此人的身份。如果被拍摄者是学校的学生或职工，门禁系统在屏幕上会显示其姓名等信息，并自动打开入口；如果被拍摄者不是学校的学生或职工，门禁系统会发出报警信息，并且不会打开入口。学校学生和职工的数量可能非常庞大，例如有 1 万人，此门禁系统能够高效地识别出这 1 万人的姓名。很难想象一个自然人能够在短时间内识别如此庞大的人数。因此，在人脸识别领域，这种门禁系统的识别能力已经远远超过了人类的识别水平。深度学习的应用使人脸识别系统能够更加智能和高效地处理大规模的人群数据，为学校、企业等场所的安全管理提供了强有力的支持。随着技术的不断进步，我们有望在未来看到更多基于深度学习的创新应用，为社会带来更便捷、安全的生活体验。

人脸识别技术在犯罪侦查中发挥着重要作用。2019年,厦门一家商场使用了"人像大数据"网上追逃系统,即基于人脸识别的监控系统,此系统发现了一名女性,其面部特征与20年前通缉的犯罪嫌疑人劳荣枝非常相似。通过系统的高精度对比,她的脸部与通缉照片的相似性达到了97.33%,系统随即触发了报警提示。这个案例凸显了人脸识别技术在追逃和犯罪侦查中的有效性。在同一年,北大学霸犯罪嫌疑人吴谢宇被重庆江北区机场的"天眼"系统发现,这个系统利用人脸识别技术能够快速准确地识别人群中的目标。在吴谢宇的案例中,系统成功辨认出了他的身份,从而迅速采取必要的行动。这不仅展示了人脸识别技术在机场等公共场所安全中的应用,也在一定程度上提高了社会对犯罪防范和公共安全的信心。因此,人脸识别技术在犯罪嫌疑人的查找中扮演着关键的角色,为社会提供了一种先进而高效的工具。

3. 目标检测

目标检测指能够识别出图像中每个目标或物体的类别,并给出每个目标所在的位置。也就是说,目标检测包括两部分,即目标的定位和目标的分类。目标检测本质上是模拟人观察和理解外部世界的过程。当人的眼睛看到外部世界时,会下意识地把看到的所有物体分类,并对所有的物体进行下意识的定位。目标检测有3个难点:首先,图像中目标尺寸的变化范围比较大,有的目标尺寸比较小,有的目标尺寸比较大;其次,目标的角度、姿态处于不确定的状态,可能会出现在图像的任何位置;最后,图像中可能存在多个目标,需要识别出每个目标的类别和位置。

例如,在无人驾驶中,需要使用目标检测技术分辨出前方所有目标的类别,即行人、汽车、自行车、其他目标等,并给出每个目标的具体位置。例如,在图1-14中,使用方框表示目标的尺寸,同时在方框的左上角给出了目标的类别和目标的概率值。在图1-14中,有两个类别,即人和车。图1-14最右侧的目标是人,并且该目标是人的概率为93%。

图1-14　目标检测实例

4. 图像分割

图像分割指把图像分割成背景、不同的物体等多个部分,图像中的每个像素都只属于其中的一个部分。图像分割分为两种类型:语义分割(Semantic Segmentation)和实例分割。语义分割指把图像分割为不同类型的物体,如图1-15(a)所示。在图1-15(a)中,除了背景之外,把图像分割为瓶子、水杯和立方体这3种类型的物体,其中背景区域、瓶子、水和立方体使用不同颜色显示。在语义分割的基础上,实例分割对图像做进一步的分割。在实例分割中,相同类型的物体也被单独分割出来,如图 1-15(b)所示。在图 1-15(b)中,3 个立方体的区域被单独分割出来,分别使用不同颜色显示。

(a) 语义分割示例

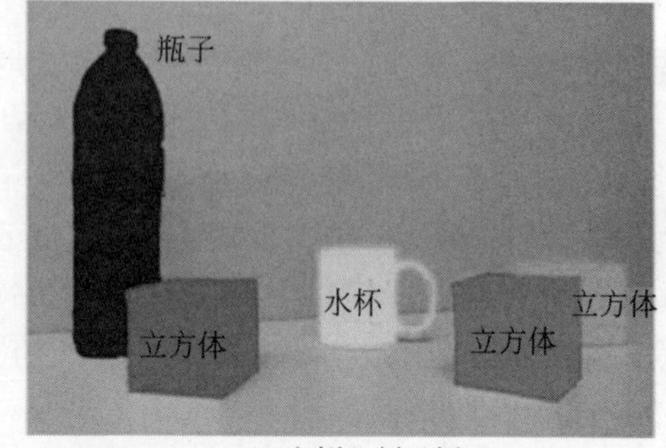

(b) 实例分割示例

图 1-15 目标检测示例

5. 图像风格的迁移

图像风格的迁移指首先使用深度学习模型学习某个图像的风格,然后把此风格应用到一个图像中,如图 1-16 所示。图 1-16(a)表示风格图像,图 1-16(b)表示原始图像,把图 1-16(a)的风格应用到图 1-16(b)中,得到图 1-16(c)的结果图像。显然,图 1-16(c)既保留了图 1-16(b)的内容,又具有图 1-16(a)的风格。

(a) 风格图像

(b) 原始图像

(c) 结果图像

图 1-16 图像风格的迁移

1.3.2 深度学习在自然语言处理中的应用

自然语言处理指使用计算机对自然语言进行处理,使计算机像人一样能够理解和使用人类语言的能力。深度学习能够用于自然语言处理领域,如文本分类、情感分析、机器翻译等。例如,循环神经网络和长短期记忆模型可以用于语言模型和机器翻译,变换器(Transformer)模型可以用于序列到序列的学习任务。

1. 文本分类

文本分类指对文本按照一定的分类标准进行自动分类。例如,新闻文本可以分为科技新闻、军事新闻和娱乐新闻等,如图 1-17 所示。

2. 情感分析

情感分析指自动判断文本的主观倾向性。情感分析技术能够用于电子商务网站中,对用户的语言评价进行自动分析,也可以分析社交媒体的情感趋势,进行舆论监控等。例如,在京东网站上,消费者对某一商品做了很多的主观评

新闻文本
科技新闻
军事新闻
娱乐新闻

图 1-17 文本分类实例——新闻文本的分类

价，可以使用长短期记忆模型把消费者对某个商品的语言评论分为两类，即差评、好评，厂家可以根据消费者的评论改进商品的质量和服务水平。如果消费者的评论是“这件衣服很好看，我喜欢这件衣服”，把此评论判断为“好评”；如果消费者的评论是“这件衣服非常难看，我后悔买这件衣服了”，那么把此评论判断为“差评”。

3. 机器翻译

机器翻译指使用计算机把一种自然语言自动翻译成另一种自然语言。例如，翻译程序能够进行汉语和英语之间的自动翻译，从而代替翻译人员，具有很大的市场应用价值。机器翻译是人工智能领域的核心研究课题之一。机器翻译不仅在科学上具有重要价值，而且在实际应用中也有显著作用，特别是在促进国际政治、经济和文化交流方面。深度学习技术的进步使机器翻译能够更准确地服务于普通用户，提供实时的翻译服务。

1.3.3 深度学习在语音识别中的应用

语音识别是计算机科学和人工智能领域的一项重要技术，旨在通过计算机系统对语音信号进行识别和理解，将口头语言转换为相应的文本或命令。这种技术的发展使人机交互更加自然和便捷，广泛应用于多个领域。

在众多语音识别产品中，3 个备受瞩目的产品是苹果公司的 Apple Siri、阿里巴巴公司的天猫精灵和科大讯飞公司的语音输入法，这些产品在不同领域展现了语音识别技术的卓越应用。例如，在汽车驾驶中，语音识别技术为驾驶者提供了更为便捷的控制方式。通过简单的口头命令，如发出拐弯、加速、减速等控制命令，驾驶者可以专注于道路行驶，而不必分散注意力去操作烦琐的车辆控制装置。这不仅提高了驾驶的安全性，也增强了驾驶者的舒适感和操作便捷性。再如，在使用手机拍照时，语音识别技术的应用使用户能够通过口头指令轻松触发拍照功能。这种操作方式在拍摄瞬间捕捉的场景时尤为方便，避免了手持设备可能引起的相机晃动，从而获得更为清晰和稳定的照片，这为用户提供了一种更加直观和自然的拍摄体验。

综合而言，语音识别技术的不断创新和应用推动了人机交互的发展。随着科技的不断进步，我们有望见证更多领域对语音识别技术的应用，为人们的生活和工作带来更多便利和智能化体验。

1.3.4 深度学习在棋类比赛中的应用

深度学习在棋类比赛中展现出了卓越的性能，尤其是国际象棋、围棋和中国象棋等复杂的棋类比赛。2017 年，谷歌公司的阿尔法狗机器人使用深度学习的方法，打败了世界围棋冠军李世石，展示了深度学习在极其复杂的棋局中的卓越水平。阿尔法狗是由 DeepMind 公司开发的人工智能程序，它在围棋领域的成功引起了广泛关注。阿尔法狗使用深度学习模型进行训练，能够分析和模拟人类棋手的思考过程，并通过大量实战数据学习优秀的下棋策略。

深度学习在棋类比赛中的应用主要体现在对大量局面的学习和模式的识别。深度学习模型可以学习各种局面下的最佳落子策略，并能够通过对弈中的动态变化进行实时调整。这种能力使得深度学习系统在复杂的棋局中能够做出更为智能和优越的决策。深度学习模型在棋类比赛中能够有效地评估开局的优劣和局势的动态变化，通过学习大量开局库和实战数据，深度学习模型能够辨别哪些开局策略更为有效，以及在棋局的不同阶段应该采取何种策略。

总体而言，深度学习在棋类比赛中的应用极大地推动了人工智能在棋局智能决策方面的发展。这些技术不仅提高了计算机与人类棋手对弈时的水平，也为人们更深入地理解棋局背后的战略和策略提供了新的途径。

1.3.5 深度学习在游戏开发中的应用

深度学习在游戏开发中的应用涵盖了多方面，从图形渲染到智能体行为模拟，再到游戏测试和用户体验优化。深度学习在游戏开发中的关键应用包括以下的 5 方面。

(1) 深度学习能够改进游戏的图形渲染和图像处理。生成对抗网络等技术能够创建更真实、高分辨率的纹理和模型，提高游戏的视觉效果。此外，深度学习还可用于实时光照效果、图像增强、超分辨率图像生成等领域，使游戏图形更加引人入胜。

(2) 在游戏中，深度学习能够开发智能体的行为模拟，使非玩家角色更具智能和逼真感。强化学习算法广泛应用于智能体的训练，使智能体能够适应不同的游戏情境、学习用户习惯，并提供更具挑战性和富有变化的游戏体验。

(3) 深度学习能够用于游戏的测试和质量保证。深度学习在游戏测试中有助于提高测试的自动化程度。通过图像识别和自然语言处理，深度学习系统可以检测游戏中的缺陷、错误或异常情况，并提供更高效的测试流程。这有助于确保游戏在发布前的质量水平，并提高用户体验。

(4) 深度学习能够用于用户行为的分析和个性化体验。游戏开发者可以利用深度学习来分析玩家的行为，预测他们的偏好及个性化游戏体验。通过收集和分析玩家的游戏数据，开发者可以为每位玩家提供定制的游戏内容、挑战水平和奖励系统，以增强用户的忠诚度。

(5) 深度学习技术还可用于生成游戏的内容和关卡的设计。利用深度学习，游戏开发者可以自动生成游戏内容，包括地图、关卡设计和任务。生成对抗网络和其他生成模型能够创造独特而富有挑战性的游戏元素，使游戏更具创意性和可玩性。

总体而言，深度学习在游戏开发中的应用不仅提升了游戏的技术水平和视觉效果，也丰富了游戏的内容和玩法，为玩家提供更为丰富、个性化的游戏体验。

1.3.6 深度学习在医疗保健中的应用

深度学习在医疗保健领域中得到了大量的应用，正在推动医学研究、临床诊断和患者治疗的创新。深度学习在医疗保健领域中的应用主要包括以下 4 方面。

(1) 深度学习在医学影像领域的应用非常广泛，例如对 X 射线、CT 扫描、MRI 等医学图像的分析。深度学习模型能够准确地诊断疾病、发现异常和辅助医生进行影像解读。深度学习在癌症早期诊断、脑部疾病的检测等方面取得了显著的进展。

(2) 深度学习在分析基因组学数据、DNA 序列以及生物标记物方面发挥着重要作用。这有助于更好地理解遗传变异、疾病风险以及个体对特定治疗方法的反应。深度学习在个性化医疗和精准医学方面的应用有着巨大的潜力。

(3) 深度学习能够用于疾病的预测和早期诊断。利用深度学习技术，能够分析患者的临床数据、生理指标和医学历史,以预测疾病的风险并实现早期的诊断。早期诊断有助于提高患者的治疗效果,减轻医疗负担,并在某些情况下防止疾病的发展。

(4) 深度学习能够用于药物的发现和研发。深度学习可用于分析大规模的生物医学数据,加速药物的发现和研发过程。通过预测药物与特定疾病目标的相互作用,深度学习可以为新药物的设计提供指导,并缩短研发周期。

总之,深度学习在医疗保健中的应用提高了医学研究的精度、临床决策的准确性,同时为患者提供了更为个性化和有效的医疗服务。这些应用有望推动医疗领域的创新,改善患者的生活质量并提高医疗体系的效率。

1.3.7 深度学习在自动驾驶中的应用

深度学习在自动驾驶领域扮演着关键的角色,推动了自动驾驶技术的不断发展。深度学习在自动驾驶中的主要应用包括以下 5 方面。

(1) 深度学习模型能够检测和识别道路上的各种物体,如车辆、行人、自行车等。自动驾驶系统使用卷积神经网络等深度学习架构,可以实时地对周围环境进行感知,从而更好地规划和执行驾驶任务。

(2) 深度学习模型能够用于自动驾驶图像的语义分割和场景理解。深度学习技术可以进行语义分割,即将图像中的不同区域分配给不同的语义类别,如道路、建筑和行人等。这有助于提高自动驾驶系统对环境的理解,使其更好地适应复杂的驾驶场景,如城市道路和高速公路等。

(3) 深度学习在自动驾驶决策和规划方面发挥着关键作用。自动驾驶系统使用深度强化学习等技术,能够学习从感知到决策之间的映射关系,使车辆能够在实时交通中做出合理、安全的驾驶决策,并规划最佳的行驶路径。

(4) 深度学习模型能够用于自动驾驶的行为预测。自动驾驶系统使用深度学习模型对周围车辆和行人的行为进行建模,能够预测它们可能的未来动作,这对于避免潜在危险和保持车辆与其他道路用户的安全距离至关重要。

(5) 深度学习能够用于自动驾驶多个传感器信息的融合处理。自动驾驶车辆通常使用多种传感器,如雷达、摄像头、激光雷达等。深度学习能够有效融合这些传感器的信息,提供更全面和准确的环境感知,并增强车辆对周围世界的感知能力。

深度学习的应用使自动驾驶系统更加智能、灵活和安全,促使自动驾驶技术不断取得突破性的进展,为未来交通系统的智能化做出了重要贡献。

1.3.8 深度学习在金融领域中的应用

深度学习在金融领域中的广泛应用正在推动着金融科技的不断创新。深度学习在金融领域应用主要包括以下 4 方面。

(1) 深度学习可用于改进金融机构的风险管理系统。通过分析大量的金融数据,深度学习模型能够识别潜在的风险因素,提高对信用风险、市场风险等方面的监测和预测能力,这种技术在防范欺诈、监控异常交易及实时风险评估方面具有很大的潜力。

(2) 在信贷评估中,深度学习可用于更精准地评估借款人的信用风险。深度学习模型能够分析多维度的数据,包括个人信用记录、财务状况、社交媒体活动等,从而建立更准确和全面的信用评估模型,以提高贷款批准的准确性。

(3) 深度学习能够用于股票的预测。深度学习在股票市场的应用主要体现在时间序列数据的预测和模式识别上。递归神经网络等模型可以有效地处理时间序列数据,帮助投资者更好地理解市场趋势和价格波动,从而提高股票预测的准确性。此外,卷积神经网络也可以用于处理股票图表等图像数据,从而进一步丰富预测模型。

(4) 在支付和交易领域,深度学习可以用于欺诈检测。通过分析用户的交易模式、地理位置、设备信息等,深度学习模型能够实时监控并检测出不寻常的交易行为,提高金融交易的安全性。

总之,深度学习在金融领域的应用不仅提高了业务流程的效率,也为金融机构提供了更为准确和全面的数据分析,推动着金融科技的发展。

1.4 深度学习程序的框架

深度学习程序的框架指已经完成编程的深度学习模型底层函数,这些函数能够直接使用 Python 语言、C 语言或 C++ 语言进行调用。在编程领域,通常把已经完成编程的函数称为“轮子”,也称为软件包或库。深度学习框架的作用是屏蔽深度学习理论底层复杂的编程步骤,对外提供非常简单的功能函数。如果用户使用深度学习框架进行编程,就不需要考虑深度学习理论中通用的编程过程,如前向传播、反向传播、梯度下降方法等,从而把精力集中在深度学习模型的搭建过程,方便快速地搭建深度学习的模型。目前有很多深度学习的框架,如 TensorFlow、PyTorch、Keras、飞桨、Caffe、MXNet 和 CNTK 等。

1. TensorFlow 框架

TensorFlow 是谷歌公司开发的深度学习框架,它使用数据流图(Data Flow Graph)的形式进行计算。数据流图中的节点代表数学运算,而图中的线条表示多维数据数组(Tensor)之间的交互。TensorFlow 具有灵活的架构,可以部署在一个或多个 CPU、GPU 的台式机或服务器中。TensorFlow 是全世界使用人数最多、社区最为庞大的深度学习框架,它的维护与更新比较频繁,并且具有 Python 和 C++ 的接口,学习资料也非常完善。TensorFlow 的网址为 https://tensorflow.google.cn。TensorFlow 的标识如图 1-18(a)所示。

(a) TensorFlow的标识　　(b) PyTorch的标识　　(c) 飞桨的标识

图 1-18　深度学习框架的标识

2. PyTorch 框架

PyTorch 是脸书(Facebook)公司开发的深度学习框架,它提供了强大的基于 GPU 的张量计算能力。PyTorch 使用 Python 作为开发语言,允许开发人员访问 Python 库。许多开源框架(如 TensorFlow、Caffe、Theano 等)采用静态计算图,而 PyTorch 采用动态计算图,从而具有更好的灵活性和运行速度。在静态计算图中,必须先定义网络模型,再运行网络模型，一次定义、多次运行。在动态计算图中，可以在运行网络模型中定义网络模型，多次定义、多次运行。使用动态计算图能够处理长度可变的输入和输出，这尤其适用于循环神经网络的应用。静态计算图的实现代码不直观，动态计算图的实现代码简洁优雅。动态计算图的另一个显著优点是易于调试，并且可以随时查看变量的取值。由于模型可能会变得复杂，因此如果可以直观地看到变量的取值，就能够快速地构建深度学习模型。PyTorch 的应用程序接口（Application Programming Interface，API）设计简单，使用方便。PyTorch 框架的网址为 https://pytorch.org。

PyTorch 框架支持数据并行和分布式学习模型，并包含许多预先训练好的模型。PyTorch 框架能够运行在多种操作系统中，如 Windows 系统、macOS 系统、Linux 系统等。PyTorch 框架的标识如图 1-18(b)所示。

3. Keras 框架

Keras 框架是由 Python 编写的深度学习框架，能够进行深度学习模型的设计、调试、评估、应用和可视化。此框架在 TensorFlow、Theano 的基础上运行，Theano 是由加拿大蒙特利尔大学开发的机器学习框架。Keras 框架是 TensorFlow 框架或 Theano 框架的再次封装，其目的是使用户能够快速构建深度学习模型，而不需要关注过多的底层细节。它也很灵活，且比较容易学习和使用。Keras 框架默认的后端为 TensorFlow 框架，如果用户希望使用 Theano 框架，可以自行更改。

Keras 框架是由纯 Python 语言编写而成的高层神经网络 API，支持现代人工智能领域的主流算法，包括前馈结构和递归结构的神经网络，也可以通过封装参与构建统计学习模型。在硬件和开发环境方面，Keras 支持多种操作系统下的多 GPU 并行计算。Keras 的主要开发者是谷歌工程师弗朗索瓦·肖莱（François Chollet），此外其 GitHub 项目页面包含 6 名主要维护者和超过 800 名的直接贡献者。Keras 框架的网址为 https://keras.io。

Keras 框架有 3 个特点。

首先，Keras 在代码结构上使用面向对象方法进行编写，比较简洁，具有完全模块化的特点并具有可扩展性。Keras 框架提供了非常简洁的函数，方便初学者进行入门学习。Keras 是一个高级的深度学习 API，提供了简单和模块化的 API 来构建和训练深度学习模型，如卷积神经网络和循环神经网络等。使用 Keras 搭建的深度学习模型可以理解为由独立的、完全可配置的模块构成的序列，这些模块可以以尽可能少的限制组装在一起。在 Keras 中，神经网络层、损失函数、优化器、初始化方法、激活函数、正则化方法等模块化的函数都可以结合起来构建新模型。也就是说，用户在使用 Keras 框架时，不需要关心函数实现的复杂细节。很多用户有使用 Matlab 语言编程的经历，如果用户使用 Keras 框架，会有和使用 Matlab 语言一样的感受。使用 Keras 框架进行深度学习模型的搭建，用户会有“搭积木”的感受，最基本的深度学习步骤都已经在 Keras 框架的“小积木块”中实现了。用户只需要使用这些“小积木块”，就能够搭建复杂的深度学习模型。也就是说，使用 Keras 框架，用户不需要重复造“轮子”。这些“小积木块”使用起来非常方便，并且有很多例子可以供用户学习它们的使用方法。

其次，Keras 框架具有易扩展性的特点，新的模块很容易被添加到模型中。由于能够轻松地创建可以提高表现力的新模块，因此 Keras 框架更加适合高级研究。

最后，Keras 框架具有用户友好的特点。Keras 框架是为人类而不是为机器设计的

API,它把用户的体验放在首要和中心位置。Keras 遵循减少认知困难的原则,提供了一致且简单的 API,把需要用户操作的步骤降至最少,并且在编程错误时能够提供清晰和可操作的反馈意见。

对于刚刚开始学习深度学习原理的初学者来说,Keras 是最好的深度学习框架之一。它是学习和复现简单概念的理想选择,初学者能够通过使用 Keras 理解各种深度学习模型和它们的运行机制。2023 年 11 月,Keras 3.0 正式发布,能够进行大模型的训练。目前,全世界有超过 250 万的开发者在使用 Keras 框架。本书使用 Kears 框架演示深度学习模型编程的案例。

4. 飞桨框架

飞桨(PaddlePaddle)框架由百度公司开发,其标识如图 1-18(c)所示,它的网址为 https://www.paddlepaddle.org.cn/。飞桨框架以百度多年的深度学习技术研究和业务应用为基础,集核心框架、基础模型库、端到端开发套件、丰富的工具组件、星河社区于一体,它是中国首个自主研发、功能丰富、开源开放的产业级深度学习平台。飞桨框架率先实现了动静统一的框架设计,兼顾科研和产业需求,在开发便捷的深度学习框架、大规模分布式训练、高性能推理引擎、产业级模型库等技术上处于国际领先水平,它能够高效支撑以"文心一言"为代表的大模型的生产与应用。"文心一言"大模型的网址为 https://yiyan.baidu.com。

中国信息通信研究院《深度学习平台发展报告(2022)》指出,飞桨已经成为中国深度学习市场应用规模第一的深度学习框架和赋能平台。当前飞桨已凝聚 800 万开发者,基于飞桨创建 80 万个模型,服务 22 万家企事业单位,广泛服务于金融、能源、制造、交通等领域。

百度公司提供了使用飞桨框架的人工智能学习与实训社区:AI Studio 平台。此平台提供在线编程环境、免费 GPU 算力、海量开源算法和开放数据,能够帮助开发者快速创建和部署模型。AI Studio 平台的网址为 http://aistudio. baidu.com。

AI Studio 平台有以下的两个优点。首先,使用 AI Studio 平台时,不需要在本地计算机上安装 Anaconda、PyCharm、Visual Studio Code 等各种软件和 NumPy、TensorFlow、Keras 等各种深度学习的函数库,此平台提供了在线的各种编程工具。其次,在本地计算机上不需要安装 GPU 卡,AI Studio 平台提供了远程的免费 GPU 资源,每天能够提供 8 点算力,可以免费使用型号为 V100(16GB 显存)的 GPU 运行程序 16h,或者免费使用型号为 V100(32GB 显存)的 GPU 运行程序 8h,如图 1-19 所示。

此外,AI Studio 平台提供了很多经典的例程,可以帮助初学者进行学习和提高。具体有:飞桨框架的入门程序,包括使用线性回归模型的房价预测、鲍鱼年龄预测等;机器学习的入门程序,如使用支持向量机的鸢尾花分类和聚类等;深度学习的入门程序,如手写数字的识别、Fashion Mnist 服饰的分类、车牌的识别、宝石的识别、车辆图像的分类等;卷积神经网络的入门程序,如猫狗分类、海洋生物分类、人脸识别、人脸颜值打分、表情识别、场景分类、美食图片分类、斑马线检测、中草药识别、鲜花识别等;循环神经网络的入门程序,如电影评论情感的分类等;计算机视觉的入门程序,如基于 PaddleDetection 和 YOLO-v3 的目标检测、基于 PaddleX 的实例分割、基于 U-Net 的语义分割等;自然语言处理的入门程序,如文本分类、机器翻译等。以上例程的网址如表 1-1 所示。

图 1-19　百度公司的 AI Studio 平台

表 1-1　AI Studio 平台提供的经典例程的网址

例程名称	网　址
鸢尾花分类	https://aistudio.baidu.com/aistudio/projectdetail/3405482 https://aistudio.baidu.com/aistudio/projectdetail/3405497
房价预测	https://aistudio.baidu.com/aistudio/projectdetail/3403233
鲍鱼年龄预测	https://aistudio.baidu.com/aistudio/projectdetail/3403288
手写数字识别	https://aistudio.baidu.com/aistudio/projectdetail/3403300
Fashion MNIST 服饰分类	https://aistudio.baidu.com/aistudio/projectdetail/3403331
车辆图像分类	https://aistudio.baidu.com/aistudio/projectdetail/3403349
车牌识别	https://aistudio.baidu.com/aistudio/projectdetail/3403377
宝石识别	https://aistudio.baidu.com/aistudio/projectdetail/3405506
海洋生物识别	https://aistudio.baidu.com/aistudio/projectdetail/3403435
猫狗识别	https://aistudio.baidu.com/aistudio/projectdetail/3403466

续表

例程名称	网　址
人脸识别数据爬取	https://aistudio.baidu.com/aistudio/projectdetail/3403488
人脸识别	https://aistudio.baidu.com/aistudio/projectdetail/3403493
人脸打分	https://aistudio.baidu.com/aistudio/projectdetail/3403534
表情识别	https://aistudio.baidu.com/aistudio/projectdetail/3405542
场景分类	https://aistudio.baidu.com/aistudio/projectdetail/3403574
美食图片分类	https://aistudio.baidu.com/aistudio/projectdetail/3403635
斑马线检测	https://aistudio.baidu.com/aistudio/projectdetail/3403657
斑马线检测-高层 API 体验	https://aistudio.baidu.com/aistudio/projectdetail/3403671
中草药识别	https://aistudio.baidu.com/aistudio/projectdetail/3403729
鲜花识别	https://aistudio.baidu.com/aistudio/projectdetail/3403740
鲜花识别-高层 API 体验	https://aistudio.baidu.com/aistudio/projectdetail/3404344
目标检测(基于 YOLO-v3)	https://aistudio.baidu.com/aistudio/projectdetail/3403782
基于 U-Net 的语义分割	https://aistudio.baidu.com/aistudio/projectdetail/3403813
手势识别	https://aistudio.baidu.com/aistudio/projectdetail/3403963
文本分类	https://aistudio.baidu.com/aistudio/projectdetail/3403976
训练词向量	https://aistudio.baidu.com/aistudio/projectdetail/3403990
电影情感分析	https://aistudio.baidu.com/aistudio/projectdetail/3404190
使用 PaddleX 实例分割	https://aistudio.baidu.com/aistudio/projectdetail/3404032
PaddleDetection 实现目标检测	https://aistudio.baidu.com/aistudio/projectdetail/3404265

AI Studio 平台为初学者提供了新手指南，帮助初学者快速学习，网址为 https://ai.baidu.com/ai-doc/AISTUDIO/Tk39ty6ho，如图 1-20 所示。

5. Caffe 框架

Caffe(Convolutional Architecture For Fast Feature Embedding)框架是一种广泛使用的深度学习框架，最初由贾扬清 2013 年在美国加州大学伯克利分校攻读博士学位期间创建。此框架托管于 GitHub，拥有众多贡献者。Caffe 框架的内核使用 C++ 编写，它带有 Python、Matlab 等接口。Caffe 框架的核心思想是将深度学习模型看作一系列的层次结构，其中每一层都由一组参数和一些激活函数组成。Caffe 支持多种类型的层，包括卷积层、全连接层、池化层和归一化层等，用户可以根据需要自由组合这些层来构建自己的深度学习模型。Caffe 框架支持多种优化算法，包括随机梯度下降方法、Adam、AdaGrad 等，可以根据不同的应用场景进行选择和调整。此外，Caffe 框架支持基于 GPU 和 CPU 的加速计算内核库，如 NVIDIA cuDNN 和 Intel MKL。Caffe 框架主要应用于计算机视觉领域，如图像的分类、目标的检测、图像的分割、人脸的识别和视频的分析等。

Caffe 框架的主要特点是可以高效地处理大型神经网络，并且具有卓越的计算性能和高

图 1-20 AI Studio 平台的新手指南

度的可扩展性。Caffe 框架具有以下 4 个优点。首先，Caffe 框架具有高效性，它使用 C++ 编写，利用多线程和 GPU 加速技术，并针对 CPU 和 GPU 进行了优化，从而能够高效地处理大规模的神经网络。同时，Caffe 框架支持多种计算平台，包括 CPU、GPU 和 FPGA 等，可以根据不同的硬件环境进行选择和优化。其次，Caffe 框架具有易用性。Caffe 框架的 API 非常简单易用，代码量较少，使用起来非常方便，可以方便地创建和训练神经网络，并且有大量的预训练模型可供使用。Caffe 框架提供了丰富的文档和示例，帮助用户快速上手和构建自己的深度学习模型。再次，Caffe 框架具有可扩展性，可以轻松地扩展到多 GPU 和多机器集群上，能够应对大规模的深度学习任务。最后，Caffe 框架有一个庞大的用户社区，有大量的用户和开发者参与此框架的开发和维护工作，具有丰富的文档、教程和许多开源的模型和工具。

Caffe 框架有以下两个缺点。首先，Caffe 框架的功能相对简单。由于开发较早和历史遗留问题，其架构不够灵活。Caffe 框架主要针对计算机视觉领域，缺乏对循环神经网络和语言建模的支持，因此不适用于文本、声音或时间序列数据等其他类型的深度学习应用。其次，Caffe 框架缺少动态图的支持。Caffe 框架使用静态图进行计算，不支持动态图，这使得一些复杂的模型难以实现。

6. MXNet 框架

MXNet 框架是一个开源的深度学习框架，最早由加拿大多伦多大学的加拿大高等研究院（Canadian Institute For Advanced Research，CIFAR）开发，并于 2015 年发布。MXNet 框架的核心思想是将计算表示为有向无环图，并利用这种抽象表示来构建和优化深度神经网络。MXNet 框架的目标是为开发者提供一个高效、灵活和可扩展的工具，用于构建和训练深度神经网络模型。MXNet 框架主要由 C/C++ 编写。

MXNet 框架具有以下 6 个特点。

第一,MXNet 框架非常灵活,它提供了 Python、R、Scala 和 C++ 等多种编程语言接口,使开发者能够使用自己熟悉的编程语言进行深度学习任务的开发。此外,MXNet 框架支持命令式和符号式这两种编程模型,开发者可以根据需求选择最合适的模型。

第二,MXNet 框架对内存和计算资源的管理非常高效,具备处理大规模的深度学习模型和海量数据的能力,可以轻松地对拥有数百万甚至数十亿参数的模型进行训练。同时,它提供了 API 来实现分布式训练,具有高效的分布式训练能力,能够有效地利用多个 GPU 或多台计算机进行并行计算。此外,它还支持多种分布式的训练策略,如数据并行和模型并行等,以满足大规模深度学习任务的需求。

第三,MXNet 框架支持跨平台的应用,它可以在 Windows、Linux、macOS 等各种操作系统上运行,支持各种硬件平台,如常见的 CPU、GPU、云服务器等,开发者可以在不同的环境中使用 MXNet 框架进行深度学习任务的开发和部署。

第四,MXNet 框架能够实现高性能的计算,它采用底层优化技术,如基于 CUDA 的异步计算和混合精度计算等,以提高计算效率和减少计算资源的消耗。

第五,MXNet 框架支持多种 GPU 加速库和云服务提供商的加速器,进一步提高了深度学习任务的计算性能。

第六,MXNet 框架具有很好的扩展性能,它提供了丰富的预训练模型和模型组件,如卷积神经网络、循环神经网络等,使开发者可以更快地构建和训练自己的深度学习模型。此外,MXNet 还支持自定义运算符和网络层,允许开发者以更灵活的方式扩展框架的功能。

7. CNTK 框架

CNTK(Microsoft Cognitive Tookit)框架是微软公司亚洲研究院研发的深度学习框架,能够构建神经网络模型,主要应用于计算机视觉、自然语言处理、语音识别等领域。它支持多 GPU、分布式的训练,可以方便地和其他各种框架组合使用。CNTK 框架的目标是帮助开发人员和研究人员更轻松地设计、训练、测试机器学习模型。CNTK 框架提供了可扩展的计算工具和高级构建模块,允许用户在几乎任何环境中执行大规模的训练和推理。在深度学习领域,CNTK 框架在处理各种复杂问题时具有优越的性能。CNTK 框架的底层原理较为复杂,但是 CNTK 框架提供了高层次的 API,这些 API 为开发者提供了丰富的接口函数去实现各种深度学习模型。CNTK 框架提供了 Python、C++、C# 等编程接口,适用于各种平台和操作系统。CNTK 框架的网址为 https://learn. microsoft. com /en-us/cognitive-toolkit。

与其他深度学习框架相比,CNTK 的优势在于以下几点。首先,CNTK 框架提供了高度优化的计算图和并行计算引擎,因此能够高效地训练深度神经网络。其次,CNTK 框架的 Python API 非常易用,初学者能够轻松地构建深度学习模型。此外,CNTK 框架还支持长短期记忆模型、卷积神经网络等各种深度学习模型,可以应用于各种任务,如图像识别、语音识别和自然语言处理等。

CNTK 框架已经广泛应用于各种行业和领域。在语音识别领域,CNTK 框架应用于语音识别和语音合成,例如 Microsoft Cortana 的深度学习系统使用 CNTK 框架进行设计;在图像识别领域,CNTK 框架应用于图像的识别,能够对照片中的物体、人脸进行识别;CNTK 框架还应用于自然语言处理,如机器翻译等。

思考练习

1. 深度学习的定义是什么？深度学习有哪3种类型？深度学习和机器学习的区别是什么？深度学习、机器学习、人工智能这三者之间的关系是什么？

2. 深度学习框架的定义是什么？常见的深度学习框架有哪些，是哪个公司开发的？

3. 深度学习模型中输入信号和输出信号之间的关系是什么？举例说明。

4. 使用百度AI开放平台的人脸识别网站 https://ai.baidu.com/tech/face/detect，输入自己的脸部照片，去判断性别和年龄。

5. 使用百度的人脸对比网站 https://ai.baidu.com/tech/face/compare，对比自己小时候照片和现在的照片，查看相似度是多少。

第 2 章

神经网络的基本原理

本章首先介绍人工神经元和人工神经网络的基本原理；然后介绍各种激活函数的表达式和特点，如 Sigmoid 激活函数、Tanh 激活函数、ReLU 激活函数和 Leaky ReLU 激活函数等；其次，介绍神经网络的训练过程，包括网络参数的初始化、前向传播算法、损失函数的计算、梯度下降方法、反向传播算法等；此外，还介绍神经网络过拟合的特点和解决办法；最后介绍数据增强方法。

2.1 神经元模型和神经网络

2.1.1 人工神经元模型

人类的生物神经系统是一个有高度组织和相互作用的细胞组织群体，包含数量庞大的神经细胞，神经细胞也称为神经元(Neuron)。人类神经元的组成部分包括突触、树突和轴突等。突触能够把多个神经元连接起来，并且在神经元之间传递信息，从而形成复杂的神经网络。树突能够接收来自其他多个神经元的信号。根据树突传递过来的综合信号强度值是否超过某一阈值，轴突决定是否将该信号传递给下一个神经元。

为了模拟人类神经元的特性和功能，科学家提出了人工神经元模型。1943 年，心理学家沃伦·麦卡洛克和数理逻辑学家沃尔特·皮兹提出 M-P 神经元模型，此模型是人工神经元模型的最早雏形。1957 年，弗兰克·罗森布拉特提出感知器神经元模型，对 M-P 神经元模型进行了改进和提高。感知器神经元具有和 M-P 神经元相同的结构，但是它的性能有所提高。本书把人工神经元简称为神经元，也称为节点，它是构成人工神经网络的基本单元。神经元是一个多输入单输出的信息处理单元，结构如图 2-1 所示。其中，$x_1 \sim x_n$ 表示 n 个输入信号；$w_1 \sim w_n$ 分别表示输入信号 $x_1 \sim x_n$ 的权值参数，权值参数也称为权重参数；θ 表示阈值；y 表示神经元的输出值；$f(\cdot)$表示激活函数(Activation Function)。

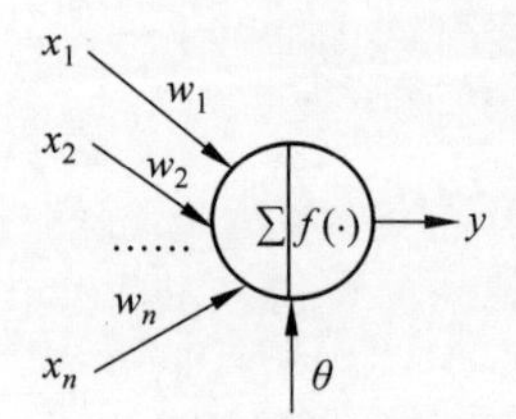

图 2-1 神经元的第一种结构示意图

下面介绍神经元的工作过程。首先，神经元接收 n 个输入信号 x_i $(i=1\sim n)$。然后，每个输入信号 x_i 与其权值参数 w_i 相乘并进行求和，即计算加权和 $\sum_{i=1}^{n} x_i w_i$ ，并把此加权和

送给激活函数 $f(\cdot)$。在激活函数 $f(\cdot)$中，如果加权和 $\sum_{i=1}^{n} x_i w_i$ 超过了阈值 θ，则神经元被激活，神经元的激活结果值为 1；否则，神经元就没有被激活，神经元的激活结果值为 0。激活函数 $f(\cdot)$的表达式如式(2-1)所示。激活函数的表达式也有其他类型，详见 2.2 节。

$$f(\cdot)=\begin{cases}1 & \sum_{i=1}^{n} x_i w_i > \theta \\ 0 & \sum_{i=1}^{n} x_i w_i \leqslant \theta\end{cases} \tag{2-1}$$

在式(2-1)中，把 θ 移到不等式的左侧，则式(2-1)转变为式(2-2)。

$$f(\cdot)=\begin{cases}1 & \sum_{i=1}^{n} x_i w_i - \theta > 0 \\ 0 & \sum_{i=1}^{n} x_i w_i - \theta \leqslant 0\end{cases} \tag{2-2}$$

在式(2-2)中，使用 b 表示 $-\theta$，则式(2-2)转变为式(2-3)。在图 2-1 中，使用 b 代替 θ，能够得到神经元结构的第二种示意图，如图 2-2 所示。通常把 b 称为偏置参数，b 的作用是调节神经元被激活的容易程度。偏置参数 b 和权值参数 $w_1 \sim w_n$ 不是固定不变的数值，它们的数值可以改变。

$$f(\cdot)=\begin{cases}1 & \sum_{i=1}^{n} x_i w_i + b > 0 \\ 0 & \sum_{i=1}^{n} x_i w_i + b \leqslant 0\end{cases} \tag{2-3}$$

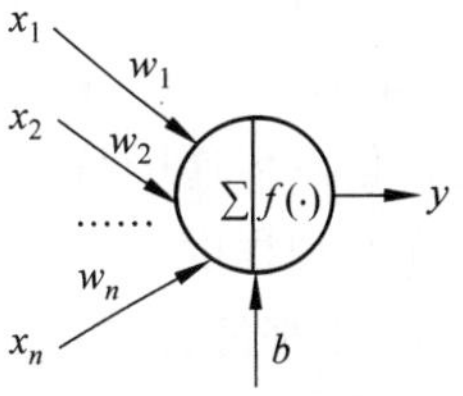

图 2-2　神经元的第二种结构示意图

在式(2-3)中，令 $x=\sum_{i=1}^{n} x_i w_i + b$，则式(2-3)转变为式(2-4)。

$$f(x)=\begin{cases}1 & x > 0 \\ 0 & x \leqslant 0\end{cases} \tag{2-4}$$

最后，把激活函数的激活结果值作为神经元的输出值 y，如式(2-5)所示。

$$y=f(x)=\begin{cases}1 & x > 0 \\ 0 & x \leqslant 0\end{cases} \tag{2-5}$$

例如，一个神经元如图 2-3 所示。在此神经元中，x_1 和 x_2 表示 2 个输入信号，w_1 和 w_2 分别表示 x_1 和 x_2 的权值参数，b 表示偏置参数，y 表示输出信号。y 只有两种取值：0 和 1，y 的表达式如式(2-6)所示。

$$y=f(x)=\begin{cases}1 & x_1 w_1 + x_2 w_2 + b > 0 \\ 0 & x_1 w_1 + x_2 w_2 + b \leqslant 0\end{cases}=\begin{cases}1 & x > 0 \\ 0 & x \leqslant 0\end{cases} \tag{2-6}$$

神经元的结构示意图通常有 3 种，第一种如图 2-1 所示，第二种如图 2-2 所示，第三种如图 2-4 所示。和第一种结构示意图相比，第二种结构示意图使用偏置参数 b 代替了阈值 θ。在第三种结构示意图中，没有画出偏置参数 b 或阈值 θ、权值参数 w_i，只画出了输入信号和输出信号的箭头。

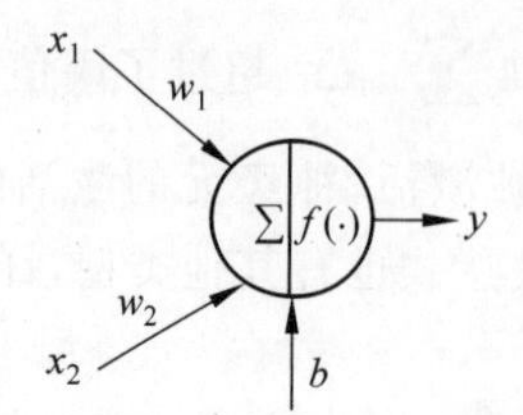

图 2-3　具有 2 个输入信号的神经元

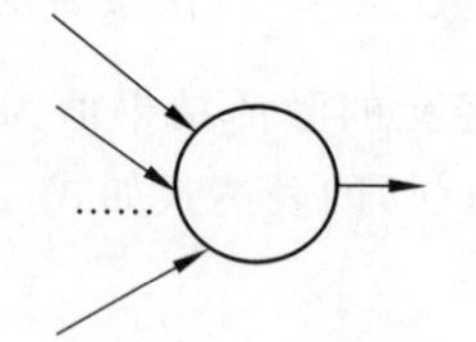

图 2-4　神经元的第三种结构示意图

2.1.2　神经网络

1. 神经网络的定义

人类的生物神经系统是由大量人类神经元组成的神经网络。人类的神经网络不是单个人类神经元信息处理功能的简单叠加，而是一个有层次的、多单元的动态信息处理系统。人类的神经网络有独特的运行方式和控制机制，可以接收生物内外环境的输入信息，进行综合分析和处理，从而控制机体对环境做出适当的反应。

为了模拟人类神经网络的功能，科学家提出了人工神经网络模型，把多个人工神经元连接在一起形成一定形式的网络结构。本书把人工神经网络简称为神经网络（Neural Network，NN）。神经网络是模拟人脑思维方式的数学模型，即它能够模拟人类神经元之间进行信息传递的特点。神经网络是由大量简单的人工神经元互联而成的一种计算结构，能够在某种程度上模拟生物神经系统的工作过程，因此具备解决实际问题的能力。在神经网络中，把神经元的权值参数 $w_1 \sim w_n$ 和偏置参数 b 统称为网络参数。使用样本数据对神经网络进行训练，能够更新网络参数。

神经网络的训练或学习包括以下 4 个步骤。

（1）准备训练样本，并初始化网络参数。

（2）给此神经网络输入一个训练样本，计算此时神经网络的输出值。

（3）比较步骤（2）得到的神经网络实际输出值和期望输出值之间的区别。如果这两者相同，则网络参数不变；如果不同，则计算实际的输出值和期望的输出值之间的误差，根据此误差调整网络参数的数值。

（4）对每个训练样本重复步骤（2）和步骤（3）的内容，直到实际输出值和期望输出值之间的误差为 0，或者此误差小于某个指定的很小数值。

由于神经网络具有大规模并行处理、学习、联想和记忆等功能，已成为解决许多工程问题的有力工具，近年来得到了飞速发展。迄今为止，科学家已经提出了数十种人工神经网络模型，分别适用于不同的问题领域。例如，在计算机视觉领域，神经网络用于人脸识别、指纹识别、工业缺陷检测和目标检测等，在自然语言处理领域，神经网络用于语言的识别等；在智能控制领域，神经网络用于设计人形机器人等；在预测与管理领域，神经网络用于市场的预测、风险分析等。

神经网络具有以下 3 个缺点。首先，由于受到人脑科学研究的限制，神经网络发展受到一定程度的限制。到目前为止，人脑的工作机制和原理还有很多内容没有被研究透彻，从而影响了神经网络模拟人类神经网络的精确程度。其次，神经网络还没有非常成熟的理论体系，其理论的严谨性还在进一步的研究当中。最后，神经网络具有浓厚的策略和经验色彩。

对于某个具体的实际问题，需要做大量的实验才能够确定神经网络最优的网络结构。

2. 全连接多层前馈神经网络

在神经网络中，如果每个神经元与此神经元所在层的下一层中全部神经元都存在连接关系，则把这种神经元的连接形式称为全连接。把使用全连接方式的神经网络称为全连接神经网络。例如，图 2-5 中的神经网络就是全连接神经网络。全连接多层前馈神经网络也称为多层感知器(Multilayer Perceptron，MLP)或深度神经网络(Deep Neural Network，DNN)。在这种网络中，输入层和输出层之间有若干隐藏层，两个相邻层的神经元之间采用全连接的方式。隐藏层也称为隐层，指在输入层和输出层之间的神经元层。例如，图 2-5 中的网络就属于全连接多层前馈神经网络，图 2-5(a)中的神经网络有一个隐藏层，图 2-5(b)中的神经网络有两个隐藏层。

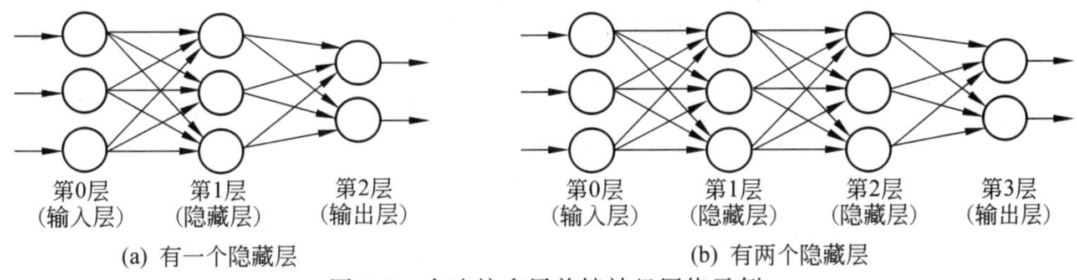

图 2-5 全连接多层前馈神经网络示例

在计算神经网络的层数时，不计算输入层，只计算隐藏层的数量加上输出层的总和。在图 2-5 的(a)和(b)中，神经网络的层数分别为 2 层和 3 层。图 2-6 中的网络为单层全连接前馈神经网络，神经网络的层数为 1 层。在神经网络的输入层中，神经元没有权值参数、偏置参数和激活函数，神经元的输出信号直接等于输入信号。也就是说，在输入层中，仅仅进行输入信号的流动，不对输入信号做任何处理。在神经网络的隐藏层和输出层中，神经元有权值参数、偏置参数和激活函数。

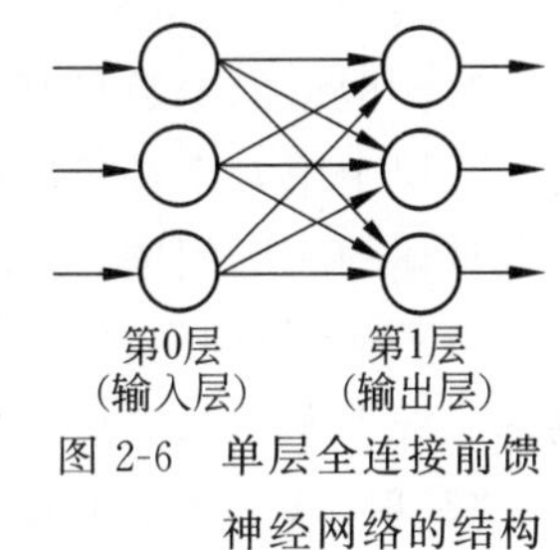

图 2-6 单层全连接前馈神经网络的结构

3. 神经网络的互连模式

到目前为止，有 30 多种不同类型的神经网络模型，每种模型都针对某种特定方面的应用，对特定的问题有很强的计算能力，目前还没有统一的神经网络模型。根据神经元之间连接方式的不同，神经网络分为两种类型：前馈型和反馈型。

在前馈型神经网络中，当前层的每个神经元接收前一层神经元的输出信号，并把自己的输出信号送给下一层的神经元，没有把自己的输出信号送给前一层或当前层中的神经元。例如，图 2-5 和图 2-6 中的神经网络就属于前馈神经网络。前馈神经网络主要起到函数映射作用，通常用于模式识别和函数逼近等领域。前馈神经网络的类型有很多种，如全连接多层前馈神经网络、径向基函数神经网络等。在全连接多层前馈神经网络中，如果隐藏层的数量大于或等于两层，这种网络属于深度学习网络。深度学习网络还有其他两种类型：卷积神经网络和循环神经网络。例如，图 2-7 中的全连接前馈神经网络有 3 个隐藏层，这种神经网络就是深度学习网络。

在反馈型神经网络中，当前层的每个神经元除了把自己的输出信号送给下一层的神经

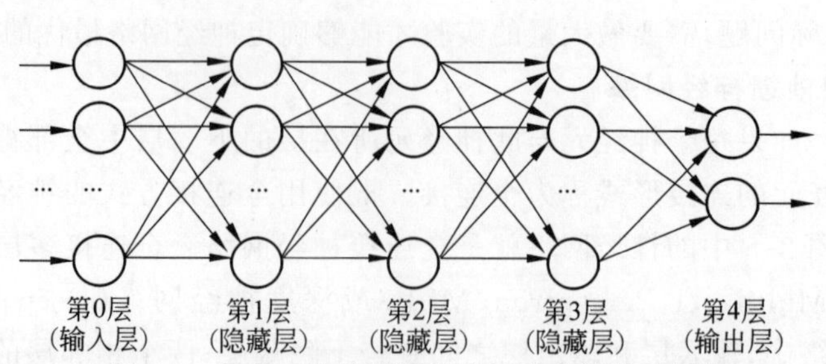

图 2-7 具有 3 个隐藏层的全连接前馈神经网络

元之外，还送给前一层或当前层中的神经元，如图 2-8 所示。反馈型神经网络的类型有很多种，如 Hopfield 神经网络和 Elman 神经网络等。

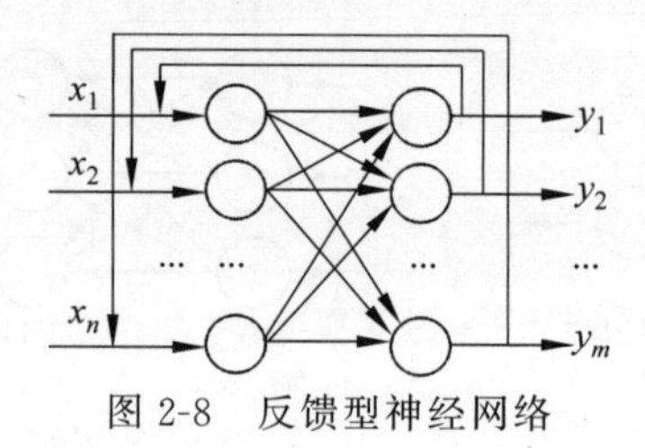

图 2-8 反馈型神经网络

4. 神经网络和深度学习网络的内在特点

在神经网络中，有很多不确定的因素，主要指网络的结构和网络的参数。网络的结构包括隐藏层的数量、每个层中神经元的数量、神经元之间的连接方式和神经元使用的激活函数类型等。网络的参数包括权值参数 w_{ijk} 和偏置参数 b_{ik}，w_{ijk} 表示第 i 层中的第 j 个神经元连接下一层中第 k 个神经元的权值参数，b_{ik} 表示第 i 层中第 k 个神经元的偏置参数。对于某一个具体的实际问题，如果一个神经网络的结构已经确定了，例如使用图 2-9 中的神经网络结构，还需要找到网络参数的最优值。在神经网络中，使用了多个求和函数和激活函数（一般是非线性函数），去建立输入信号 $x_1 \sim x_n$ 和输出信号 $y_1 \sim y_m$ 之间的映射关系。这里使用了"映射"这个术语而没有使用"函数"这个术语，这是因为输入信号 $x_1 \sim x_n$ 和输出信号 $y_1 \sim y_m$ 之间的关系在很多情况下无法使用具体的数学表达式描述。所以，对于神经网络而言，不需要关心描述输入信号 $x_1 \sim x_n$ 和输出信号 $y_1 \sim y_m$ 之间关系的数学表达式。当然，对于很多实际的工程问题，输入信号 $x_1 \sim x_n$ 和输出信号 $y_1 \sim y_m$ 之间的关系也无法使用明确的数学表达式进行精确的描述。

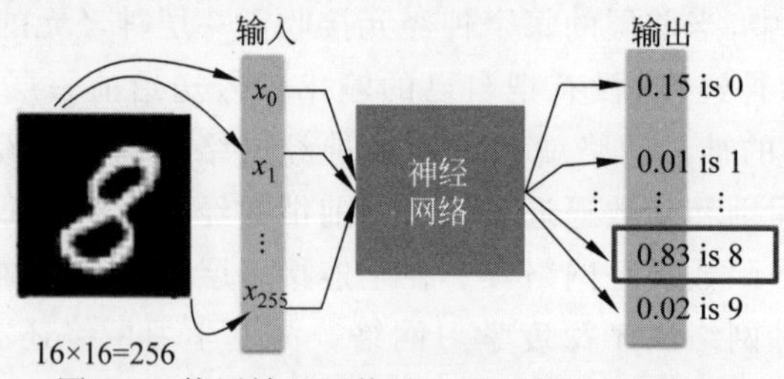

图 2-9 使用神经网络处理手写数字识别问题

当神经网络的隐藏层数量大于 2 时，这种神经网络就属于深度学习网络。在这里，"深度"表示在输入层和输出层之间有多个隐藏层，层数很多；"学习"表示学习多个样本数据的特点，也可以理解为使用多个样本对神经网络进行训练，找到网络参数（权值参数 w_{ijk} 和偏置参数 b_{ik}）的最优值，从而使此神经网络具有最优的预测性能。

神经网络的学习过程和儿童学习并理解这个世界的过程具有相似的特点。儿童在刚刚出生时，对这个世界非常陌生，通过不断的学习，能够不断提高认识和理解这个世界的能力。神经网络也有类似的过程，在对神经网络进行训练之前，神经网络的网络参数是随机值，此时神经网络的预测性能很差。随着训练次数的增加，神经网络不断学习样本数据的内在规律和特点，从而能够不断提高预测性能。

例如，进行手写数字的识别（如图 2-9 所示）。输入图像有 256 个像素，这些像素全部都作为神经网络的输入信号；输出信号有 10 个概率值，这 10 个概率值分别对应着数字 0、数字 1……数字 9 这 10 个类别。计算这 10 个概率值中的最大值，那么输入图像的类别就被预测为此最大概率值所对应的类别。在图 2-9 中，“0.83”为最大的概率值，此概率值对应的类别是数字 8 类别，所以输入图像被预测为数字 8。在神经网络中，需要选择合适的网络结构，使用全连接多层前馈神经网络还是使用卷积神经网络，还是使用其他形式的网络结构？如果使用全连接多层前馈神经网络，隐藏层的数量是多少，每个隐藏层中神经元（即节点）的数量是多少，激活函数的类型是什么？如果使用卷积神经网络，卷积层和池化层的数量是多少，卷积层中卷积核的数量和尺寸是多少，池化层中池化窗口的尺寸是多少，激活函数类型是多少，全连接层的数量是多少？所以，神经网络的结构可以有任意多的类型，到底哪种结构是最优的？为了解决这个问题，需要对每种网络结构做实验，使用实验结果确定最优的网络结构。

2.2　激活函数的定义和特点

在神经元中，激活函数起到了至关重要的作用，它能够将输入信号转换为输出信号，并引入非线性因素，从而增加了神经网络的表达能力。激活函数有两个作用。首先，激活函数引入非线性因素。线性函数的叠加仍然具有线性的特点，而神经网络需要具备处理非线性问题的能力。激活函数通过引入非线性因素，使神经网络能够处理更加复杂的问题。同时，激活函数的非线性特性使神经网络对输入信号的微小变化更加敏感，从而提高了神经网络的灵敏度和鲁棒性。其次，激活函数压缩了神经元的输出范围。激活函数可以将神经元的输出信号限制在一定的范围内，如 0～1 或 −1～1。这种限制使神经网络的输出更加稳定，有助于提高神经网络的收敛速度和性能。

激活函数一般是非线性变换函数。如果空间 V 的一个变换函数 f 同时满足

$$f(\alpha+\beta)=f(\alpha)+f(\beta),\quad \forall \alpha,\beta \in V \tag{2-7}$$

$$f(k\alpha)=kf(\alpha),\quad \forall \alpha \in V \tag{2-8}$$

则称 f 为 V 的一个线性变换函数，否则称 f 为 V 的一个非线性变换函数。其中，k 表示任意的常数。

在 2.1.1 节介绍了激活函数的一种形式，即式(2-4)，这种形式的激活函数称为阶跃函数，也称为阈值函数，其曲线如图 2-10 所示。其他常用的激活函数包括 Sigmoid、Tanh、ReLU、Leaky ReLU、Piecewise Linear 和 Softmax 等。

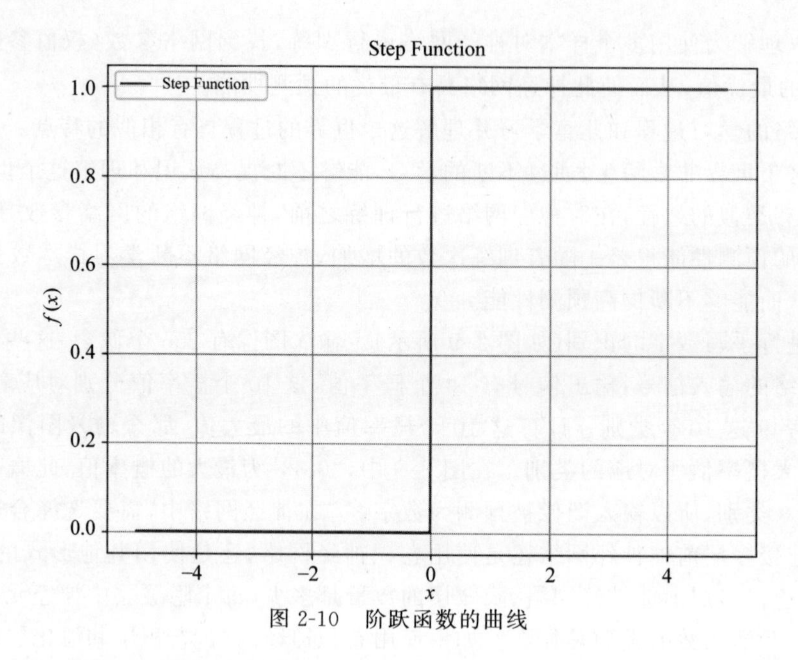

图 2-10 阶跃函数的曲线

2.2.1 Sigmoid 激活函数

Sigmoid 激活函数的定义为

$$f(x)=\frac{1}{1+\mathrm{e}^{-x}} \tag{2-9}$$

其中，e 表示自然常数，其值约为 2.7183。Sigmoid 激活函数的曲线如图 2-11 所示。Sigmoid 激活函数的输出结果在 0～1 的范围内。和 ReLU 激活函数相比，此激活函数的计算量较大。

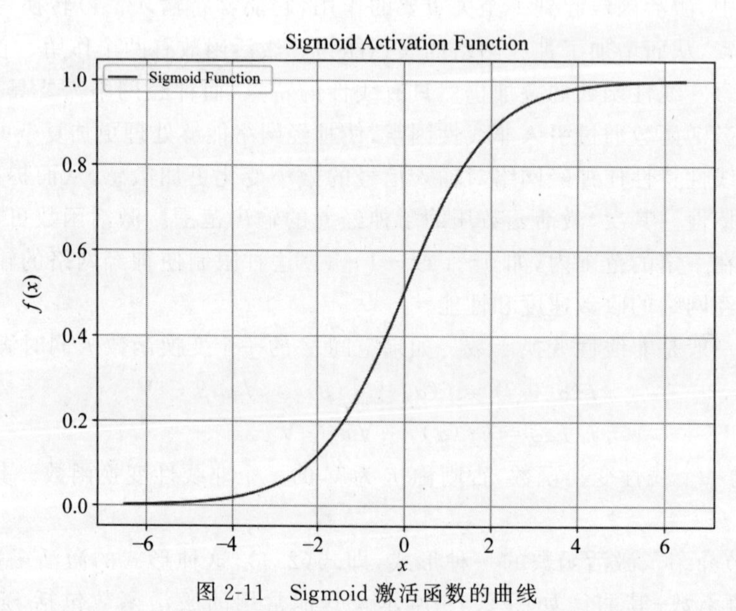

图 2-11 Sigmoid 激活函数的曲线

例如，在图 2-12 所示的神经网络中，神经元使用 Sigmoid 激活函数，两个输入信号分别为 1.2 和 −1.3。下面以第一个隐藏层中的第一个神经元为例说明神经元输出信号的计算方法。对于此神经元来说，两个输入信号的权值参数分别为 −1 和 2，偏置参数为 2。在计算此神经元的输出信号时，首先计算每个输入信号乘以各自权值参数的乘积，然后对乘积求和，如式(2-10)所示，得到的结果为 −3.8。把 −3.8 加上偏置参数 2，得到 −1.8；然后，把 −1.8 送给 Sigmoid 激活函数，激活函数的输出结果为 0.14；最后把激活函数的输出结果作为此神经元的输出信号，即此神经元的输出信号为 0.14。同理，其他神经元使用相同的方法计算输出信号。首先计算隐藏层中两个神经元的输出信号，再计算输出层中两个神经元的输出信号。此神经网络最终的输出信号就是输出层中两个神经元的输出信号，即 0.07 和 0.47。

$$\sum_{i=1}^{2} x_i w_i = 1.2 \times (-1) + (-1.3) \times 2 = -3.8 \tag{2-10}$$

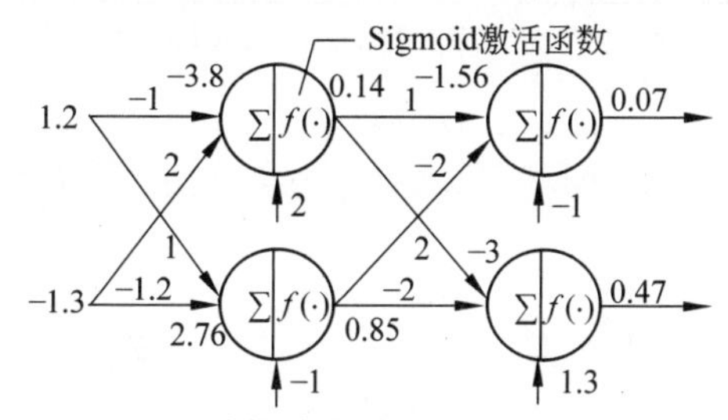

图 2-12　计算神经网络输出信号的示例

2.2.2　Tanh 激活函数

Tanh 激活函数的定义为

$$f(x) = \frac{e^x - e^{-x}}{e^x + e^{-x}} = \frac{1 - e^{-2x}}{1 + e^{-2x}} \tag{2-11}$$

Tanh 激活函数的曲线如图 2-13 所示。在图 2-13 中可以看出，Tanh 函数输出结果的范围为 −1～1。

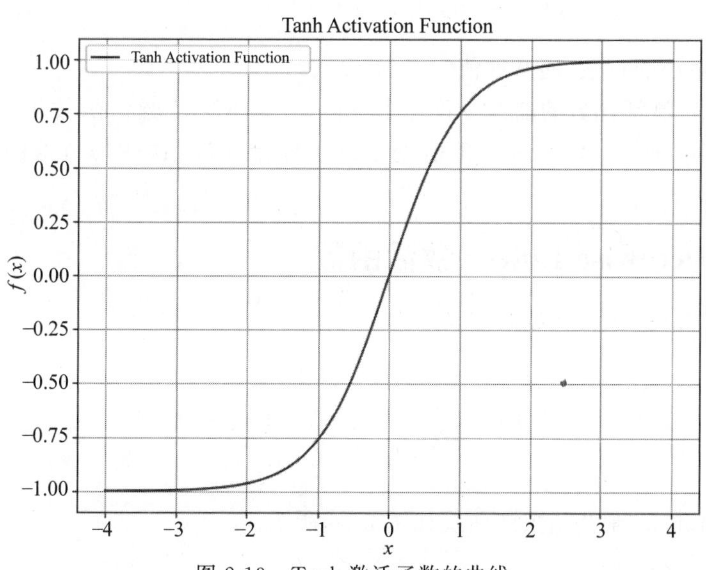

图 2-13　Tanh 激活函数的曲线

2.2.3 ReLU 和 Leaky ReLU 激活函数

ReLU 激活函数的定义为

$$f(x)=\max(x,0)=\begin{cases}x, & x\geqslant 0\\0, & x<0\end{cases} \tag{2-12}$$

ReLU 激活函数的曲线如图 2-14 所示。在 ReLU 激活函数的曲线中，正半轴、负半轴都是线性的曲线，仅仅在零点处具有不连续性。在数学上能够证明，使用足够多 ReLU 激活函数的线性组合，能够逼近任意的线性函数或非线性函数。在神经网络模型中，和 Sigmoid 激活函数和 Tanh 激活函数相比，ReLU 激活函数可能有更好的结果。

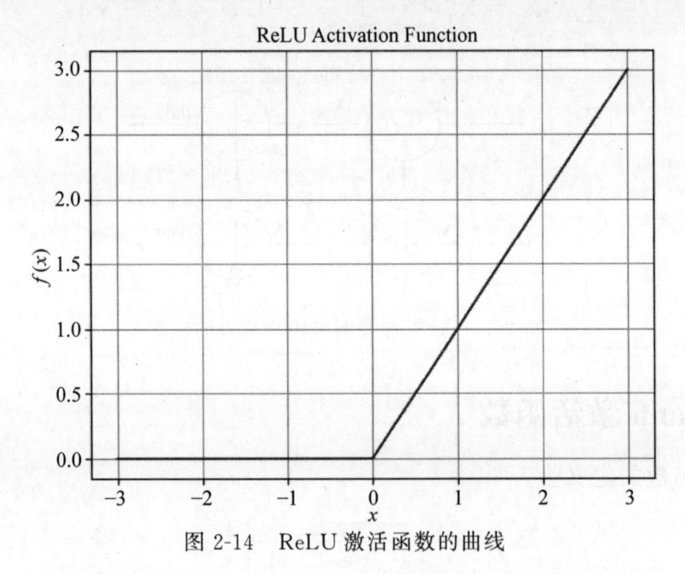

图 2-14　ReLU 激活函数的曲线

Leaky ReLU 激活函数是 ReLU 激活函数的改进版本，它的定义为

$$f(x)=\max(ax,x)=\begin{cases}x, & x\geqslant 0\\ax, & x<0\end{cases} \tag{2-13}$$

其中，a 表示非常小的正数，通常取值为 0.01 或 0.2。

Leaky ReLU 激活函数的曲线如图 2-15 所示。和 ReLU 激活函数相比，Leaky ReLU 激活函数允许负值通过，只不过在负值处放缓了输出速度，这使得负值的输入不会完全丢弃。

2.2.4 Piecewise Linear 激活函数

Piecewise Linear 激活函数的定义为

$$f(x)=\begin{cases}1 & x\geqslant 1\\\frac{1}{2}(1+x) & -1<x<1\\0 & x\leqslant -1\end{cases} \tag{2-14}$$

Piecewise Linear 激活函数的曲线如图 2-16 所示。

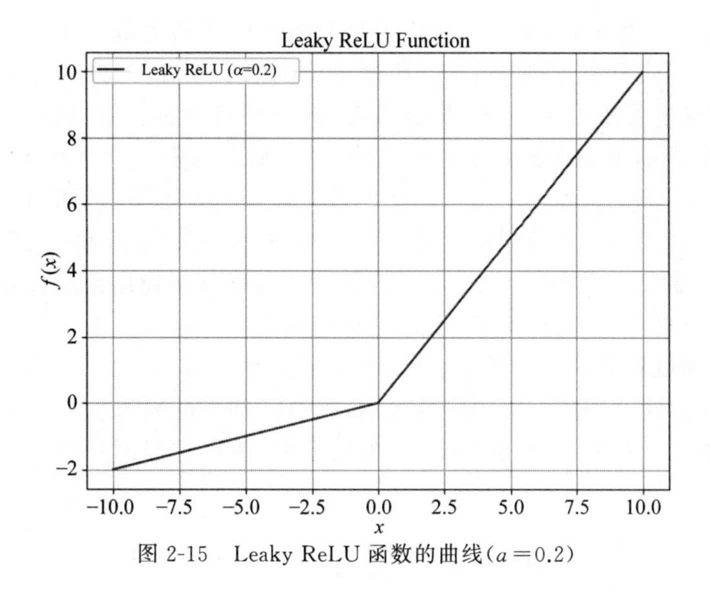

图 2-15 Leaky ReLU 函数的曲线($a=0.2$)

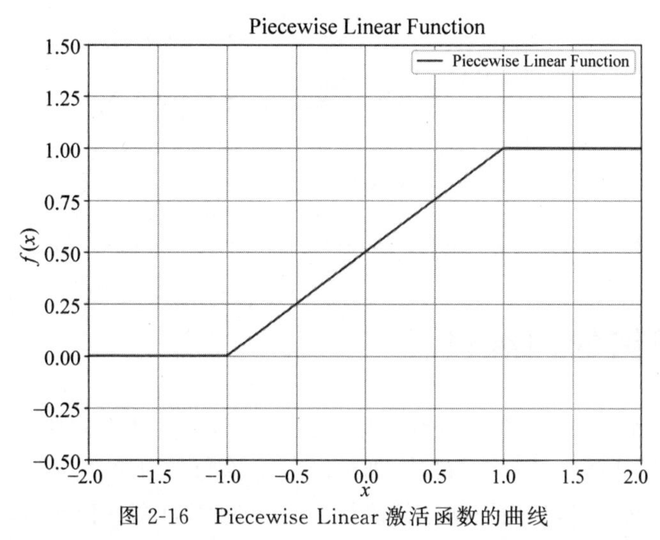

图 2-16 Piecewise Linear 激活函数的曲线

2.2.5 Softmax 激活函数

在处理分类问题的神经网络模型输出层中，神经元只能使用 Softmax 激活函数，不能使用其他类型的激活函数。Softmax 激活函数的定义为

$$f(Z_i)=\frac{e^{z_i}}{\sum_{j=1}^{M} e^{z_j}} \tag{2-15}$$

其中，Z_i 表示 Softmax 激活函数的输入值；$f(Z_i)$表示 Softmax 激活函数的输出值；M 表示输出层中神经元的数量；i 的取值范围是 1～M；e 表示自然常数，其值为 2.7183。对于输出层中的第 i 个神经元，计算其各个输入信号与各自权值参数的乘积，对乘积求和，并加上偏置参数，得到的数值就是 Softmax 激活函数的输入值 Z_i。

使用 Softmax 激活函数，能够把激活函数的输入值转换为范围在 0～1 的概率值，使神经网络的输出层输出多个概率值，这些概率值的总和为 1。例如，对于一个三分类问题，神经网络的输出层使用 Softmax 激活函数，如图 2-17 所示。在此图中，因为是三分类问题，所以 M 等于 3，则 i 的取值分别为 1、2 和 3。输出层中 3 个神经元 Softmax 激活函数的输入值 Z_1、Z_2 和 Z_3 分别为 6、−3 和 2，首先计算这 3 个输入值的 e 函数，即 e^{Z_1}、e^{Z_2} 和 e^{Z_3}，然后使用式(2-15)计算激活函数的输出值 $f(Z_1)$、$f(Z_2)$ 和 $f(Z_3)$，结果分别为 0.98、0 和 0.02。激活函数的 $f(Z_1)$、$f(Z_2)$ 和 $f(Z_3)$ 这 3 个输出值也是输出层 3 个神经元的输出信号，都是 0～1 的概率值，而且它们的和为 1。这 3 个概率值分别对应一个类别，即第一个概率值对应第一个类别，第二个概率值对应第二个类别，第三个概率值对应第三个类别。找到这 3 个概率值中的最大值，此神经网络的输入信号就被预测为最大概率值所对应的类别。在该例中，显然 0.98 为最大值，所以神经网络的输入信号就被预测为第一个类别。

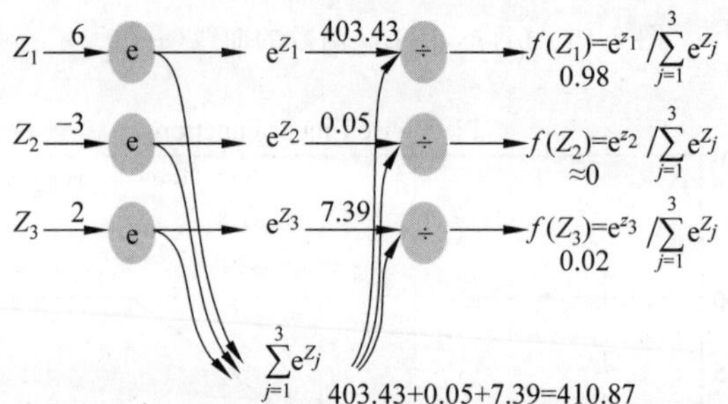

图 2-17 处理三分类问题的神经网络输出层使用 Softmax 激活函数

2.3 神经网络的训练过程

神经网络的工作有两个阶段：训练阶段和预测阶段。这两个阶段有先后顺序，即首先进行训练阶段，然后才能进行预测阶段。训练阶段也称为学习阶段，在训练阶段中，神经网络从训练样本中不断学习，从而不断地修改神经网络的参数(即权值参数和偏置参数)，使神经网络具有更好的预测性能，也就是使神经网络的实际输出值与期望输出值(即标签值)之间具有最小的误差值。当神经网络的实际输出值与期望输出值之间具有最小的误差值时，具有最优的网络参数，从而建立输入信号 $x_1 \sim x_M$ 和输出信号 $y_1 \sim y_N$ 之间的映射关系。在预测阶段中，给神经网络输入每个预测样本，得到每个预测样本的预测结果值。在进行预测时，不再调整网络参数，即使用不变化的网络参数，这些网络参数就是在训练阶段得到的最优网络参数。

神经网络的训练过程如图 2-18 所示。

在每次循环之前，首先对样本数据进行预处理，通常使用归一化的方法把样本数据转变为 0～1 的数值；然后，对网络参数(权值参数和偏置参数)进行初始化，即设置网络参数的初始值。在每次循环时，首先从全部的训练样本中得到一批训练样本；然后，把这批样本进行向前传播，得到此批样本的预测结果；接着，根据此批样本的预测结果和标签值(即真实结果)之间的差距计算损失函数；最后，根据损失函数，使用反向传播法更新网络参数值，使每批样本输出的预测结果和真实结果之间的差距变小。[①] 在进行反向传播时，首先更新输出层的网络参数，然后更新最后一个隐藏层的网络参数，接着更新倒数第二个隐藏层的网络参数，依次进行，最后更新第一个隐藏层的网络参数。因为输出层仅仅是信号的传递而没有网络参数，所以不需要更新输入层的网络参数。

在完成一次循环之后，判断是否达到一代(Epoch)所需要的循环次数。如果已经达到了一代所需要的循环次数，就表示使用训练集中的全部样本进行了一次完整的训练。在完成一代训练后，接着进行下一代的训练，直到完成预先设置的全部代的训练。

例如，在处理手写数字识别的问题中，使用了 MINIST 数据集，它的训练集中有 60 000 个图像样本。把批变量(Batch Size)设置为 100，批变量表示每批样本的数量，即每批包括 100 个图像样本。在每次循环中，首先把一批样本(即 100 个图像样本)同时送入神经网络，然后计算这批样本的输出结果，最后根据这批样本的输出结果和真实结果之间的差距计算损失函数，并根据损失函数更新网络参数。在手写数字识别的问题中，训练集样本的总数量 60 000 除以批变量的数值 100 等于 600，在完成 600 次循环之后，就把训练集中的全部 60 000 个样本进行了一次完整的训练，这个过程称为一代或一轮训练。使用变量 NUM_EPOCH 表示需要完成训练的全部代的数量。如果 NUM_EPOCH 等于 5，就表示需要完成 5 代训练，这 5 代训练总共包括 3000(600×5)次循环。

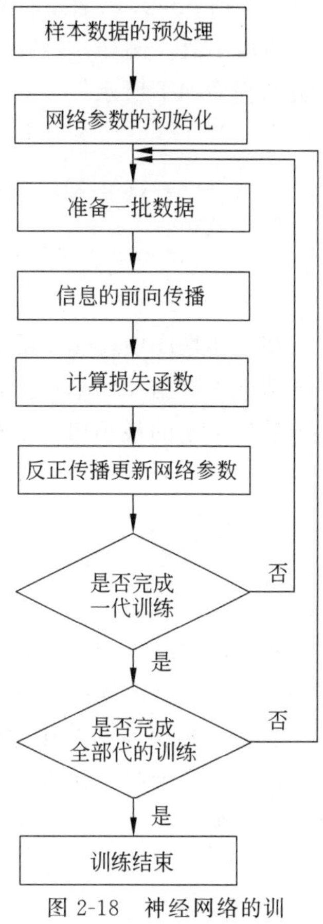

图 2-18 神经网络的训练过程示意图

2.3.1 样本数据的预处理方法

在进行神经网络的训练之前，需要对样本数据进行预处理，以提高神经网络模型的训练效率。样本数据预处理的常用方法有 3 种，分别为均值归一化(Mean Normalization)方法、最小最大值归一化(Min-Max Normalization)方法和标准化归一化(Standardization Normalization)方法。

1. 均值归一化方法

在均值归一化方法中，把样本数据的范围缩放到−1～1 的范围以内，并且样本数据的均值变为 0。均值归一化方法的定义为

$$\frac{x_i - \mathrm{mean}(x)}{\max(x) - \min(x)} \tag{2-16}$$

其中，x 表示全部的样本数据，x_i 表示第 i 个样本的数据，$\mathrm{mean}(x)$表示计算全部样本数据

① 在进行前向传播时，首先把一批训练样本同时送入神经网络的输入层，然后到达第一个隐藏层，依次进行，在经过神经网络的最后一个隐藏层之后到达神经网络的输出层，从而得到此批样本的预测结果。

x 的平均值,$\max(x)$表示计算全部样本数据 x 中的最大值,$\min(x)$表示计算全部样本数据 x 中的最小值。例如,有两个样本数据,分别为[1,2]和[3,4],对样本数据使用均值归一化方法的程序如下所示。

```
import numpy as np
x=np.array([[1,2],[3,4]])
print(x)
x=(x-np.mean(x))/(np.max(x)-np.min(x))
print(x)
```

在上述程序中,array 函数表示定义一个二维数组 x,x 表示全部样本数据,mean 函数计算全部样本数据 x 的平均值,max 函数计算全部样本数据 x 中的最大值,min 函数计算全部样本数据 x 中的最小值。上述程序的运行结果如下所示。

```
[[1 2]
 [3 4]]
[[-0.5 -0.16666667]
 [0.16666667 0.5]]
```

从上面的结果中可以看出,使用均值归一化方法处理之后的样本数据的范围为−1~1,并且这 4 个数据的均值为 0。

2. 最小最大值归一化方法

在最小最大归一化方法中,把样本数据的范围缩放到 0~1 以内。最小最大值归一化方法的定义为

$$\frac{x_i - \min(x)}{\max(x) - \min(x)} \tag{2-17}$$

其中,x 表示全部样本数据,x_i 表示第 i 个样本的数据,$\max(x)$和 $\min(x)$分别表示计算全部样本数据 x 中的最大值和最小值。例如,有两个样本数据,分别为[1,2]和[3,4],对样本数据使用最小最大值归一化方法的程序如下所示。

```
import numpy as np
x=np.array([[1,2],[3,4]])
print(x)
x=(x-np.min(x))/(np.max(x)-np.min(x))
print(x)
```

在上述程序中,array 函数表示定义一个二维数组 x,x 表示全部样本数据,min(x)函数和 max(x)函数分别表示计算全部样本数据 x 的最小值和最大值。上述程序的运行结果如下所示。

```
[[1 2]
 [3 4]]
[[0 0.33333333]
 [0.66666667 1]]
```

从上面的结果中可以看出,使用最小最大归一化方法处理之后的样本数据的最小值和最大值分别是 0 和 1。

3. 标准化归一化方法

在标准化归一化方法中，把样本数据的范围缩放到0的附近，并且样本数据的分布转变为均值为0、标准差为1的标准正态分布。标准化归一化方法的定义为

$$\frac{x_i-\text{mean}(x)}{\sigma(x)} \tag{2-18}$$

其中，x 表示全部样本数据，x_i 表示第 i 个样本的数据，$\text{mean}(x)$表示计算全部样本数据 x 的平均值，$\sigma(x)$表示计算全部样本数据 x 的标准差。例如，有两个样本数据，分别为[1,2]和[3,4]，对样本数据使用标准化归一化方法的程序如下所示。

```
import numpy as np
x=np.array([[1,2],[3,4]])
print(x)
x=(x-np.mean(x))/(np.std(x))
print(x)
```

在上述程序中，array 函数表示定义一个二维数组 x，x 表示全部的样本数据，mean 函数和 std 函数分别表示计算全部样本数据 x 的平均值和标准差。上述程序的运行结果如下所示。

```
[[1 2]
 [3 4]]
[[-1.34164079 -0.4472136]
 [0.4472136 1.34164079]]
```

从上面的结果中可以看出，使用标准化归一化方法处理之后的样本数据的平均值为0。

2.3.2 网络参数的初始化方法

网络参数的初始值能够影响神经网络最终的预测性能。当神经网络的网络参数使用不同的初始值时，可能最终收敛到局部的最小值，而无法到达全局的最小值。例如，假设一个神经网络只有两个网络参数 θ_0 和 θ_1，显然此网络的损失函数是这两个网络参数的函数，损失函数可以使用符号 $L(\theta_0,\theta_1)$表示。损失函数 $L(\theta_0,\theta_1)$的三维示意图如图2-19所示。其中，有左右两个黑色折线，表示损失函数的数值不断减小的变化情况。在这两个折线中，网络参数使用了不同的初始值。在左边的折线中，损失函数经过不断衰减到达了全局最小值，而右边的折线最终到达了局部最小值。显然，使用不同的网络参数初始值，会影响损失函数最终的收敛状态，从而影响神经网络最终的预测效果。

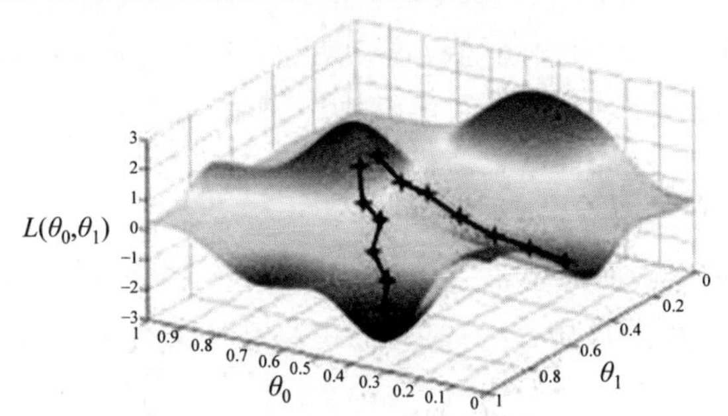

图2-19 有两个网络参数的神经网络损失函数三维示意图

网络参数常见的初始化方法包括零值初始化方法、随机初始化方法、高斯分布初始化方法和均匀分布初始化方法等。在零值初始化方法中，所有的网络参数被初始化为数值 0。在随机初始化方法中，随机设置网络参数的初始值，所以这些初始值没有统计规律。在高斯分布初始化方法和均匀分布初始化方法中，使网络参数的初始值分别符合高斯分布和均匀分布的统计特点。实践表明，高斯分布初始化方法和均匀分布初始化方法会使神经网络产生更好的预测效果。

2.3.3 前向传播算法的原理

在神经网络中，信号从输入层开始，逐层向前传输，依次通过每个隐藏层的神经元，最后到达输出层，把神经网络中这种信号的传递过程称为前向传播(Forward Propagation)算法。在图 2-20 中，把一批训练样本送入神经网络输入层的神经元，然后把信号传递到第 1 个隐藏层，依次向前，信号到达最后 1 个隐藏层，最后到达输出层，从而得到这批样本的预测结果值。

例如，使用两层的全连接前馈神经网络进行房价的预测，如图 2-21 所示。

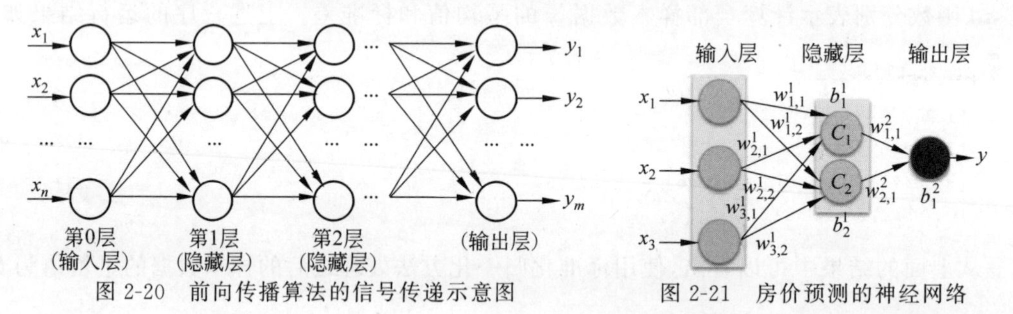

图 2-20 前向传播算法的信号传递示意图

图 2-21 房价预测的神经网络

在图 2-22 中，有 3 个输入信号 x_1、x_2 和 x_3，分别表示影响房价的 3 个因素：人均 GDP、人口增长率和经济增长率，输出信号 y 表示房价。在此神经网络中进行信号的前向传播时，首先把某个样本的 3 个值 x_1、x_2 和 x_3 送入输入层；然后，计算隐藏层中每个神经元的结果值，计算方程为

$$C_1 = f(x_1 w_{1,1}^1 + x_2 w_{2,1}^1 + x_3 w_{3,1}^1 + b_1^1) \tag{2-19}$$

$$C_2 = f(x_1 w_{1,2}^1 + x_2 w_{2,2}^1 + x_3 w_{3,2}^1 + b_2^1) \tag{2-20}$$

其中，C_1 和 C_2 分别表示隐藏层中两个神经元的输出结果值；$w_{1,1}^1$、$w_{2,1}^1$ 和 $w_{3,1}^1$ 分别表示输入层中第一个神经元、第二个神经元和第三个神经元到隐藏层中第一个神经元之间连线的权值参数；$w_{1,2}^1$、$w_{2,2}^1$ 和 $w_{3,2}^1$ 分别表示输入层中第一个神经元、第二个神经元和第三个神经元到隐藏层中第二个神经元之间连线的权值系数；b_1^1 和 b_2^1 分别表示隐藏层中第一个神经元和第二个神经元的偏置参数，f 表示激活函数。

最后，计算输出层中神经元的结果值，计算方程为

$$y = f(C_1 w_{1,1}^2 + C_2 w_{2,1}^2 + b_1^2) \tag{2-21}$$

其中，$w_{1,1}^2$ 和 $w_{2,1}^2$ 分别表示隐藏层中第一个神经元和第二个神经元到输出层中神经元之间连线的权值参数；b_1^2 表示隐藏层中神经元的偏置参数，f 表示激活函数。

2.3.4　损失函数的定义

在神经网络中，通常把样本的真实值 y（也就是标签值）与预测值 $\hat{y}$ 之间差距的函数称为损失函数（Loss Function），表示为 $L(y,\hat{y})$。损失函数值越小，表明神经网络模型得到的预测值和真实值之间的偏差越小，那么此模型的预测性能就越精确。

当处理房价预测、股票预测等回归问题时，即处理样本的标签值是连续值的问题时，通常使用均方误差函数（Mean Squared Error，MSE）作为损失函数。均方误差函数的定义为

$$\mathrm{MSE}=\frac{1}{M}\sum_{i=1}^{M}(y_i-\hat{y}_i)^2 \tag{2-22}$$

其中，M 表示在训练阶段的每次循环中使用的一批样本的数量，y_i 表示第 i 个样本的真实值（即标签值）；$\hat{y}_i$ 表示第 i 个样本的预测值。

当处理猫狗分类、手写数字识别等分类问题时，即处理样本的标签值是离散值或类别值的问题时，通常使用交叉熵误差函数（Cross Entropy Error，CEE）作为损失函数。交叉熵误差函数的定义为

$$\mathrm{CEE}=-\frac{1}{M}\sum_{m=1}^{M}\sum_{j=1}^{J}t_{mj}\log(\hat{y}_{mj}) \tag{2-23}$$

其中，M 表示在训练阶段的每次循环中使用的一批样本的数量；t_{mj} 表示预测指示符号，如果第 m 个样本被预测为第 j 个类别，则 t_{mj} 等于 1，反之 t_{mj} 等于 0；J 表示在处理分类问题时类别的总数量。在神经网络的输出层中，会得到 J 个概率值，$\hat{y}_{mj}$ 表示第 m 个样本属于第 j 个类别的概率。例如，在猫狗分类问题，有两个类别：猫和狗，所以 J 等于 2；在处理手写数字识别问题时，有 0、1、2……9 这 10 个类别，所以 J 等于 10。

2.3.5　梯度下降方法的原理

在神经网络的训练阶段，希望损失函数能够获得最小值。损失函数和神经网络的网络参数有关系，它是网络参数的函数。损失函数到达最小值时，神经网络的网络参数值称为最优网络参数。寻找神经网络最优网络参数的方法有两种：枚举法和梯度下降方法。在枚举法中，首先分析网络参数所有可能取值的组合，然后计算网络参数在每种组合情况下的损失函数值，最后计算损失函数的最小值，并将最小损失函数所对应的网络参数作为最优网络参数。如果神经网络有非常多的网络参数，枚举法就需要非常大的计算量。例如，用于处理语音识别问题的神经网络模型有 8 层，如图 2-22 所示。其中，神经网络的每层有 1000 个神经元，所以共需要 800.8 万个网络参数。此神经网络的网络参数数量非常巨大，如果使用枚举法寻找最优网络参数，需要非常大的计算量。

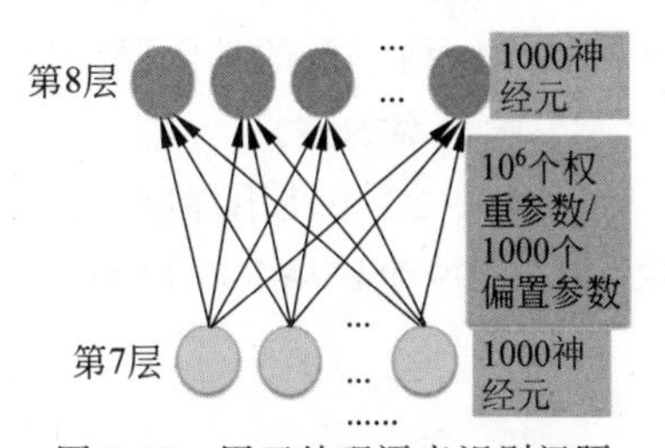

图 2-22　用于处理语音识别问题的 8 层神经网络模型

根据数学中的最优化理论，如果沿着目标函数的负梯度方向，即梯度方向的反方向，目标函数值减小的速度最快。在使用梯度下降方法时，首先把神经网络的损失函数作为目标函数；然后沿着损失函数的负梯度方向前进，通过改变网络参数，使损失函数的数值变得更小。不断重复上面的过程，就能够找到损失函数的最小值。

1. 梯度下降方法的直观理解

假设神经网络只有两个网络参数 θ_0 和 θ_1，那么损失函数就是这两个网络参数的函数，使用 $L(\theta_0,\theta_1)$ 表示，其三维图像如图 2-23 所示。在使用梯度下降方法寻找最优网络参数时，首先，对两个网络参数 θ_0 和 θ_1 进行初始化。假设 θ_0 和 θ_1 取初始值时，损失函数 $L(\theta_0,\theta_1)$ 的值位于图 2-23 中的 A 点。然后，进行第一次循环，计算 A 点损失函数 $L(\theta_0,\theta_1)$ 值的负梯度方向，并沿着此负梯度方向到达 B 点。和 A 点的两个网络参数 θ_0 和 θ_1 的取值相比，B 点的两个网络参数 θ_0 和 θ_1 的取值明显发生了变化。根据最优化理论，B 点的损失函数 $L(\theta_0,\theta_1)$ 值小于 A 点的损失函数 $L(\theta_0,\theta_1)$ 值。接着，进行第二次循环，沿着 B 点损失函数 $L(\theta_0,\theta_1)$ 值的负梯度方向，继续到达 C 点，C 点的损失函数 $L(\theta_0,\theta_1)$ 值小于 B 点的损失函数 $L(\theta_0,\theta_1)$ 值。一直循环下去，下一个点的损失函数 $L(\theta_0,\theta_1)$ 值都会小于上一个点的损失函数 $L(\theta_0,\theta_1)$ 值。最后到达 G 点，G 点的损失函数 $L(\theta_0,\theta_1)$ 值就是全局最小值，从而结束整个循环过程，并且 G 点网络参数 θ_0 和 θ_1 的取值就是网络参数最优值。

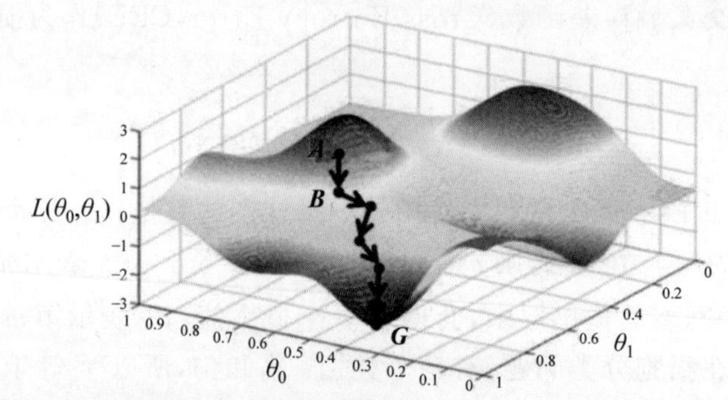

图 2-23 损失函数 L(θ_0 和 θ_1)的图像

在以上使用梯度下降方法寻求损失函数全局最小值的过程中，神经网络只有两个网络参数。处理实际问题的神经网络往往有非常多的网络参数，例如 1 万个甚至几亿个。对于有很多个网络参数的神经网络，在使用梯度下降方法计算损失函数的全局最小值时，其步骤和有两个网络参数的神经网络完全相同。

2. 学习率的定义

在图 2-23 中使用梯度下降方法时，每经过一个循环都会到达一个新点，根据最优化理论，新点的两个网络参数值和上一个点的两个网络参数值之间的关系为

$$\theta_{0,n+1}=\theta_{0,n}-\lambda\frac{\partial L(\theta_0,\theta_1)}{\partial\theta_0} \tag{2-24}$$

$$\theta_{1,n+1}=\theta_{1,n}-\lambda\frac{\partial L(\theta_0,\theta_1)}{\partial\theta_1} \tag{2-25}$$

其中，$\theta_{0,n+1}$ 和 $\theta_{1,n+1}$ 分别表示第 $n+1$ 次循环时，损失函数 $L(\theta_0,\theta_1)$ 所在点网络参数 θ_0 和 θ_1 的值；$\theta_{0,n}$ 和 $\theta_{1,n}$ 分别表示第 n 次循环时，损失函数 $L(\theta_0,\theta_1)$ 所在点网络参数 θ_0 和 θ_1 的值；$\frac{\partial L(\theta_0,\theta_1)}{\partial\theta_0}$ 和 $\frac{\partial L(\theta_0,\theta_1)}{\partial\theta_1}$ 分别表示损失函数 $L(\theta_0,\theta_1)$ 关于 θ_0 和 θ_1 的梯度值；λ 为学习率，表示每次循环时网络参数更新的快慢。λ 值越大，则在每次循环时网络参数会更新较快；反之，λ 值越小，则在每次循环时网络参数会更新较慢。学习率 λ 不是神经网络的网络参数，通常把这种类型的参数称为神经网络的超参数。

对于处理实际问题的神经网络来说，它往往具有很多网络参数，这些网络参数分为两类：权值参数和偏置参数。假设神经网络具有 w_1、w_2、…、w_M 共 M 个权值参数和 b_1、b_2、…、b_N 共 N 个偏置参数，使用 $L(w_1,w_2,\cdots,w_M;b_1,b_2,\cdots,b_N)$ 表示神经网络的损失函数，则网络参数的更新方程为

$$w_{i,n+1}=w_{i,n}-\lambda\frac{\partial L(w_1,w_2,\cdots,w_M;b_1,b_2,\cdots,b_N)}{\partial w_i},\quad i=1\sim M \tag{2-26}$$

$$b_{i,n+1}=b_{i,n}-\lambda\frac{\partial L(w_1,w_2,\cdots,w_M;b_1,b_2,\cdots,b_N)}{\partial b_i},\quad i=1\sim N \tag{2-27}$$

其中，$w_{i,n+1}$ 和 $b_{i,n+1}$ 分别表示第 $n+1$ 次循环时第 i 个权值参数和偏置参数；$w_{i,n}$ 和 $b_{i,n}$ 分别表示第 n 次循环时第 i 个权值参数和偏置参数。

在梯度下降方法中，如果学习率 λ 过大，损失函数可能不会到达全局最小值，即它可能不会收敛；反之，如果学习率 λ 过小，损失函数的收敛速度会比较慢，从而增加神经网络的训练时间。实践表明，在神经网络的训练阶段刚刚开始时，较大的学习率 λ 能够提高损失函数的收敛速度；在神经网络的训练阶段快结束时，损失函数已经收敛到了最小值的附近，较小的学习率 λ 能够避免损失函数值来回不断振荡。

3. 神经网络使用梯度下降方法的具体过程

在神经网络的训练阶段使用梯度下降方法时，首先，把全部的训练样本划分为若干批(Batch)，每批中包含多个样本；然后，在训练过程的每次循环中，把一批的样本同时送给神经网络，计算这批样本的损失函数，并对损失函数使用梯度下降方法去更新神经网络的网络参数。

在训练阶段的每次循环中，对一批样本的损失函数使用了梯度下降方法，而不是对一个样本的损失函数使用梯度下降方法，所以梯度下降方法也称为批量梯度下降方法。批量梯度下降方法能够提高训练效率，节省训练时间。如果每批样本中只有一个样本，在训练阶段中的每次循环中，就只把一个样本送给神经网络，计算这个样本的损失函数，并使用梯度下降方法更新网络参数，这样的操作往往导致损失函数很难收敛，即很难获得损失函数的全局最小值，而且训练时间会很长。

在神经网络的训练过程中，需要合理设置一批中样本的数量。显然，一批中样本的数量可以大于或等于1，并且要小于或等于训练集中样本的全部数量。如果一批中样本的数量过大，可能会导致神经网络在训练过程中需要的存储容量超过GPU的存储容量，从而导致神经网络无法进行训练；如果一批中样本的数量过小，那么在训练过程中进行并行化计算的效率会比较低，程序运行的时间变长，神经网络的训练效果会比较差。实践表明，一批中样本的数量设置为几十到几百会具有更好的效果。

4. 梯度下降方法的改进方法

梯度下降方法的改进方法包括动量梯度下降方法(Gradient Descent with Momentum)、均方根加速方法(Root Mean Square Prop，RMSProp)和自适应矩估计(Adaptive Moment Estimation，Adam)方法。在动量梯度下降方法中，“动量”在物理上表示物体的运动具有惯性，在此方法中表示损失函数的下降趋势具有惯性。动量梯度下降方法既考虑了网络参数当前的梯度值，也考虑了网络参数的历史梯度值。在动量梯度下降方法中，网络参数的更新方程为

$$\theta_{n+1}=\theta_n-\lambda\left[\beta\frac{\partial L(\theta)}{\partial\theta_{n-1}}+(1-\beta)\frac{\partial L(\theta)}{\partial\theta_n}\right] \tag{2-28}$$

其中，θ_{n+1}和θ_n分别表示在第$n+1$次和第n次循环时的网络参数，λ表示学习率，$L(\theta)$表示损失函数，β表示梯度加权的参数，$\frac{\partial L(\theta)}{\partial\theta_{n-1}}$和$\frac{\partial L(\theta)}{\partial\theta_n}$分别表示第$n-1$次和第$n$次循环时损失函数关于网络参数的梯度值。$\frac{\partial L(\theta)}{\partial\theta_{n-1}}$表示历史梯度值，代表梯度值的“惯性”。

在均方根加速方法中，对梯度值进行平方，并做了除法运算。在均方根加速方法中，网络参数的更新方程为

$$\theta_{n+1}=\theta_n-\lambda\frac{1}{\sqrt{\beta\frac{\partial L(\theta)}{\partial\theta_{n-1}}+(1-\beta)\left(\frac{\partial L(\theta)}{\partial\theta_n}\right)^2}+\varepsilon}\frac{\partial L(\theta)}{\partial\theta_n} \tag{2-29}$$

其中，θ_{n+1}、θ_n和θ_{n-1}分别表示第$n+1$次、第n次和第$n-1$次循环时网络参数的值，λ表示学习率，$L(\theta)$表示损失函数，$\frac{\partial L(\theta)}{\partial\theta_{n-1}}$和$\frac{\partial L(\theta)}{\partial\theta_n}$分别表示第$n-1$次和第$n$次循环时损失函数$L(\theta)$关于网络参数$\theta$的梯度值，$\beta$表示梯度加权的参数，$\varepsilon$表示防止分母为0的常数。

在自适应矩估计方法中，把动量梯度下降方法和均方根方法结合起来。在自适应矩估计方法中，网络参数的更新方程为

$$\theta_{n+1}=\theta_n-\lambda\frac{1}{\sqrt{\frac{1}{1-\beta_2^n}\left[\beta_2\frac{\partial L(\theta)}{\partial\theta_{n-1}}+(1-\beta_2)\left(\frac{\partial L(\theta)}{\partial\theta_n}\right)\right]^2}+\varepsilon}\left[\frac{1}{1-\beta_1^n}\left(\beta_1\frac{\partial L(\theta)}{\partial\theta_{n-1}}+(1-\beta_1)\frac{\partial L(\theta)}{\partial\theta_n}\right)\right] \tag{2-30}$$

其中，θ_{n+1}、θ_n和θ_{n-1}分别表示第$n+1$次、第n次和第$n-1$次循环时网络参数的值，λ表示学习率，β_1和β_2表示梯度加权的参数，$L(\theta)$表示损失函数，$\frac{\partial L(\theta)}{\partial\theta_{n-1}}$、$\frac{\partial L(\theta)}{\partial\theta_n}$分别表示第$n-1$次、第$n$次循环时损失函数$L(\theta)$关于网络参数$\theta$的梯度值，$\varepsilon$表示防止分母为0的常数。

在式(2-30)中，$\frac{1}{\sqrt{\frac{1}{1-\beta_2^n}\left[\beta_2\frac{\partial L(\theta)}{\partial\theta_{n-1}}+(1-\beta_2)\left(\frac{\partial L(\theta)}{\partial\theta_n}\right)\right]^2}+\varepsilon}$表示均方根加速方法的成分，$\left(\beta_1\frac{\partial L(\theta)}{\partial\theta_{n-1}}+(1-\beta_1)\frac{\partial L(\theta)}{\partial\theta_n}\right)$表示动量梯度下降方法的成分。由于自适应矩估计方法占用的存储空间比较少，而且效率比较高，因此很多神经网络使用此方法更新网络参数的值。

2.3.6 反向传播算法的原理

在神经网络的训练阶段，通常使用反向传播算法更新网络参数的值。在神经网络的预测阶段，根据输出层的预测值和样本的标签值计算损失函数，并根据损失函数先更新输出层的网络参数，然后朝着输入层的方向逐层更新隐藏层的网络参数。例如，对于图2-20中的神经网络，首先更新输出层中神经元的网络参数，然后更新最后一个隐藏层神经元的网络参数，接着更新倒数第二个隐藏层神经元的网络参数，并逐层更新神经元的网络参数，最后更

新第一个隐藏层的网络参数。由于输入层仅仅传递信号而没有网络参数，因此不需要更新输入层的网络参数。

例如，在处理回归问题中，使用了一个简单的神经网络，如图 2-24 所示。

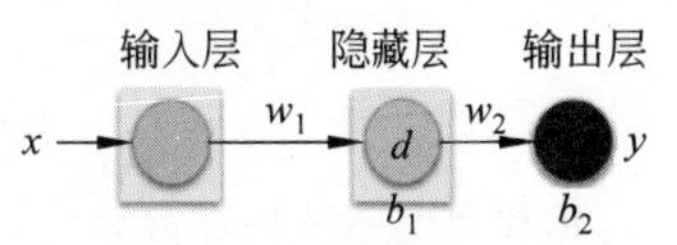

图 2-24　反向传播算法的示例

在图 2-24 中，神经网络的输入信号为 x，隐藏层和输出层都只有 1 个神经元，输入层神经元和隐藏层神经元之间连线的权值参数为 w_1，隐藏层神经元和输出层神经元之间连线的权值参数为 w_2，隐藏层神经元和输出层神经元的偏置参数分别为 b_1 和 b_2，隐藏层神经元和输出层神经元都使用 Sigmoid 激活函数。在训练阶段，先使用前向传播算法进行信号的前向传递，后使用反向传播算法反向逐层更新神经元的网络参数。在前向传播中，首先信号从输入层神经元传递到隐藏层神经元，隐藏层神经元的结果值 d 为

$$d = f(s_1) \tag{2-31}$$

$$s_1 = w_1 x + b_1 \tag{2-32}$$

其中，f 表示 Sigmoid 激活函数。

然后，信号从隐藏层神经元传递到输出层神经元，输出层神经元的结果值 y 为

$$y = f(s_2) \tag{2-33}$$

$$s_2 = w_2 d + b_2 \tag{2-34}$$

其中，f 表示 Sigmoid 激活函数。输出层神经元的结果值 y 就是此神经网络对于此时输入信号 x 的预测值。

使用均方误差损失函数作为损失函数，均方误差损失函数的定义为

$$L(y, y') = (y - y')^2 \tag{2-35}$$

其中，y 表示神经网络对于当前输入信号的预测值，y' 表示当前样本的标签值，$L(y, y')$ 表示损失函数的值。

下面使用反向传播算法从输出层开始逐层更新网络参数。首先，更新输出层的网络参数 w_2 和 b_2。w_2 的更新方程为

$$w_{2,n+1} = w_{2,n} - \lambda \frac{\partial L(y, y')}{\partial w_2} \tag{2-36}$$

其中，$w_{2,n+1}$ 和 $w_{2,n}$ 分别表示第 $n+1$ 次循环和第 n 次循环中 w_2 的值，λ 表示学习率。

根据数学中的链式法则，有

$$\frac{\partial L(y, y')}{\partial w_2} = \frac{\partial L(y, y')}{\partial y} \frac{\partial y}{\partial S_2} \frac{\partial S_2}{\partial w_2} \tag{2-37}$$

根据式(2-35)，计算 $\frac{\partial L(y, y')}{\partial y}$，有

$$\frac{\partial L(y, y')}{\partial y} = 2(y - y') \tag{2-38}$$

在式(2-33)中，f 表示 Sigmoid 激活函数，则 $y = \frac{1}{1+\mathrm{e}^{-s_2}}$，计算 $\frac{\partial y}{\partial S_2}$，有

$$\frac{\partial y}{\partial s_2} = \frac{\mathrm{e}^{-s_2}}{(1+\mathrm{e}^{-s_2})^2}$$

$$=\frac{1}{1+e^{-s_2}}\left(\frac{e^{-s_2}}{1+e^{-s_2}}\right)$$

$$=\frac{1}{1+e^{-s_2}}\left(1-\frac{1}{1+e^{-s_2}}\right)$$

$$=y(1-y) \tag{2-39}$$

根据式(2-34),计算$\frac{\partial S_2}{\partial w_2}$,有

$$\frac{\partial s_2}{\partial w_2}=d \tag{2-40}$$

所以,有

$$\frac{\partial L(y,y')}{\partial w_2}=\frac{\partial L(y,y')}{\partial y}\frac{\partial y}{\partial S_2}\frac{\partial S_2}{\partial w_2}$$

$$=2(y-y')y(1-y)d \tag{2-41}$$

b_2 的更新方程为

$$b_{2,n+1}=b_{2,n}-\lambda\frac{\partial L(y,y')}{\partial b_2} \tag{2-42}$$

同理,使用和 w_2 类似的方法去更新 b_2 的数值,就完成了输出层神经元网络参数的更新操作。

然后,更新隐藏层神经元的网络参数 w_1 和 b_1。w_1 的更新方程为

$$w_{1,n+1}=w_{1,n}-\lambda\frac{\partial L(y,y')}{\partial w_1} \tag{2-43}$$

根据数学中的链式法则,有

$$\frac{\partial L(y,y')}{\partial w_1}=\frac{\partial L(y,y')}{\partial y}\frac{\partial y}{\partial s_2}\frac{\partial s_2}{\partial d}\frac{\partial d}{\partial s_1}\frac{\partial s_1}{\partial W_1} \tag{2-44}$$

根据式(2-34),

$$\frac{\partial s_2}{\partial d}=w_2 \tag{2-45}$$

在式(2-31)中,f 表示 Sigmoid 激活函数,所以

$$d=\frac{1}{1+e^{-s_1}} \tag{2-46}$$

计算$\frac{\partial d}{\partial s_1}$,有

$$\frac{\partial d}{\partial s_1}=\frac{e^{-s_1}}{(1+e^{-s_1})^2}$$

$$=\frac{1}{1+e^{-s_1}}\left(\frac{e^{-s_1}}{1+e^{-s_1}}\right)$$

$$=\frac{1}{1+e^{-s_1}}\left(1-\frac{1}{1+e^{-s_1}}\right)$$

$$=d(1-d) \tag{2-47}$$

根据式(2-32),

$$\frac{\partial s_1}{\partial w_1}=x \tag{2-48}$$

根据式(2-38)、式(2-39)、式(2-45)、式(2-47)和式(2-48),计算$\frac{\partial L(y,y')}{\partial w_1}$,有

$$\begin{aligned}\frac{\partial L(y,y')}{\partial w_1}&=\frac{\partial L(y,y')}{\partial y}\frac{\partial y}{\partial s_2}\frac{\partial s_2}{\partial d}\frac{\partial d}{\partial s_1}\frac{\partial s_1}{\partial W_1}\\&=2(y-y')y(1-y)w_2d(1-d)x\end{aligned} \tag{2-49}$$

b_1 的更新方程为

$$b_{1,n+1}=b_{1,n}-\lambda\frac{\partial L(y,y')}{\partial b_1} \tag{2-50}$$

同理,使用和 w_1 类似的方法去更新 b_1 的值,就完成了隐藏层中神经元网络参数的更新操作。

2.4 神经网络的过拟合现象和解决办法

2.4.1 过拟合现象

根据机器学习模型在训练阶段对训练集的样本数据进行学习的程度,此模型的学习效果会具有 3 类现象,即欠拟合(Underfitting)现象、正常拟合现象和过拟合(Overfitting)现象。在欠拟合现象中,因为机器学习模型非常简单,无法学习训练集中样本数据的规律,所以此模型在训练集和测试集上的预测效果都较差。在正常拟合现象中,因为机器学习模型合理学习了训练集中样本数据的规律,并没有过多关注训练集样本数据中的噪声成分,所以此模型在训练集和测试集上的预测效果都很好。在过拟合现象中,因为机器学习模型过度学习了训练集中样本数据的特点,从而捕捉了训练集样本数据中的噪声成分,所以此模型在训练集上取得了很好的预测效果,但是在测试集上取得的预测效果很差。神经网络模型属于机器学习模型中的一种类型,所以它也有这 3 种现象。

例如,在树叶和树木的分类问题中,如果在训练时错误地认为树叶必须有锯齿,就会出现过拟合现象,从而认为没有锯齿的树叶是树木而不是树叶;如果在训练时错误地认为绿色的对象都是树叶,就会出现欠拟合现象,从而认为树木也是树叶。

当神经网络模型在训练集上完成训练之后,把此模型对未知的数据进行预测的预测能力称为泛化能力,这里未知的数据指预测集中的样本数据。泛化能力反映了神经网络模型对新鲜样本的适应能力,神经网络模型的泛化能力越高,则此模型对未知数据的预测就会具有越高的准确率。

当神经网络模型出现过拟合现象时,需要采取方法加以避免,把采取的方法称为正则化(Regularization)方法。对于神经网络来说,常用的正则化方法包括 L_1 和 L_2 正则化方法、丢弃方法和提前停止方法。

2.4.2 L_1 正则化方法和 L_2 正则化方法

为了避免过拟合现象,可以在神经网络模型的损失函数中加入正则化项 $J(f)$。正则化项也称为惩罚项,在损失函数中加入正则化项的目的是限制神经网络模型的复杂度。在

L_1 正则化方法和 L_2 正则化方法中，分别使用 L_1 范数和 L_2 范数作为正则化项。L_1 正则化方法和 L_2 正则化方法的定义为

$$L'(y,\hat{y})=L(y,\hat{y})+\lambda J(f) \tag{2-51}$$

其中，$L(y,\hat{y})$表示原来的损失函数，$L'(y,\hat{y})$表示在增加了正则化项之后的新损失函数，λ表示正则化系数，$J(f)$表示正则化项。在 L_1 正则化方法和 L_2 正则化方法中，正则化项 $J(f)$分别为 L_1 范数和 L_2 范数。

在数学中，把向量长度的度量方法称为范数(Norm)。最常用的范数包括 L_1 范数和 L_2 范数等。例如，假设向量 $\boldsymbol{x}$ 为$[x_1,x_2,\cdots,x_n]^T$，那么向量 $\boldsymbol{x}$ 的 p 范数定义为

$$||\boldsymbol{x}||_p=(|x_1|^p+|x_2|^p+\cdots+|x_n|^p)^{1/p} \tag{2-52}$$

如果 p 等于1，把这种范数称为向量 $\boldsymbol{x}$ 的 L_1 范数。显然，L_1 范数指向量 $\boldsymbol{x}$ 中各个元素绝对值的和。L_1 范数的定义为

$$||\boldsymbol{x}||_1=|x_1|+|x_2|+\cdots+|x_n| \tag{2-53}$$

如果 p 等于2，把这种范数称为向量 $\boldsymbol{x}$ 的 L_2 范数。显然，L_2 范数指向量 $\boldsymbol{x}$ 中各个元素平方和的平方根。L_2 范数的定义为

$$||\boldsymbol{x}||_2=(|x_1|^2+|x_2|^2+\cdots+|x_n|^2)^{1/2} \tag{2-54}$$

把使用 L_1 范数或 L_2 范数作为正则化项的正则化方法称为 L_1 正则化方法或 L_2 正则化方法。L_1 正则化方法和 L_2 正则化方法的新损失函数分别为

$$L'(y,\hat{y})=L(y,\hat{y})+\lambda||\boldsymbol{W}||_1 \tag{2-55}$$

$$L'(y,\hat{y})=L(y,\hat{y})+\lambda||\boldsymbol{W}||_2 \tag{2-56}$$

其中，$\boldsymbol{W}$ 表示神经网络模型中所有网络参数组成的向量。

2.4.3 丢弃方法

在神经网络训练的过程中，随机丢弃某一层的一部分神经元，能够得到相对简单的神经网络模型，把这种正则化方法称为丢弃(Dropout)方法。使用丢弃方法，能够简化神经网络的结构，防止神经网络出现过拟合现象。在神经网络中，可以对神经元设定失活概率，能够随机使神经元失效。对不同隐藏层中的神经元，可以设置不同的失活概率。如果隐藏层含有较多的神经元，神经元的失活概率可以设置得大一些。例如，在图2-25所示的神经网络中，对第一个隐藏层中的第二个神经元设置了失活概率，同时在第二个隐藏层和第三个隐藏层中分别对两个神经元设置了失活概率。

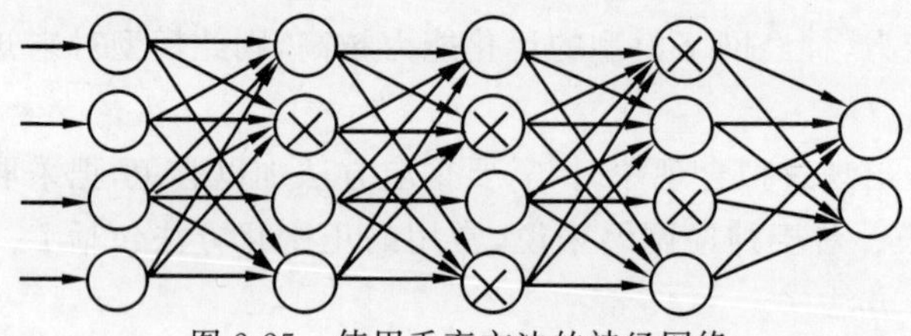

图 2-25 使用丢弃方法的神经网络

2.4.4 提前停止方法

对神经网络模型进行训练的过程中，当超过某个临界的训练轮数时，会出现过拟合现

象，即随着训练轮数的增加，此模型在训练集上的预测准确率会继续增加，但在测试集上的准确率会降低，如图 2-26 所示。

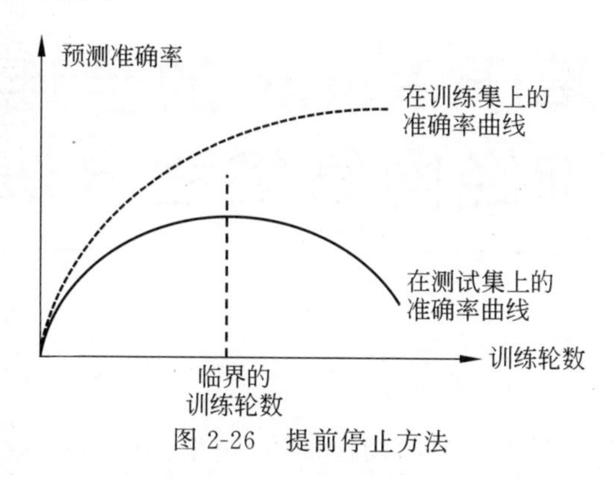

图 2-26　提前停止方法

在图 2-26 中，横轴表示训练的轮数，纵轴表示预测准确率，实线曲线和虚线曲线分别表示神经网络模型在测试集和训练集上的预测准确率。在图 2-26 中，随着训练轮数的增加，神经网络模型在训练集上的预测准确率一直在增加，这说明神经网络模型一直在学习训练集中样本数据的特点和规律。随着训练轮数的增加，此模型在测试集上的预测准确率先增加，在到达最大值之后会开始减小。神经网络模型在测试集上预测准确率下降的原因是此模型对训练集中的样本数据进行了过度学习，获得了训练集样本数据中的噪声。当神经网络模型在测试集上的预测准确率到达最大值时，即神经网络在训练阶段到达临界的训练轮数时，就停止此模型在训练集上的训练，这种方法称为提前停止(Early Stop)方法。

思考练习

1. 人工神经元的结构和特点是什么？

2. 神经网络使用哪些激活函数，它们的函数表达式是什么？各自有什么特点？

3. 梯度下降方法的工作原理是什么？

4. 反向传播算法的原理是什么？举例说明。

5. 损失函数的定义是什么？常见的损失函数有哪些？其公式是什么？学习率的定义是什么？

6. 使用多层全连接前馈神经网络处理二分类问题，输入信号有 3 个，隐藏层有 2 层，每层的神经元个数分别为 4 和 5，画出此神经网络的网络结构。

7. 神经网络模型欠拟合、正常拟合和过拟合现象的特点分别是什么？采取哪些方法处理过拟合现象？

第3章 基于Keras的全连接前馈神经网络编程方法

本章首先介绍运行深度学习程序的硬件环境，包括GPU的特点和常见的GPU型号；然后，介绍运行深度学习程序的软件环境，包括Anaconda软件的安装和使用方法、英伟达显卡驱动程序的安装方法、CUDA Toolkit软件和cuDNN软件的下载和安装方法、TensorFlow库和Keras库的安装方法、Jupyter Notebook软件和PyCharm软件的使用方法、使用网站运行深度学习程序的方法等；接着，介绍张量的特点和使用方法；之后，介绍基于Keras处理回归问题的编程方法，使用了3种神经网络：线性回归模型、单层全连接前馈神经网络、多层全连接前馈神经网络；最后，介绍基于Keras处理分类问题的编程方法，使用了两种神经网络：单层全连接前馈神经网络和多层全连接前馈神经网络。

3.1 运行深度学习程序的硬件环境

3.1.1 运行深度学习程序的硬件类型

运行深度学习程序的硬件有两种主要类型：中央处理器(Central Processing Unit，CPU)和图形处理器(Graphics Processing Unit，GPU)。在使用CPU运行深度学习程序时，建议计算机内存容量不低于16GB，CPU最好不少于6核。目前在市场中销售的笔记本电脑具有相对较好的性能，如惠普公司型号为17-ck1008TX的笔记本电脑，它的CPU型号为13th Gen Intel(R) Core(TM) i9-13900HX，此CPU的基准速度为2.20GHz，内核数量为24个，逻辑处理器的数量为32个，内存容量为32GB。和GPU相比，使用CPU运行深度学习程序往往比较慢，所以CPU更适合运行比较简单的深度学习模型，而且此深度学习模型使用的数据集的规模相对较小。

和CPU相比，使用GPU运行深度学习程序的速度会更快，所以GPU适合运行规模较大的深度学习模型，同时此深度学习模型使用的数据集可以具有较大的规模。GPU也称为显卡，目前在市场上有两种使用较多的显卡，即英伟达(NVIDIA)公司生产的显卡(简称N卡)和超威半导体(Advanced Micro Devices，AMD)公司生产的显卡(简称A卡)。用户通常使用英伟达公司生产的N卡运行深度学习程序，其他公司生产的GPU通常很难运行深度学习程序。

使用CPU运行深度学习程序相对较慢，使用GPU运行深度学习程序的速度较快，是因为GPU的结构更适合运行深度学习程序。CPU和GPU的特点如表3-1所示，CPU和

GPU 的内部结构如图 3-1 所示。在 CPU 内部，运算单元、控制单元和缓存单元分别占 25%、25%和 50%；在 GPU 内部，运算单元、控制单元和缓存单元分别占 90%、5%和 5%。和 CPU 的内部结构相比，GPU 有更多的运算单元、很少的控制单元和缓存单元。深度学习程序中的每个计算任务都独立于其他计算任务，所以可以采用高度并行的方式完成计算任务。GPU 内部有非常多的运算单元，可以使用高度并行的工作方式高效率地运行深度学习程序；CPU 内部的运算单元比较少，所以 CPU 的计算效率比较低。总之，使用 GPU 运行深度学习程序消耗的时间远远少于使用 CPU 运行深度学习程序消耗的时间。

表 3-1 CPU 和 GPU 的特点

项　目	CPU	GPU
组成单元	运算单元、控制单元、缓存单元	
组成占比	运算单元占 25%、控制单元占 25%、缓存单元占 50%	运算单元占 90%、控制单元占 5%、缓存单元占 5%
适用场景	需要复杂逻辑控制的应用场合	需要并行计算的应用场合
能耗	相对较少	相对较大

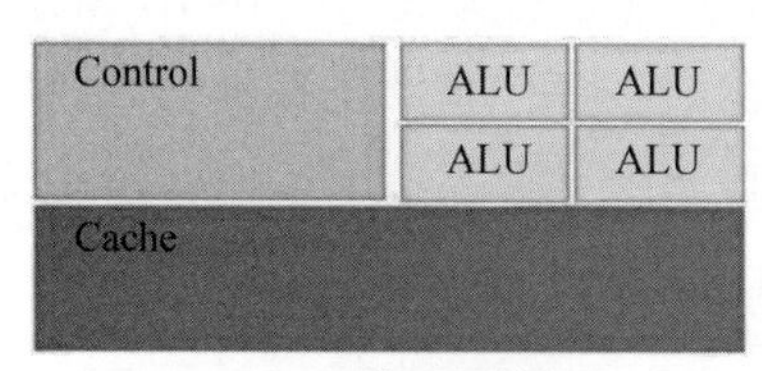

(a) CPU的内部结构

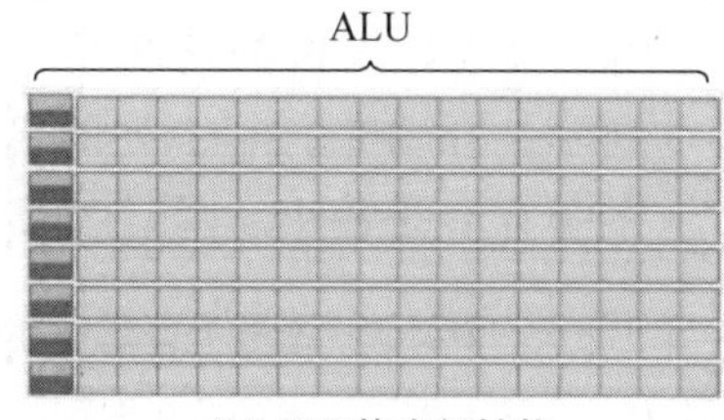

(b) GPU的内部结构

图 3-1 CPU 和 GPU 的内部结构

除了 CPU 和 GPU 以外，也可以使用神经网络处理器(Neural Processing Unit，NPU)和张量处理器(Tensor Processing Unit，TPU)运行深度学习程序。NPU 是专门为人工智能应用开发的处理器，擅长进行神经网络的训练和推理计算。NPU 采用了专门的硬件加速技术，能够高效地进行大规模的矩阵运算。它是近年来人工智能领域的热门技术之一，广泛应用于各种人工智能领域，如自动驾驶、人脸识别、智能语音等。由于深度学习的计算需要大量的计算资源和算力支持，传统的 CPU 和 GPU 并不能完全满足这种需求，因此 NPU 应运而生。TPU 是谷歌开发的一种人工智能程序专用的加速芯片，主要用于机器学习和人工智能任务。TPU 在矩阵计算方面具有卓越的性能，能够提供高速的神经网络训练和推理计算。2016 年，谷歌发布了 TPU。此后，英伟达、AMD、英特尔等公司也纷纷推出了自己的 NPU，NPU 已经成为目前人工智能技术中不可或缺的组成部分。

3.1.2 使用 GPU 运行深度学习程序的方法

使用 GPU 运行深度学习程序有以下的两种方法。

1. 使用本地计算机中的 GPU

在本地计算机中，广泛使用英伟达公司的 GeForce RTX 40 系列和 GeForce RTX 30 系列等消费级显卡。

GeForce RTX 40 系列有很多种型号，包括 RTX 4090、RTX 4080、RTX 4070、RTX 4060 和 RTX 4050。在台式计算机中，RTX 4090、RTX 4080、RTX 4070、RTX 4060 和 RTX 4050 的显存容量分别为 24GB、16GB、12GB、8GB 和 6GB，如表 3-2 所示。在表 3-2 中，CUDA 核心(Compute Unified Device Architecture Core)表示英伟达显卡中最基本的计算单元，英伟达显卡中 CUDA 核心的数量越多表明此显卡的计算能力越强。CUDA 核心用于执行并行的计算任务，它可以执行单个线程的指令，包括算术运算、逻辑操作和内存访问等。在 RTX 40 系列的显卡中，RTX 4090 的显存容量最大、计算性能最好，RTX 4050 的显存容量最小、计算性能最差。在实际使用时，用户经常把 RTX 4060 称为“甜品卡”，即性价比相对较高的显卡。

表 3-2　适用于台式计算机的 GeForce RTX 40 系列显卡

型号	RTX 4090	RTX 4080	RTX 4070	RTX 4060	RTX 4050
显存/GB	24	16	12	8	6
CUDA 核心的数量/个	16 384	10 240	7168	3072	2560

GeForce RTX 30 系列的型号包括 RTX 3090、RTX 3080、RTX 3070、RTX 3060 和 RTX 3050，适用于台式计算机的这些型号的显存容量分别为 24GB、10GB、8GB、12GB 和 8GB，如表 3-3 所示。在 RTX 30 系列的显卡中，RTX 3090 的显存容量最大、计算性能最好，RTX 3050 的显存容量最小、计算性能最差。

表 3-3　适用于台式计算机的 GeForce RTX 30 系列显卡

型号	RTX 3090	RTX 3080	RTX 3070	RTX 3060	RTX 3050
显存/GB	24	10	8	12	8
CUDA 核心的数量/个	10 496	8704	5888	3584	2560

在台式计算机和笔记本电脑中，相同型号的显卡具有不同容量的显存，例如适用于台式计算机的 RTX 4080 具有 16GB 的显存，而适用于笔记本电脑的 RTX 4080 具有 12GB 的显存；适用于台式计算机和笔记本电脑的 RTX 3060 分别具有 12GB 和 6GB 的显存；适用于台式计算机和笔记本电脑的 RTX 3050 分别具有 8GB 和 4GB 的显存。

在英伟达公司生产的显卡中，经常会遇到带有后缀 Ti 的显卡，如 RTX 4090Ti。后缀 Ti 是钛(Titanium)的缩写，表示这种类型的显卡使用钛合金的工艺制造，其性能更加强。带 Ti 后缀的显卡是不带 Ti 后缀的显卡的加强版本，价格上也要贵一些，性能也会随之增强。例如，RTX 4090Ti 显卡的性能要明显优于 RTX 4090 显卡的性能。

在台式计算机中，显卡安装在 PCI 插槽内，这样可以随时更换不同型号的显卡。不同显卡需要的电源功率不一样，在更换显卡时需要考虑台式计算机开关电源模块的功率是否能够满足显卡的需求。在笔记本电脑中，使用显卡有以下的两种方法。在第一种方法中，使用笔记本电脑自带的显卡，这种方法显然不能随时更换不同型号的显卡。在第二种方法中，先把显卡安装在扩展坞中，然后扩展坞使用雷电接口连接笔记本电脑，这种方法可以随时更换不同型号的显卡。

2. 使用远程服务器中的 GPU

可以使用学校或公司提供的服务器中的 GPU，也可以使用公共服务器中的 GPU，如百度云、阿里云、腾讯云、Kaggle 网站、AutoDL 网站等。Kaggle 网站由谷歌公司提供，网址为 www.kaggle.com，此平台提供的 GPU 如图 3-2 所示。很多用户经常使用 AutoDL 网站提供的 GPU，网址为 www.autodl.com。AutoDL 网站提供了很多型号的 GPU，如英伟达公司的 A100、RTX 4090、A40、V100 等，如图 3-3 所示。在 AutoDL 网站中，性能较好的前 5 名 GPU 如图 3-4 所示。

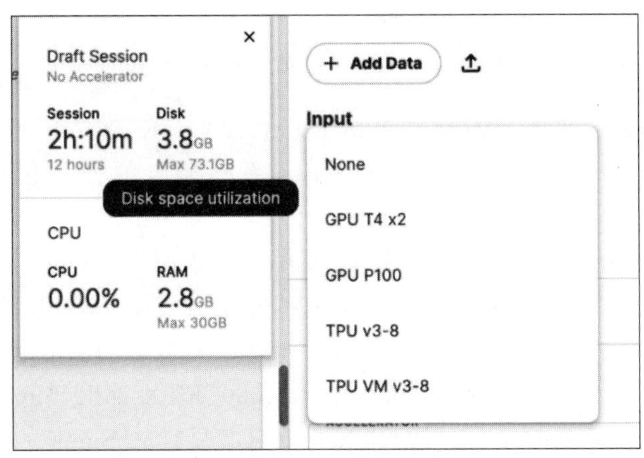

图 3-2 Kaggle 网站提供的 GPU

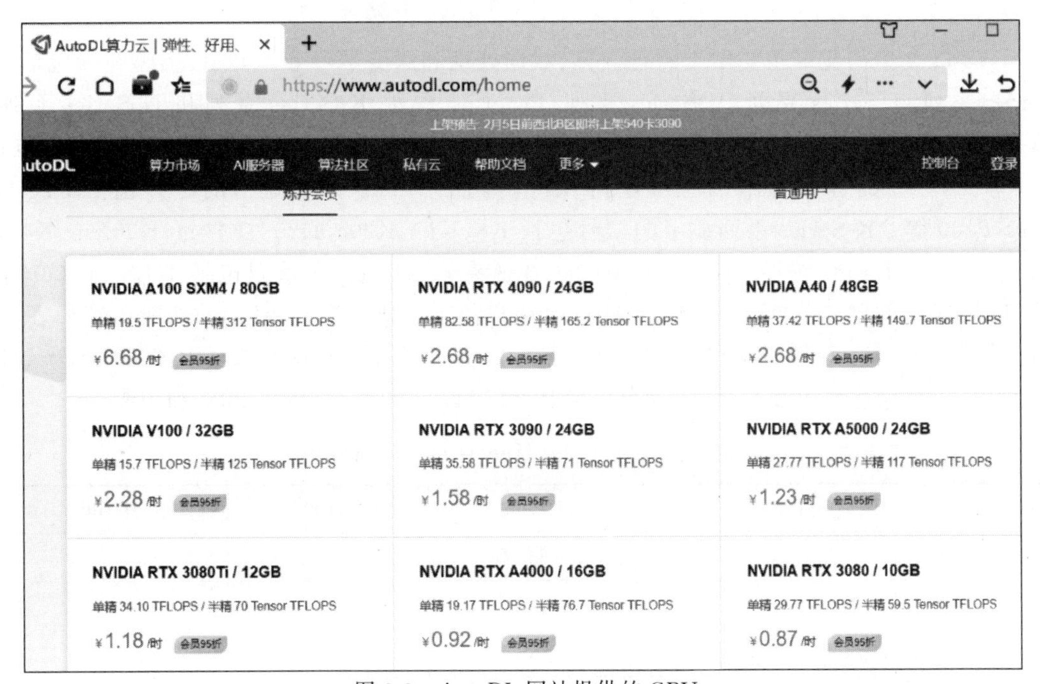

图 3-3 AutoDL 网站提供的 GPU

英伟达公司的显卡有 3 个产品线，分别是 Quadro 类型、GeForce 类型和 Tesla 类型。

Quadro 类型的显卡主要用于设计、建筑等行业，CAD、Maya 等软件使用这种类型的显卡。Quadro 类型的显卡包括 NVIDIA RTX Series 系列和 Quadro RTX Series 系列。

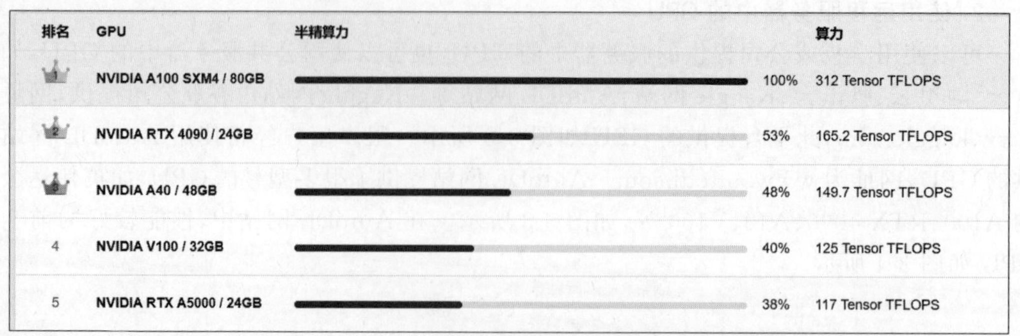

图 3-4 AutoDL 网站提供的前 5 名性能较好的 GPU

NVIDIA RTX Series 系列显卡的型号包括 RTX A2000、RTX A4000、RTX A4500、RTX A5000 和 RTX A6000 等。Quadro RTX Series 系列显卡的型号包括 RTX 3000、RTX 4000、RTX 5000、RTX 6000 和 RTX 8000 等。

GeForce 类型的显卡属于消费级显卡，主要用于电子游戏、深度学习等。GeForce 类型显卡包括 GeForce RTX 40 系列、GeForce RTX 30 系列、GeForce RTX 20 系列、GeForce GTX 16 系列、GeForce GTX 10 系列。GeForce 20 系列显卡的型号包括 RTX 2060、RTX 2060 Super、RTX 2070、RTX 2070 Super、RTX 2080、RTX 2080 Super、RTX 2080Ti 等。GeForce GTX 16 显卡系列的型号包括 GTX 1650、GTX 1650 Super、GTX 1660、GTX 1660 Super、GTX 1660Ti 等。GeForce 10 系列显卡的型号包括 GTX 1050、GTX 1050Ti、GTX 1060、GTX 1070、GTX 1070Ti、GTX 1080、GTX 1080Ti 等。

Tesla 类型的显卡主要用于并行计算、数据处理和深度学习等。Tesla 类型显卡包括 A-Series 系列、T-Series 系列、V-Series 系列、P-Series 系列、K-Series 系列和 H-Series 系列。A-Series 系列显卡的型号包括 A10、A16、A30、A40、A100。T-Series 系列显卡的型号包括 T4 等。V-Series 系列显卡的型号包括 V100 等。P-Series 系列显卡的型号包括 P4、P6、P40、P100 等。K-Series 系列显卡的型号包括 K8、K10、K20c、K20s、K20m、K20Xm、K40t、K40st、K40s、K40m、K40c、K520、K80(24GB 显存)。H-Series 系列包括 H100、H800 等。在 Tesla 类型的显卡中，V100、A100、H100 是用户使用的典型型号，它们的性能比较如表 3-4 所示。从表 3-4 中可以看出，H100 的性能最好。为了符合美国商务部对中国市场的半导体出口规定，英伟达公司在 2022 年推出了 A100 和 H100 的替代型号 A800 和 H800。

表 3-4 显卡 V100、A100、H100 的性能比较

项　目	V100	A100	H100
发布时间	2017 年	2020 年	2022 年
制造工艺	12nm	7nm	4nm
架构名称	Volta	Ampere	Hopper
CUDA 核心的数量/个	5120	6912	16 896
显存的容量/GB	32	80	80

英伟达公司的 GeForce 类型显卡和 Tesla 类型显卡都能够运行深度学习程序，但是它

们有很大的区别。对于单张卡而言,GeForce 类型显卡和 Tesla 类型显卡的性能差不多,但是 GeForce 类型显卡更便宜。对于多张卡同时使用的 GPU 集群工作方式,Tesla 类型显卡的性能比 GeForce 类型显卡好很多。所以,在需要单张卡的台式计算机或笔记本电脑中,经常使用 GeForce 类型的显卡;在需要使用 4 卡、8 卡、16 卡等多卡的服务器中,经常使用 Tesla 类型的显卡。

典型 GPU 的性能比较如表 3-5 所示。在表 3-5 中,显卡的内存带宽也称为显存带宽,指显卡的内存(显存)与显卡和计算机之间数据传输的速度,通常使用 GB/s(Gigabyte Per Second)单位衡量显卡的传输性能。也就是说,此参数表示显卡在处理图像和视频数据时的数据传输能力。在表 3-5 中,显卡计算能力的单位是 TFLOPS(Tera Floating Point Operation Per Second,每秒完成的万亿次浮点数运算)。表 3-5 中 TFLOPS 的数值是 FP64 的计算次数,FP64 表示双精度浮点数,这种表示方法使用 64 位的二进制数表示浮点数。在表 3-5 中,VGG-16 和 ResNet-50 两列数据表示卷积神经网络模型处理图像数据的速度,例如,“282”表示在使用 GeForce RTX 3080 显卡运行 VGG-16 模型时,每秒能够处理 282 个图像的数据。

表 3-5 典型 GPU 的性能比较

GPU 类型	显存/GB	内存带宽/(GB/s)	计算能力/TFLOPS	VGG-16	ResNet-50
GeForce RTX 3080	10	760	14.9	282	445
GeForce RTX 2080 Ti	11	616	6.7	170	294
TITAN Xp	12	548	6	154	237
Tesla P100	16	732	5.3	203	169
Tesla T4	16	320	4	106	256
GeForce RTX 3090	24	936	17.8	313.7	509.5
Tesla V100	32	900	7	240	405
Ampere A100	40	1600	9.7	440.35	642.6

3.2 运行深度学习程序的软件环境

3.1 节介绍了运行深度学习程序的硬件环境,本节介绍运行深度学习程序的软件环境。运行深度学习程序的软件环境有以下的 3 种:第一种是 Anaconda 包含的 Jupyter Notebook,第二种是 PyCharm,第三种是网站。下面分别介绍 Anaconda 的下载和安装方法、pip 命令的常用格式、Anaconda 的主环境和虚拟环境、CUDA Toolkit 和 cuDNN 的下载和安装方法、TensorFlow 库和 Keras 库的安装方法、Jupyter Notebook 的使用方法、PyCharm 的使用方法、使用网站运行深度学习程序的方法等。

3.2.1 Anaconda 的使用方法

1. Anaconda 的下载和安装方法

Anaconda 是一个集成化的软件,包含的内容比较多,具体包括 Jupyter Notebook、

Python 语言软件包(简称包)、常用的多个软件库(简称库)。安装完 Anaconda 之后,不需要再单独安装 Jupyter Notebook、Python 语言的包、常用的库等。所以,对于初学者来说,使用 Anaconda 非常方便。

不同版本的 Anaconda 包含不同版本的 Python 语言,如表 3-6 所示。例如,Anaconda3-4.3.0 包含 Python 3.6.0,Anaconda3-5.2.0 包含 Python 3.6.5,Anaconda3-5.3.0 包含 Python 3.7.0。

表 3-6 Anaconda 的版本和 Python 版本的对应关系

Anaconda 的版本	Python 的版本	Anaconda 的版本	Python 的版本
3-4.3.0	3.6.0	3-5.2.0	3.6.5
3-4.3.1	3.6.0	3-5.3.0	3.7.0
3-4.4.0	3.6.1	3-2018.12	3.7.1
3-5.0.0	3.6.2	3-2019.03	3.7.3
3-5.0.1	3.6.3	3-2019.07	3.7.3
3-5.1.1	3.6.4		

对于 Windows、Mac 和 Linux 等操作系统,Anaconda 都有适合的版本。例如,Anaconda3-5.2.0 适合于 Windows、Mac、Linux 的版本名称分别为 Anaconda3-5.2.0-Windows-x86_64.exe、Anaconda3-5.2.0-macOSX-x86_64.sh、Anaconda3-5.2.0-Linux-x86_64.sh。在此书中,使用适合 Windows 的 Anaconda 版本介绍运行深度学习程序的方法。

Anaconda 有两种下载方法。第一种方法是在 Anaconda 的官网下载,网址为 www.anaconda.com/products/distribution。第二种方法是在清华大学开源软件镜像站下载,此网站的下载速度比较快,网址为 https://mirrors.tuna.tsinghua.edu.cn/anaconda/archive,如图 3-5 所示。例如,在此网站下载 Anaconda3-5.2.0-Windows-x86_64.exe 安装包文件,文件名包含了 Anaconda 的版本号,即 5.2.0。另外,此软件包含了 Python 3.6.5、Jupyter Notebook、Anaconda Prompt。

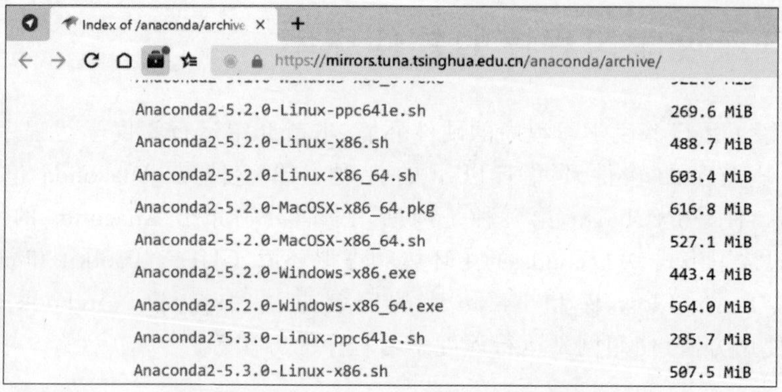

图 3-5 清华大学开源软件镜像站的网站

下面说明在 Windows 11 中安装 Anaconda3-5.2.0-Windows-x86_64.exe 的过程。双击 Anaconda3-5.2.0-Windows-x86_64.exe,出现图 3-6 所示的对话框。

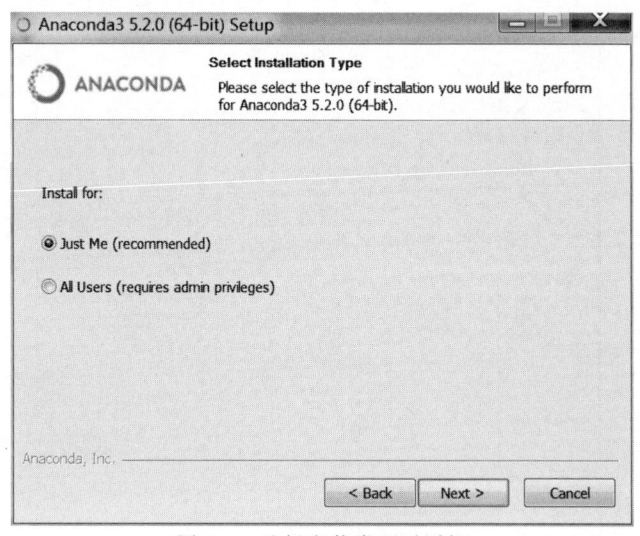

图 3-6　选择安装类型对话框

在图 3-6 所示的对话框中，选择 Just Me 单选按钮，单击 Next 按钮，出现图 3-7 所示的对话框。

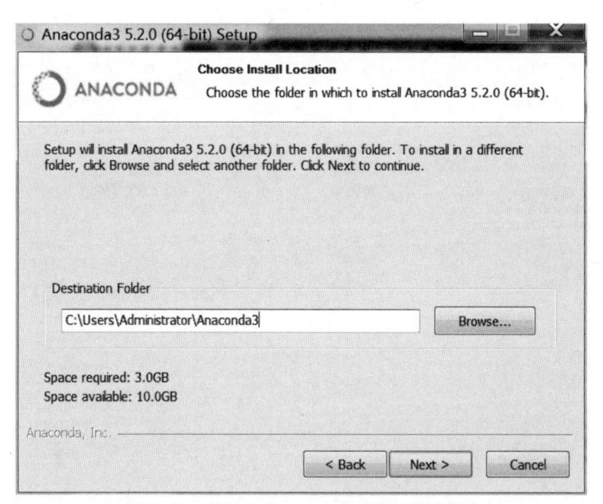

图 3-7　设置 Anaconda 的安装目录

在图 3-7 所示的对话框中，设置 Anaconda 的安装目录，然后单击 Next 按钮，出现图 3-8 所示的对话框。Anaconda 的安装目录不能出现空格和中文，否则以后运行程序时会出现错误。

在图 3-8 所示的对话框中，选中 Add Anaconda to my PATH environment variable 复选框，单击 Install 按钮，就会继续完成后面的安装过程。在默认情况下，没有选中 Add Anaconda to my PATH environment variable 复选框。如果选中 Add Anaconda to my PATH environment variable 复选框，就能够把 Python 的路径放到操作系统的环境变量中，可以节省以后的配置流程。

在安装完 Anaconda 之后，单击 Windows 11 桌面左下角的“开始”按钮，出现图 3-9 所示的对话框，单击“所有应用”按钮，出现 Anaconda 包含的多个软件，如图 3-10 所示。经常

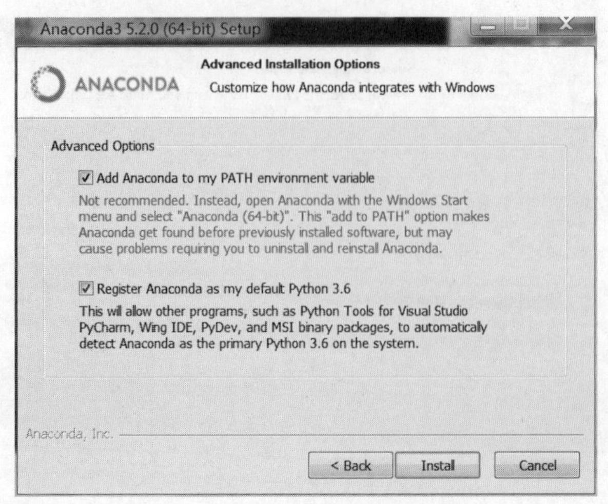

图 3-8　Anaconda 软件安装的配置

使用的软件是 Anaconda Prompt 和 Jupyter Notebook。Anaconda Prompt 用来配置深度学习程序运行的环境，Jupyter Notebook 用来运行深度学习的程序。

图 3-9　单击"开始"按钮出现的对话框

打开 Anaconda Prompt，会出现命令行界面，如图 3-11 所示，输入"python -V"命令，会出现 Python 的版本号。注意图 3-11 中(base)后面的目录不要出现中文和空格，否则容易出现错误。也就是说，Windows 11 的用户名不要包含中文或空格。

使用 Anaconda Prompt 设置 pip 命令的下载网址是清华大学的网址，设置命令为"pip config set global.index-url https://pypi.tuna.tsinghua.edu.cn/ simple"，如图 3-12 所示，注意网址中的"https"不要误写为"http"。

pip 命令的下载网址也可以设置为其他网址，如表 3-7 所示。

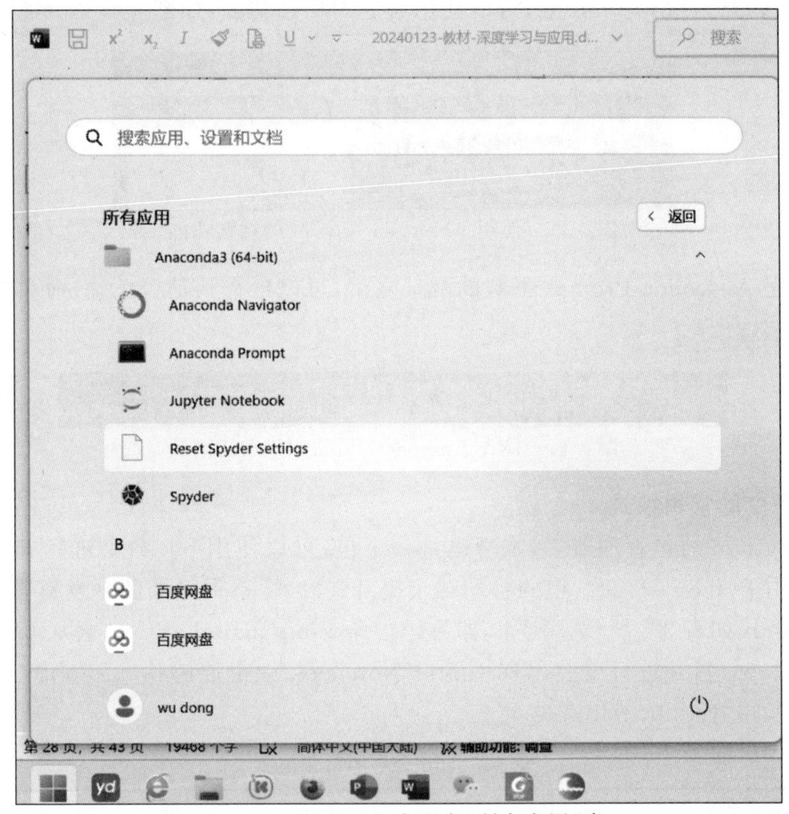

图 3-10　Anaconda 出现在"所有应用"中

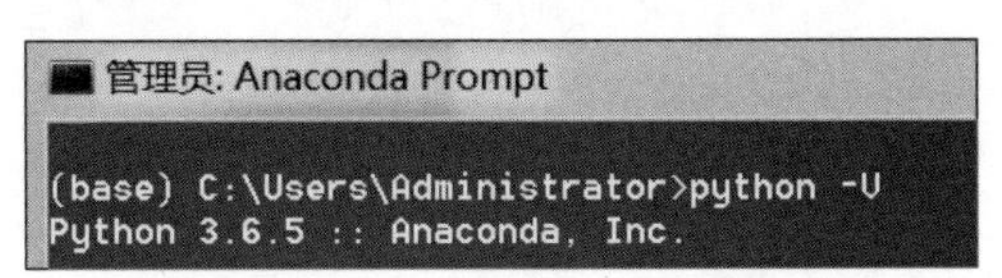

图 3-11　Anaconda Prompt 的界面

```
(base) C:\Users\dongw>pip config set global.index-url https://pypi.tuna.tsinghua.edu.cn/simple
Writing to C:\Users\dongw\AppData\Roaming\pip\pip.ini
```
图 3-12　设置 Anaconda Prompt 下载的网址

表 3-7　pip 命令的下载网址

名　称	网　址
豆瓣	https://pypi.doubanio.com/simple
阿里云	https://mirrors.aliyun.com/pypi/simple
中国科学技术大学	https://pypi.mirrors.ustc.edu.cn/simple
网易	https://mirrors.163.com/pypi/simple
华为云	https://mirrors.huaweicloud.com/repository/pypi/simple
腾讯云	https://mirrors.cloud.tencent.com/pypi/simple

在使用 Anaconda Prompt 时，可以使用右键的粘贴功能，如图 3-13 所示。

图 3-13　使用 Anaconda Prompt 的粘贴功能

在设置完 Anaconda Prompt 下载的网址之后，可以检查其是否正确，命令为“pip config list”，如图 3-14 所示。

```
(base) C:\Users\dongw>pip config list
global.index-url='https://pypi.tuna.tsinghua.edu.cn/simple'
```

图 3-14　检查 Anaconda Prompt 下载的网址

2. pip 命令的常用格式

pip 是 Python 的包管理器，它本身也是一个包，可以使用 pip 命令进行安装、更新和卸载等。在使用 Python 编程时，包的管理对于提升开发效率、促进团队开发有重要意义。pip 命令的常用格式如表 3-8 所示。例如，如果运行命令 pip install pillow，会从 pip 源设定的网址中下载 Pillow 包，并进行安装。在 Jupter Notebook 中也能够执行 pip 命令，需要在 pip 前面加上“!”，如“!pip install pillow”。

表 3-8　pip 命令的常用格式

pip 命令	功　能
Ctrl+C 组合键	取消正在执行的 pip 命令
pip install 包名	安装最新版本的包
pip install 包名==版本号	安装指定版本的包
pip uninstall 包名	卸载包
pip install -U 或--upgrade 包名	把包更新到最新版本，此命令可以升级 pip
pip install -U 或--upgrade 包名==版本号	把包更新到指定版本
pip -V 或--version	查看 pip 的版本
pip show 包名	查看包的详细信息（包括版本、用途、包所在位置、所需要的依赖包等信息）
pip list	查看当前所有已安装的包的版本号（包括 pip、wheel、setuptools 等）
pip lis t -o 或--outdated	查看所有可以更新的包
pip freeze	以“包名==版本号”的方式展示所有已安装的包
pip search 包名	搜索包
python -m pip install --upgrade pip	把 pip 升级到最新版本

如果使用的计算机不能上网，使用下面的步骤完成包的下载和安装。首先，使用能够上网的计算机下载包的安装文件，下载网址为 https://pypi.org/project，要注意包文件的版本

应适合本地计算机操作系统的特点和 Python 的版本号，例如 Pillow 包的安装文件 Pillow-8.0.0-cp36-cp36m-win_amd64.whl 适合 Python 3.6 和 64 位的 Windows 操作系统。然后，把包的安装文件复制到不能上网的计算机，在 Anaconda Prompt 中使用命令“pip install 包安装文件的路径和名称”，例如使用“pip install D:/pillow-10.3.0-cp38-cp38-win_amd64”安装 Pillow 包。

3. Anaconda 的主环境和虚拟环境

在安装完 Anaconda 之后，就会在计算机中建立用于 Python 运行的主环境。例如，前面已经安装了 Anaconda3-5.2.0-Windows-x86_64.exe，就会在计算机中建立主环境，它使用的 Python 版本是 3.6.5。主环境使用的库在计算机硬盘的目录 C:\Users\dongw\Anaconda3\Lib\site-packages 中，如图 3-15 所示。

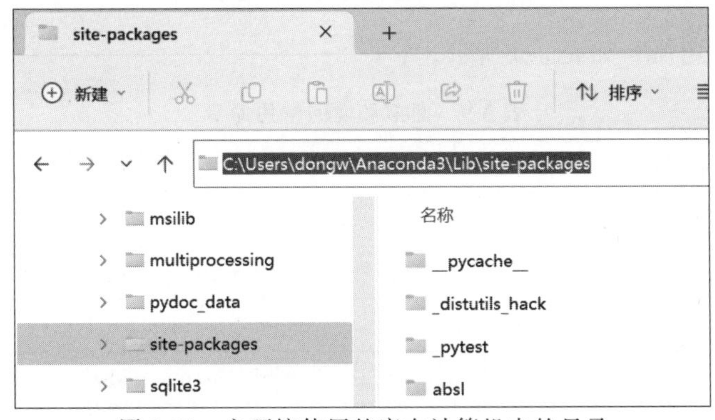

图 3-15 主环境使用的库在计算机中的目录

打开 Anaconda Prompt 之后，会默认进入主环境，如图 3-16 所示，其中，“(base)”字符表示使用主环境运行 Python 的程序。

图 3-16 Anaconda Prompt 使用的主环境

在上例的主环境中，使用的是 Python 3.6.5，如果想使用 Python 的其他版本，就需要建立虚拟环境。根据实际需要，可以建立多个虚拟环境。在每个虚拟环境中，可以安装一个版本的 Python 和其他第三方依赖包。在每个虚拟环境中安装的第三方依赖包和主环境、其他虚拟环境中的第三方依赖包彼此相互独立，不会互相影响。

使用 Anaconda Prompt 创建虚拟环境的命令是“conda create -n 虚拟环境名 python=版本号”。例如，使用命令“conda create -n p370 python=3.7.0”，会建立为名为 p370 的虚拟环境，此虚拟环境使用的 Python 3.7.0。在建立虚拟环境之后，在计算机硬盘的目录 C:\Users\dongw\Anaconda3\envs 中会出现虚拟环境的子目录，如图 3-17 所示，其中有 p368、p370、p380 和 p390 共 4 个文件夹，这表示已经创建了 4 个虚拟环境，这 4 个虚拟环境的名称分别为 p368、p370、p380 和 p390。

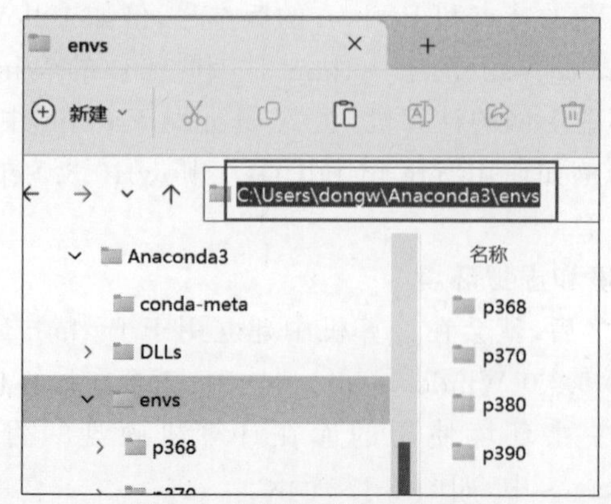

图 3-17 虚拟环境的子目录

虚拟环境的常用命令如表 3-9 所示。

表 3-9 虚拟环境的常用命令

命令名称	功 能
查看所有的环境名称	conda env list
激活某个环境	conda activate 环境名
退出当前的环境	conda deactivate
删除某个环境	conda remove n 环境名 --all

如果运行 Python 语句的 Jupyter Notebook、PyCharm 等软件使用虚拟环境，还需要其他步骤，详见 3.2.4 节和 3.2.5 节。

3.2.2 CUDA Toolkit 和 cuDNN 的安装方法

如果不使用英伟达的 GPU 运行深度学习程序，就不需要安装 CUDA Toolkit 和 cuDNN。如果计算机已使用英伟达的 GPU，并且希望用户使用英伟达的 GPU 运行深度学习的程序，就需要安装适合 GPU 的 TensorFlow 库。在安装适合 GPU 的 TensorFlow 库之前，需要安装显卡的驱动程序、CUDA Toolkit 和 cuDNN。

1. 配置了英伟达 GPU 的显卡的驱动程序安装

在台式计算机中，把配置了英伟达 GPU 的显卡插入 PCI 插槽中。例如华硕公司生产的型号为 ASUS PH GeForce RTX 3050-8G 显卡，如图 3-18 所示，此显卡使用的 GPU 型号是 RTX 3050，此 GPU 有 8GB 的显存。

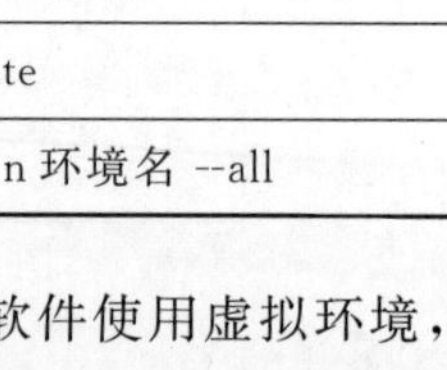

图 3-18 华硕公司的 ASUS PH GeForce RTX 3050-8G 显卡

通常配置了英伟达 GPU 的显卡需要的电源功率比较大，因此要注意台式计算机电源的功率是否满足其需求。华硕公司的 ASUS PH GeForce RTX 3050-8G 显卡要求台式计算机电源的功率大于 500W，该公司生产的型号为 TUF-GAMING-750W 的电源（见图 3-19），其输出功率为 750W，能够满足这一功率需求。此外，也可以使用双电源的工作模式，新电源单独给显卡供电，台式计算机中的老电源继续给台式计算机的其他部分供电。如果单独使用华硕TUF-GAMING-750W电源给显卡供电，需要把电源输出主板接插件中的启动管脚接地，电源才能够正常工作。

图3-19 华硕公司的TUF-GAMING-750W电源

如果笔记本电脑的显卡使用了英伟达的GPU，就可以使用英伟达GPU运行深度学习程序。例如，在惠普公司生产的17-ck2001TX笔记本电脑中，其显卡配置了RTX 4090。笔记本电脑中没有PCI插槽，所以无法把显卡插在PCI插槽中。如果笔记本电脑的显卡没有配置英伟达GPU，可以使用扩展坞，如图3-20所示。首先把配置了英伟达GPU的显卡插入扩展坞，然后扩展坞使用雷电接口连接笔记本电脑，这样就能够使用扩展坞中的显卡运行深度学习程序。

图3-20 把显卡安装在扩展坞中

显卡驱动程序的安装有3种方法。第一种方法使用“驱动精灵”安装显卡的驱动程序，编者推荐这种安装方式。第二种方法是在生产显卡的网站下载显卡的驱动程序。例如，如果使用华硕公司的ASUS PH GeForce RTX 3050-8G显卡，可以在华硕公司的网站下载此显卡的驱动程序，然后安装。第三种方法是在英伟达公司的官方网站下载显卡的驱动程序，然后安装。

在安装完显卡的驱动程序之后，打开Anaconda Prompt，然后使用“nvidia-smi”命令检查显卡的驱动程序是否安装成功。例如，某计算机的显卡使用了RTX 4080，并且已经安装了此显卡的驱动程序，在Anaconda Prompt中使用“nvidia-smi”命令，结果如图3-21所示。在图3-21中，“Driver Version”后的内容表示显卡驱动程序的版本号。

如果Anaconda Prompt在执行“nvidia-smi”命令时出现错误，则需要添加计算机环境变量Path的目录。在计算机的“控制面板”中，依次单击“系统和安全”“系统”“高级系统设置”“环境变量”，出现如图3-22所示的对话框。在该对话框中依次单击Path按钮和“编辑”按钮，出现新的对话框，在新的对话框中单击“新建”按钮，增加Path的目录C:\Program Files\NVIDIA Corporation\NVSMI。

2. CUDA Toolkit的下载和安装方法

CUDA(Compute Unified Device Architecture)是英伟达公司推出的运算平台，它包括硬件部分和软件部分。CUDA的硬件部分就是显卡的CUDA核心，显卡中CUDA核心数量越多，表明显卡的计算能力越强。例如，RTX 4090的CUDA核心数量为16 384个，RTX

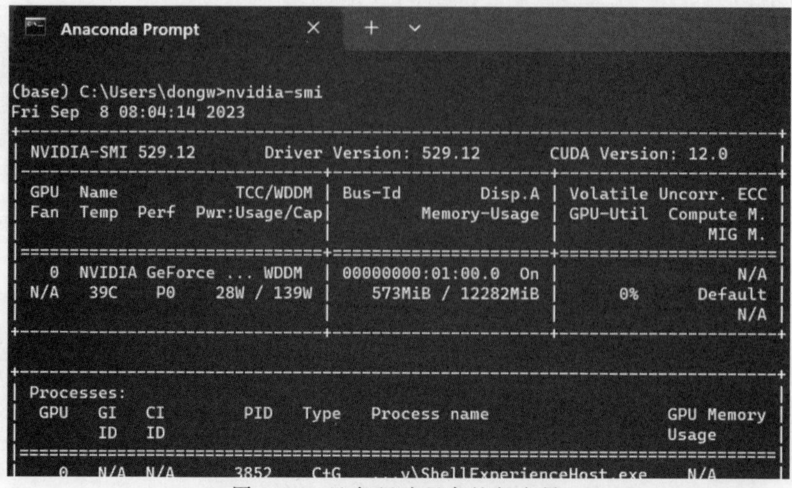

图 3-21 显卡驱动程序的版本号

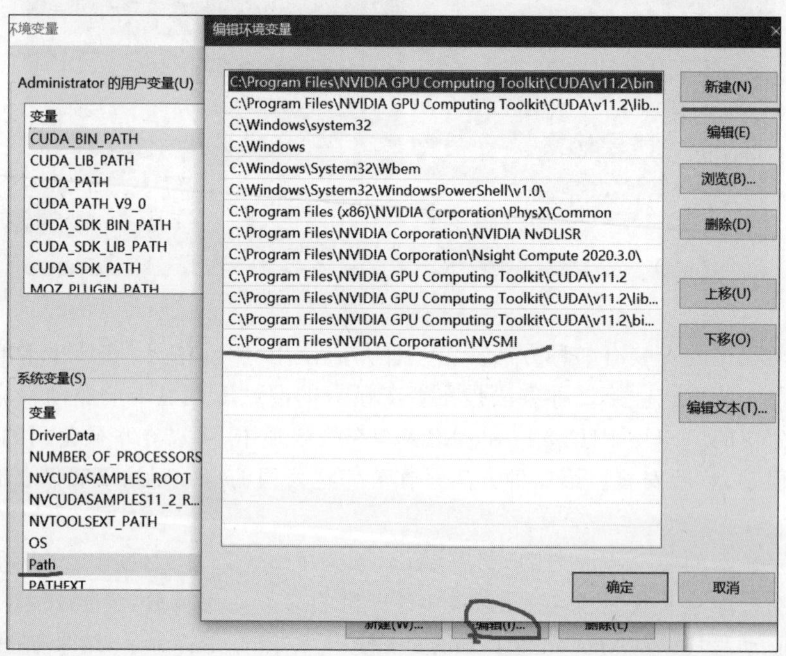

图 3-22 增加 Path 的目录

3090 的 CUDA 核心数量为 10 496 个，RTX 4080 的 CUDA 核心数量为 9728 个。CUDA 的软件部分提供使用 GPU 的运算函数，也就是 CUDA Toolkit 软件中包含的函数。

计算机必须同时安装 CUDA Toolkit 和 cuDNN，才能够正确运行适用于 GPU 的 TensorFlow 库中的函数，否则，运行深度学习程序时会出现错误提示信息“Could not find cudart64_90.dll”。在显卡的驱动程序中，给出了支持 CUDA Toolkit 的最高版本号，因此安装 CUDA Toolkit 时，其版本不能大于此最高版本号。

查看显卡驱动程序支持的 CUDA Toolkit 的最高版本号有两种方法。

第一种方法是在 Anaconda Prompt 中使用“nvidia-smi”命令。例如，对于配置了 RTX 4080 显卡的笔记本电脑，使用“nvidia-smi”命令，结果如图 3-23 所示。在图 3-23 中可以看到“CUDA Version: 12.0”,表明显卡驱动程序支持 CUDA Toolkit 的最高版本号为 12.0,那么安装的 CUDA Toolkit 的版本号不能大于 12.0,可以安装 CUDA Toolkit 11.8。

```
Anaconda Prompt

(base) C:\Users\dongw>nvidia-smi
Fri Sep  8 08:04:14 2023
+-----------------------------------------------------------------------------+
| NVIDIA-SMI 529.12       Driver Version: 529.12       CUDA Version: 12.0     |
|-------------------------------+----------------------+----------------------+
| GPU  Name            TCC/WDDM | Bus-Id        Disp.A | Volatile Uncorr. ECC |
| Fan  Temp  Perf  Pwr:Usage/Cap|         Memory-Usage | GPU-Util  Compute M. |
|                               |                      |               MIG M. |
|===============================+======================+======================|
|   0  NVIDIA GeForce ...  WDDM | 00000000:01:00.0  On |                  N/A |
| N/A   39C    P0    28W / 139W |    573MiB / 12282MiB |      0%      Default |
|                               |                      |                  N/A |
+-------------------------------+----------------------+----------------------+

+-----------------------------------------------------------------------------+
| Processes:                                                                  |
|  GPU   GI   CI        PID   Type   Process name                  GPU Memory |
|        ID   ID                                                   Usage      |
|=============================================================================|
|    0   N/A  N/A      3852    C+G   ...y\ShellExperienceHost.exe      N/A    |
```

图 3-23 查看显卡驱动程序支持的 CUDA Toolkit 最高版本号

第二种方法是在安装完显卡驱动程序之后,计算机桌面任务栏的右下角会显示 NVIDIA 控制面板的图标,单击此图标,会显示 NVIDIA 控制面板,如图 3-24 所示。在图 3-24 中,选择“帮助”→“系统信息”命令,出现图 3-25 所示的对话框。切换到“组件”选项卡,会看到“NVIDIA CUDA 12.0.151 driver”字样,这表明显卡的驱动程序支持 CUDA Toolkit 的最高版本号是 12.0.151。

图 3-24 NVIDIA 控制面板

下面说明 CUDA Toolkit 11.8.0 的下载和安装方法。进入 CUDA Toolkit 的官网,网址为 https://developer.nvidia.com/cuda-toolkit,如图 3-26 所示。

单击网页中的 Download now 按钮,会打开一个网页,如图 3-27 所示。

单击 Archive of Previous CUDA Releases 链接,会打开一个网页,显示 CUDA Toolkit 的历史版本,如图 3-28 所示。

单击 CUDA Toolkit 11.8.0(October 2022): Versioned Online Documentation 链接,打开一个网页,如图 3-29 所示。依次单击 Windows 按钮、x86_64 按钮、11 按钮(11 表示适用于 Windows 11 的 CUDA Toolkit)、exe(local)按钮、Download(3.0GB)按钮,会下载 CUDA Toolkit 11.8.0 的安装文件 cuda_11.8.0_522.06_windows.exe。

双击 cuda_11.8.0_522.06_windows.exe 文件,就能够安装 CUDA Toolkit,其默认安装

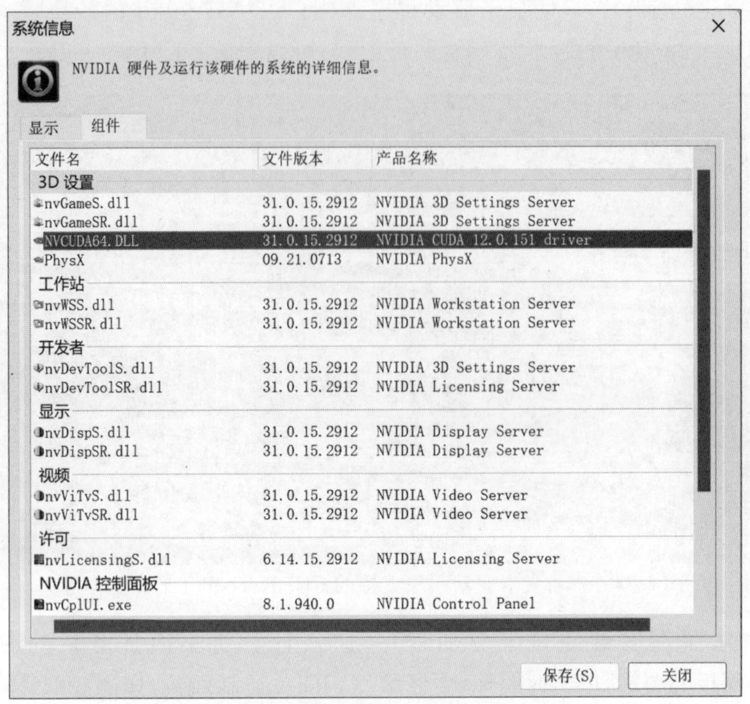

图 3-25 “系统信息”对话框的“组件”选项卡

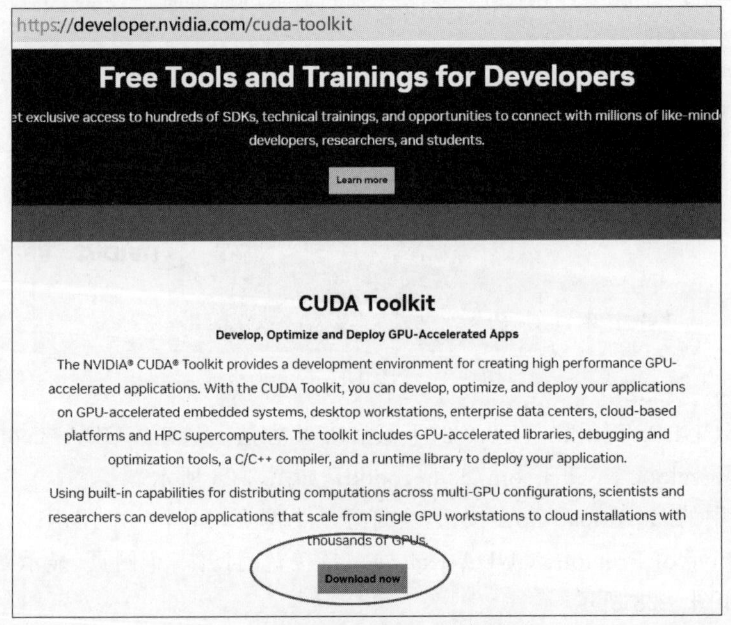

图 3-26 CUDA Toolkit 的官网(1)

的目录是 C:\Program Files\NVIDIA GPU Computing Toolkit\CUDA\v11.8。在安装 CUDA Toolkit 的过程中，要注意两个对话框中选项的设置。首先，在图 3-30 所示的对话框中，选择“自定义”单选按钮。其次，在图 3-31 所示的对话框中，单击每个组件前面的“+”符号，比较每个组件新版本的版本号和当前版本的版本号。新版本是目前正在安装的版本。

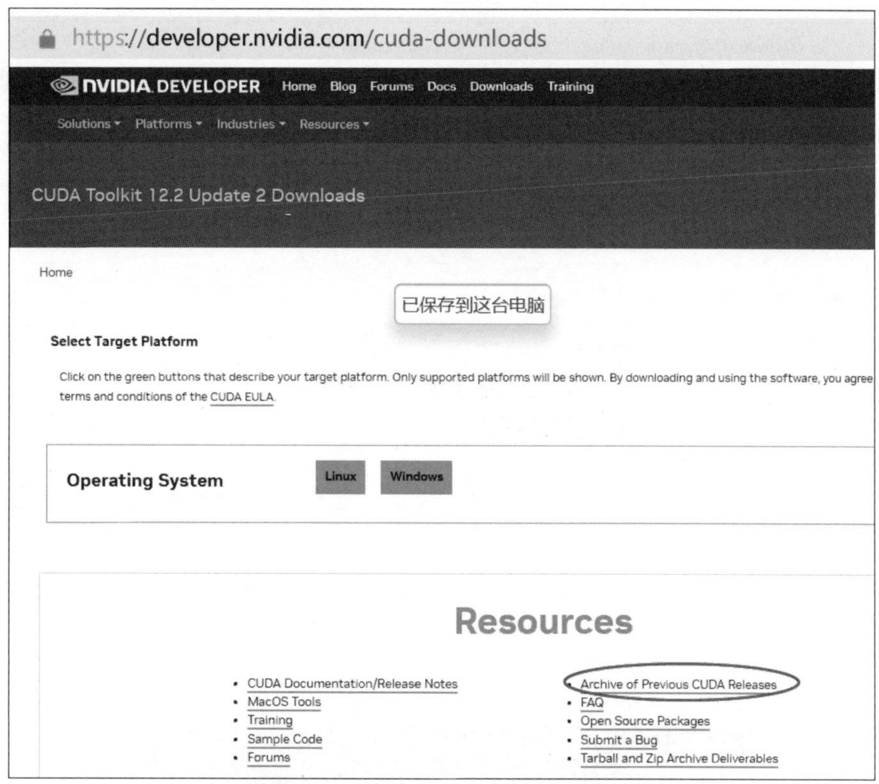

图 3-27 CUDA Toolkit 的官网(2)

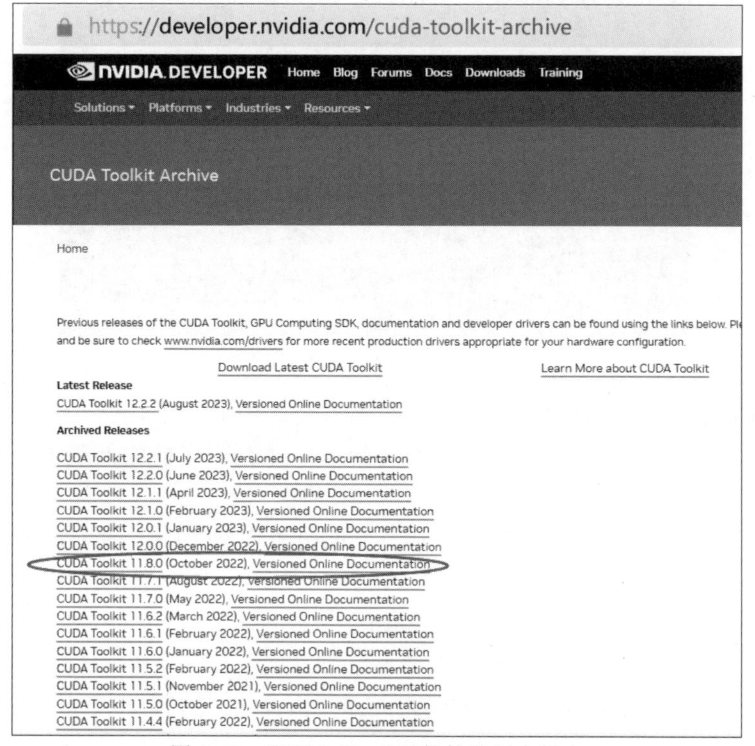

图 3-28 CUDA Toolkit 软件的历史版本

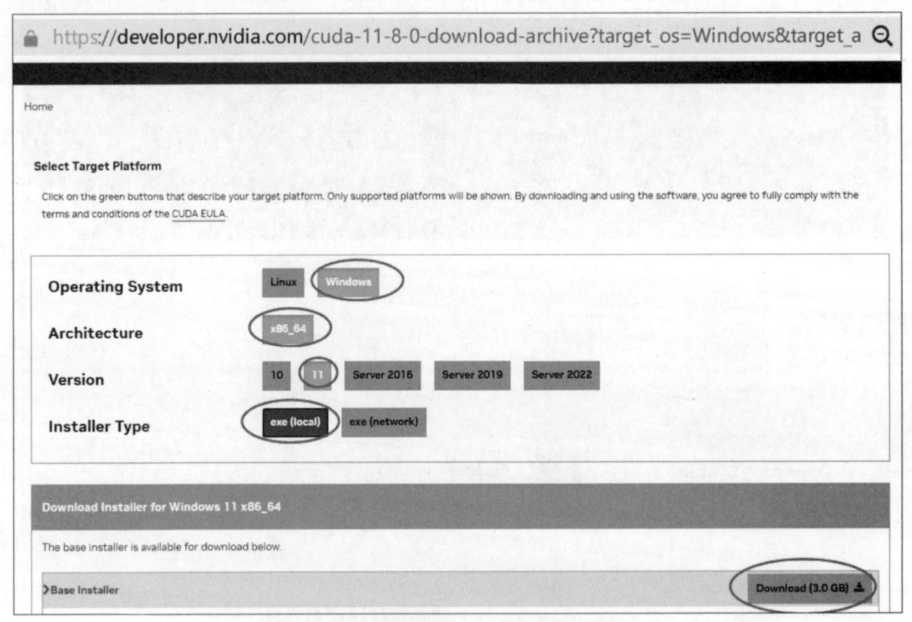

图 3-29　下载 CUDA Toolkit 11.8.0

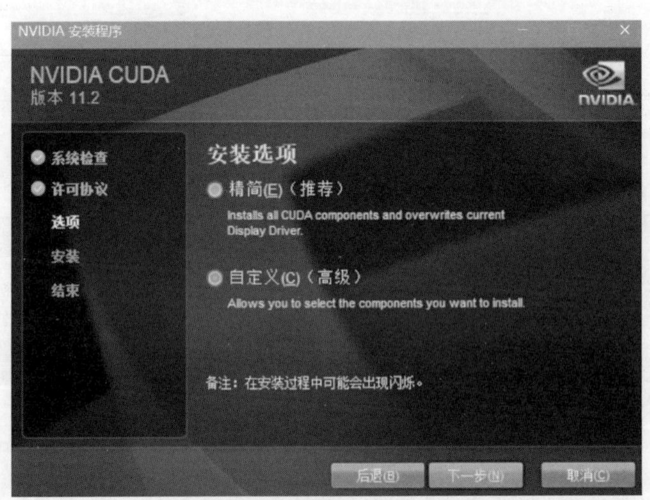

图 3-30　CUDA Toolkit 的安装

如果新版本的版本号低于当前版本的版本号，则取消选中此组件，表示不安装新版本，从而保留当前的版本；反之，选中此组件，表示安装新版本并删除当前的低版本。不同计算机的设置可能并不相同，所以并不是都和图 3-31 一模一样。

在安装完 CUDA Toolkit 11.8.0 之后，还需要添加环境变量 Path 的 4 个目录，如图 3-32 所示。这 4 个目录分别是 C:\Program Files\NVIDIA GPU Computing Toolkit\CUDA\v11.8、C:\Program Files\NVIDIA GPU Computing Toolkit\CUDA\v11.8\bin、C:\Program Files\NVIDIA GPU Computing Toolkit\CUDA\v11.8\libnvvp、C:\Program Files\NVIDIA GPU Computing Toolkit\CUDA\v11.8\lib\x64。然后，需要重新启动计算机。

安装 CUDA Toolkit 11.8.0 之后，可以查看 CUDA Toolkit 的版本号。在 Anaconda

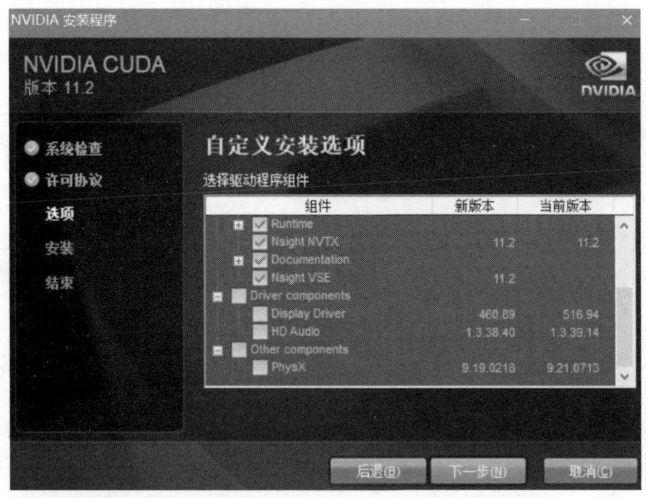

图 3-31　CUDA Toolkit 的自定义安装选项

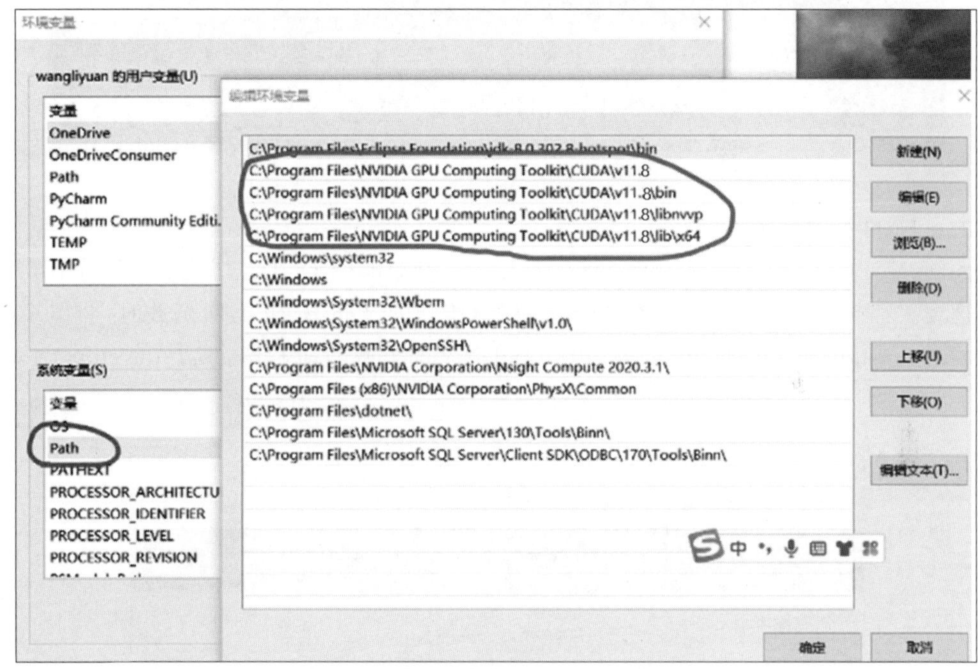

图 3-32　添加环境变量 Path 的 4 个目录

Prompt 中执行命令“nvcc --version”，就能够查看 CUDA Toolkit 的版本号，如图 3-33 所示。

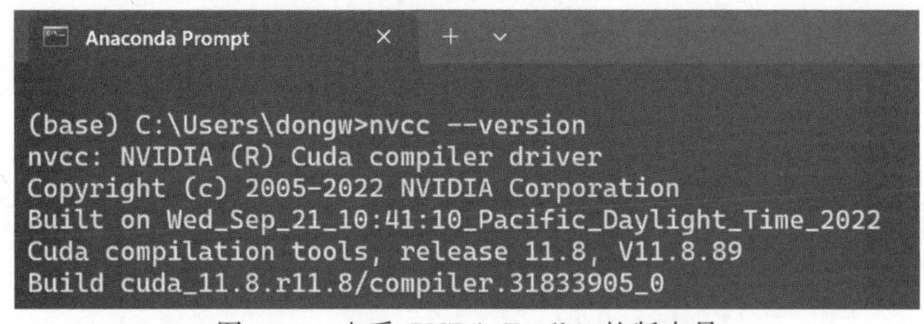

图 3-33　查看 CUDA Toolkit 的版本号

下面介绍验证 CUDA Toolkit 11.8.0 是否安装成功的方法。在 Anaconda Prompt 中，首先使用命令“cd C:\Program Files\NVIDIA GPU Computing Toolkit\CUDA\v11.8\extras\demo_suite”改变当前的目录，然后执行命令“bandwidthTest.exe”，如图 3-34 所示。命令“bandwidthTest.exe”的功能是在显卡的内部传输数据，并验证数据的传输是否成功。在图 3-34 中，“Result = PASS”表示传输正确，即正确安装了 CUDA Toolkit 11.8.0。

```
(base) C:\Program Files\NVIDIA GPU Computing Toolkit\CUDA\v11.8\extras\demo_suite>bandwidthTest.exe
[CUDA Bandwidth Test] - Starting...
Running on...

 Device 0: NVIDIA GeForce RTX 4080 Laptop GPU
 Quick Mode

 Host to Device Bandwidth, 1 Device(s)
 PINNED Memory Transfers
   Transfer Size (Bytes)        Bandwidth(MB/s)
   33554432                     23631.5

 Device to Host Bandwidth, 1 Device(s)
 PINNED Memory Transfers
   Transfer Size (Bytes)        Bandwidth(MB/s)
   33554432                     25555.2

 Device to Device Bandwidth, 1 Device(s)
 PINNED Memory Transfers
   Transfer Size (Bytes)        Bandwidth(MB/s)
   33554432                     385985.4

Result = PASS
```

图 3-34　验证 CUDA Toolkit 11.8.0 是否安装成功

3. cuDNN 的安装方法

cuDNN(CUDA Deep Neural Network Library)能够使 CUDA Toolkit 中的函数加快运算速度。如果不安装 cuDNN，在执行适用于 GPU 的 TensorFlow 库函数时，会出现错误提示信息“Could not find cudnn64_7.dll”。cuDNN 的下载网址为 https://developer.nvidia.com/cudnn，如图 3-35 所示。

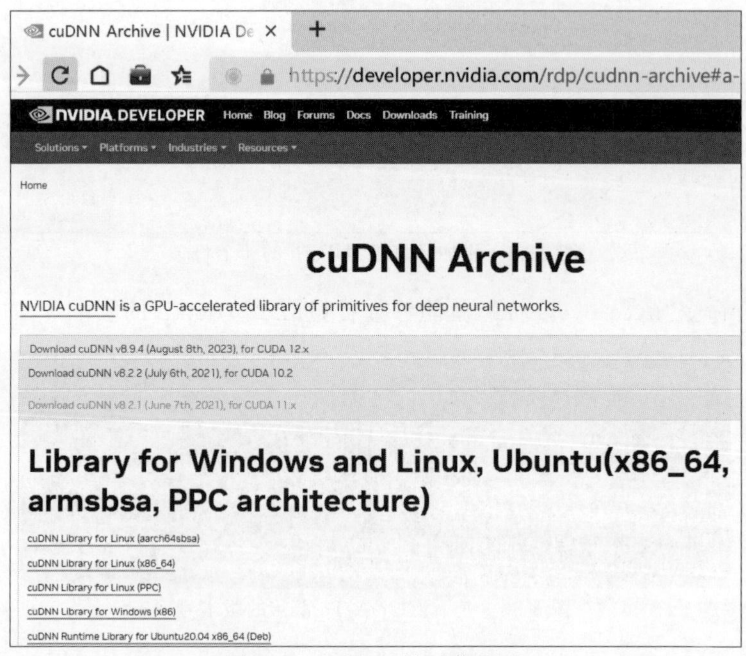

图 3-35　cuDNN 的下载网页

在图 3-35 所示的网页中，可以看出 cuDNN 的版本和 CUDA Toolkit 的版本有对应的关系，所以不要下载错误版本的 cuDNN。例如，对于已配置了型号为 RTX 4080 的 GPU 的笔记本电脑，如果安装了版本号为 11.8.0 的 CUDA Toolkit，那么可以安装版本号为 8.2.1 的 cuDNN。在图 3-35 中，依次单击 Download cuDNN v8.2.1(June 7th 2021)for CUDA 11.x 和 cuDNN Library for Windows(x86)，就能够下载版本为 8.2.1 的 cuDNN 文件，文件名为 cudnn-11.3-windows-x64-v8.2.1.32。

cudnn-11.3-windows-x64-v8.2.1.32 文件是一个压缩包，解压缩得到 3 个文件夹和一个文件，如图 3-36 所示。把这 3 个文件夹复制到计算机硬盘的文件夹 C:\Program Files\NVIDIA GPU Computing Toolkit\CUDA\v11.8 中，就完成了 cuDNN 的安装。

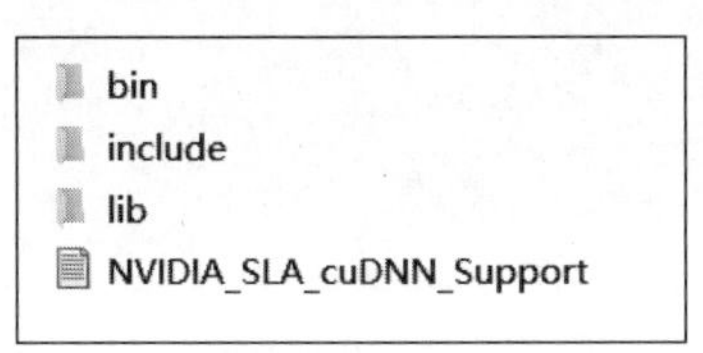

图 3-36 解压缩 cuDNN 安装文件

3.2.3 TensorFlow 库和 Keras 库的安装方法

因为 TensorFlow 库不支持 32 位的操作系统，所以计算机需要使用 64 位的 Windows 操作系统。TensorFlow 库有两个版本，分别适用于 CPU 和 GPU。这两个版本的名称分别为 tensorflow 和 tensorflow-gpu。

1. 安装适用于 CPU 的 TensorFlow 库

在打开 Anaconda Prompt 之后，使用命令"pip install tensorflow==1.10.0"，就能够安装适用于 CPU 的 TensorFlow 库。上述命令安装版本号为 1.10.0 的 TensorFlow 库，如图 3-37 所示。在安装 TensorFlow 库时，如果出现错误提示信息"protobuf requires Python '>=3.7' but the running Python is 3.6.5"，则应该先更新 pip 库的版本，再重新安装 TensorFlow 库。更新 pip 库版本的命令为"python -m pip install --upgrade pip"。

```
(base) C:\Users\Administrator>pip install tensorflow==1.10.0
Looking in indexes: https://pypi.douban.com/simple/
Collecting tensorflow==1.10.0
  Downloading https://pypi.doubanio.com/packages/0e/2a/c3fe6035f0a8726e5b210680
f3ccaf826f4a64ce7306e57017aba749447/tensorflow-1.10.0-cp36-cp36m-win_amd64.whl
37.7 MB)
    |████████████                          | 11.1 MB 1.6 MB/s eta 0:00:17
```

图 3-37 安装适用于 CPU 的 TensorFlow 库

安装完 TensorFlow 库，可以查看 TensorFlow 库的版本号，命令为"pip show tensorflow"，如图 3-38 所示。Python 的不同版本需要安装 TensorFlow 库的对应版本，如果版本的对应关系出现错误，会在运行程序时出现错误提示信息。在此书中，使用的是 Python 3.6.5 和 TensorFlow 1.10.0。

```
(base) C:\Users\Administrator>pip show tensorflow
Name: tensorflow
Version: 1.10.0
```

图 3-38 查看 TensorFlow 库的版本号

安装完 TensorFlow 库,可以使用简单的命令验证 TensorFlow 库是否安装成功,如图 3-39 所示。

```
(base) C:\Users\Administrator>python
Python 3.6.5 |Anaconda, Inc.| (default, Mar 29 2018, 13:32:41) [MSC v.1900 64 bi
t (AMD64)] on win32
Type "help", "copyright", "credits" or "license" for more information.
>>> import tensorflow as tf
c:\Users\Administrator\Anaconda3\lib\site-packages\h5py\__init__.py:36: FutureWa
rning: Conversion of the second argument of issubdtype from `float` to `np.float
ing` is deprecated. In future, it will be treated as `np.float64 == np.dtype(flo
at).type`.
  from ._conv import register_converters as _register_converters
>>> a=tf.constant([3,4,1,5])
>>> sum=tf.reduce_sum(a)
>>> session=tf.Session()
>>> print(session.run(sum))
13
>>> session.close()
>>> quit()

(base) C:\Users\Administrator>
```

图 3-39 验证 TensorFlow 库是否安装成功

2. 安装适用于 GPU 的 TensorFlow 库

在安装适用于 GPU 的 TensorFlow 库之前,需要安装显卡的驱动程序、CUDA Toolkit 和 cuDNN。在 Anaconda Prompt 中,如果已经安装了适用于 CPU 的 TensorFlow 库,那么在安装适用于 GPU 的 TensorFlow 库之前,需要先卸载适用于 CPU 的 TensorFlow 库,命令是"pip uninstall tensorflow"。安装适用于 GPU 的 TensorFlow 库的命令是"pip install tensorflow-gpu==2.6.0"。

在 Anaconda Prompt 中,可以验证适用于 GPU 的 TensorFlow 库是否安装成功,如图 3-40 所示。

```
Anaconda Prompt

(base) C:\Users\dongw>python
Python 3.6.5 |Anaconda, Inc.| (default, Mar 29 2018, 13:32:41) [MSC v.1900 64 bit (AMD64)] on win32
Type "help", "copyright", "credits" or "license" for more information.
>>> import tensorflow as tf
>>> print(tf.__version__)
2.6.0
>>> print('GPU',tf.test.is_gpu_available())
WARNING:tensorflow:From <stdin>:1: is_gpu_available (from tensorflow.python.framework.test_util) is deprecated and w
ill be removed in a future version.
Instructions for updating:
Use `tf.config.list_physical_devices('GPU')` instead.
2023-09-17 17:37:01.040110: I tensorflow/core/platform/cpu_feature_guard.cc:142] This TensorFlow binary is optimized
 with oneAPI Deep Neural Network Library (oneDNN) to use the following CPU instructions in performance-critical oper
ations:  AVX AVX2
To enable them in other operations, rebuild TensorFlow with the appropriate compiler flags.
2023-09-17 17:37:03.997263: I tensorflow/core/common_runtime/gpu/gpu_device.cc:1510] Created device /device:GPU:0 wi
th 9401 MB memory:  -> device: 0, name: NVIDIA GeForce RTX 4080 Laptop GPU, pci bus id: 0000:01:00.0, compute capabi
lity: 8.9
GPU True
>>> a=tf.constant(2.0)
2023-09-17 17:37:41.515909: I tensorflow/core/common_runtime/gpu/gpu_device.cc:1510] Created device /job:localhost/r
eplica:0/task:0/device:GPU:0 with 9401 MB memory:  -> device: 0, name: NVIDIA GeForce RTX 4080 Laptop GPU, pci bus i
d: 0000:01:00.0, compute capability: 8.9
>>> b=tf.constant(1.0)
>>> print(a+b)
tf.Tensor(3.0, shape=(), dtype=float32)
>>> quit()
```

图 3-40 验证适用于 GPU 的 TensorFlow 库是否安装成功

在安装适用于 GPU 的 TensorFlow 库时,要注意它的版本和 Python 版本之间的兼容性,它们之间的对应关系如表 3-10 所示。

表 3-10　适用于 GPU 的 TensorFlow 库版本和 Python 版本的对应关系

tensorflow-gpu 的版本	Python 的版本	tensorflow-gpu 的版本	Python 的版本
2.6.0	3.6-3.9	2.1.0	3.5-3.7
2.5.0	3.6-3.9	2.0.0	3.5-3.7
2.4.0	3.6-3.8	1.14.0	3.5-3.7
2.3.0	3.5-3.8	1.13.0	3.5-3.7
2.2.0	3.5-3.8		

在计算机的“任务管理器”中，单击左侧的“性能”，会显示 GPU 的信息，如图 3-41 所示。其中，GPU 1 的型号为适用于笔记本电脑的 GeForce RTX 4080，单击 GPU 1 会显示此 GPU 的相关信息。在图 3-41 中，Cuda 下面的曲线表示 GPU 中 Cuda 核心的利用率曲线。如果图 3-41 中没有 Cuda 这个选项，首先在计算机的桌面上右击，在出现的菜单中选择“显示设置”命令；然后在出现的对话框中单击“显示卡”，在出现的界面单击“更改默认图形设置”；最后，在出现的界面取消选中“硬件加速 GPU 计划”复选框，并重启计算机，就会在“任务管理器”中显示 Cuda 选项。“专用 GPU 内存”指 GeForce RTX 4080 显卡中包含的存储器，即显存；“共享 GPU 内存”指把计算机内存的一半给 GeForce RTX 4080 显卡使用。在使用 GPU 运行程序时，先使用显卡内部的显存，如果显存不够用，再使用共享 GPU 内存。

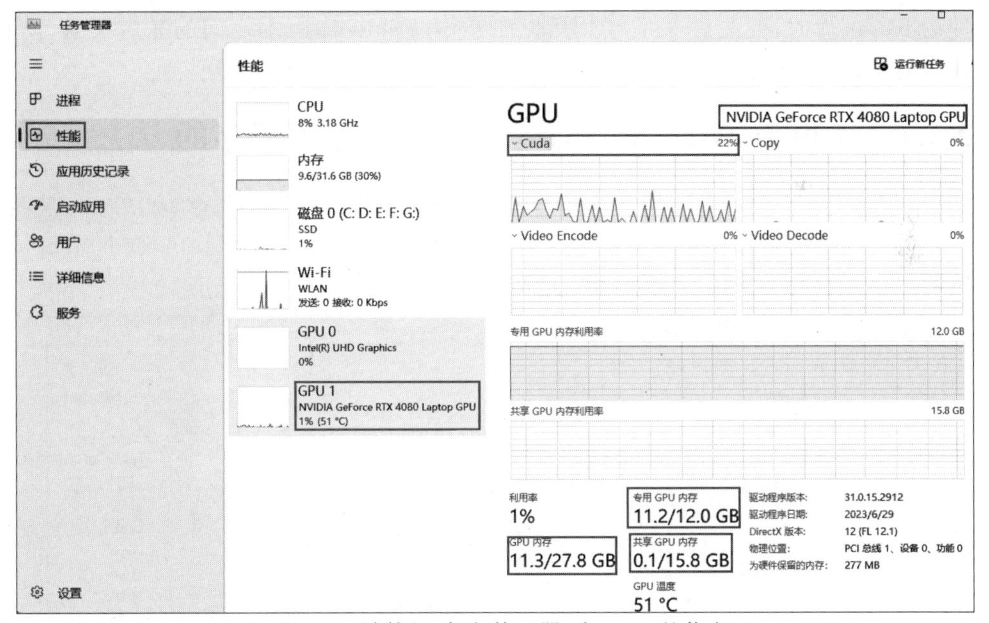

图 3-41　计算机“任务管理器”中 GPU 的信息

3. Keras 库的下载和安装方法

如果安装的 TensorFlow 库的版本高于或等于 2.3，就不需要安装 Keras 库，这是因为在安装 TensorFlow 库时会自动安装 Keras 库。如果再安装 Keras 库，容易引起冲突。如果安装的 TensorFlow 库的版本低于 2.3，则需要单独安装 Keras 库。

在 Anaconda Prompt 中，下载并安装 Keras 库的命令为“pip install keras==2.2.0”，如

图 3-42 所示。在图 3-42 中，安装的 Keras 库的版本号为 2.2.0。

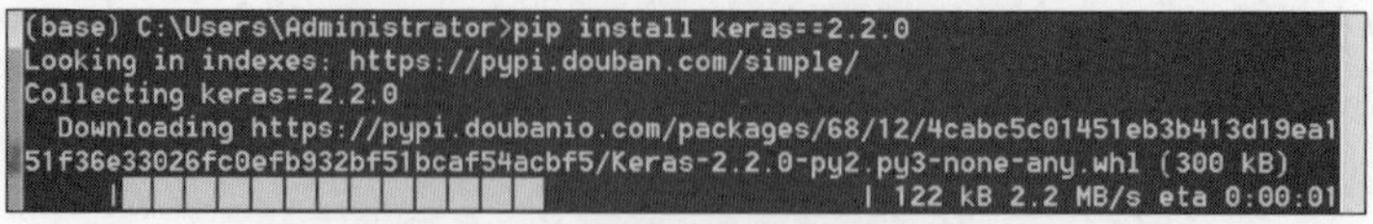

```
(base) C:\Users\Administrator>pip install keras==2.2.0
Looking in indexes: https://pypi.douban.com/simple/
Collecting keras==2.2.0
  Downloading https://pypi.doubanio.com/packages/68/12/4cabc5c01451eb3b413d19ea1
51f36e33026fc0efb932bf51bcaf54acbf5/Keras-2.2.0-py2.py3-none-any.whl (300 kB)
     |████████████                    | 122 kB 2.2 MB/s eta 0:00:01
```

图 3-42 下载并安装 Keras 库

在 Anaconda Prompt 中，查看 Keras 库版本的命令为“pip show keras”，如图 3-43 所示。

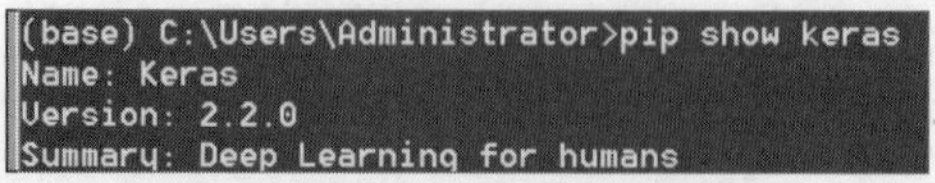

```
(base) C:\Users\Administrator>pip show keras
Name: Keras
Version: 2.2.0
Summary: Deep Learning for humans
```

图 3-43 查看 Keras 库的版本

在 Anaconda Prompt 中，使用命令“pip list”命令能够查看当前环境中所有已安装的库的版本号，如图 3-44 所示。

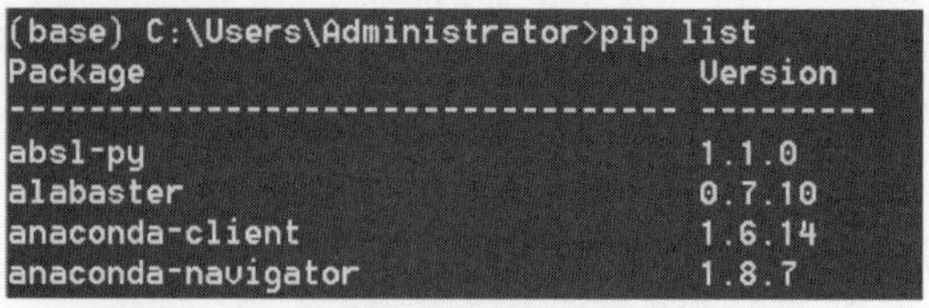

```
(base) C:\Users\Administrator>pip list
Package                            Version
---------------------------------- ---------
absl-py                            1.1.0
alabaster                          0.7.10
anaconda-client                    1.6.14
anaconda-navigator                 1.8.7
```

图 3-44 查看当前环境所有包的版本

使用 Keras 库时，要注意 Keras 库版本和 TensorFlow 库版本之间的兼容关系，防止出错。在本书中，使用的 TensorFlow 库版本为 1.10.0，Keras 库版本为 2.2.0。

3.2.4 使用 Jupyter Notebook 运行深度学习程序的方法

在 Jupyter Notebook 中，把 Python 的编程语句保存为扩展名为 ipynb 的文件。Jupyter Notebook 使用计算机浏览器的网页进行 Python 编程。打开 Jupyter Notebook，会在浏览器中打开编程的界面，如图 3-45 所示。

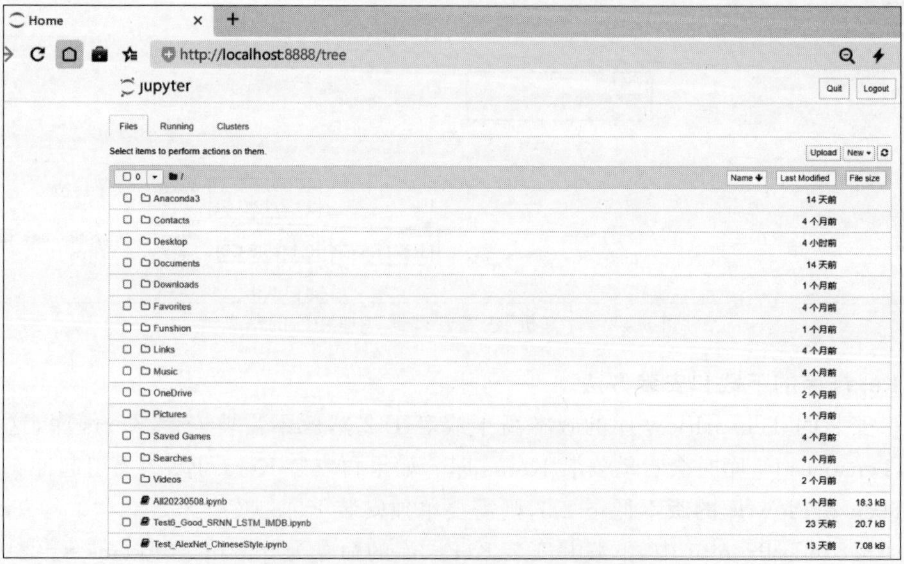

图 3-45 Jupyter Notebook 的编程界面

单击右上方的 Upload 按钮，出现如图 3-46 所示的对话框。

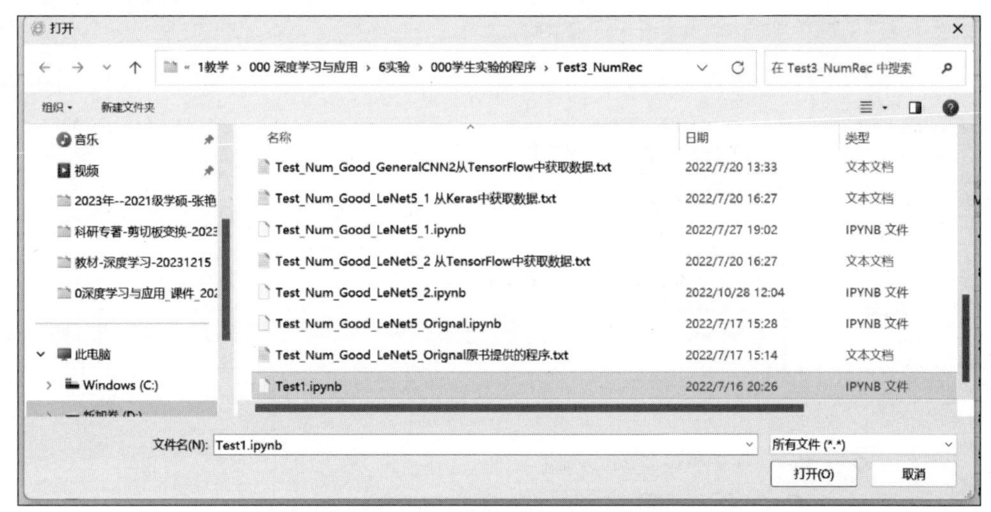

图 3-46　选择 ipynb 文件的对话框

在图 3-46 中，单击计算机硬盘上已有的 ipynb 文件，如 Test1.ipynb 文件，就会在 Jupyter Notebook 的界面中出现该文件，如图 3-47 所示。

图 3-47　单击某个 ipynb 文件后的 Jupyter Notebook 界面

单击 Test1.ipynb 右侧的 Upload 按钮，会加载 Test1.ipynb 文件，如图 3-48 所示。同时，把 Test1.ipynb 文件保存在计算机硬盘的目录 C:\Users\dongw 中，如图 3-49 所示。

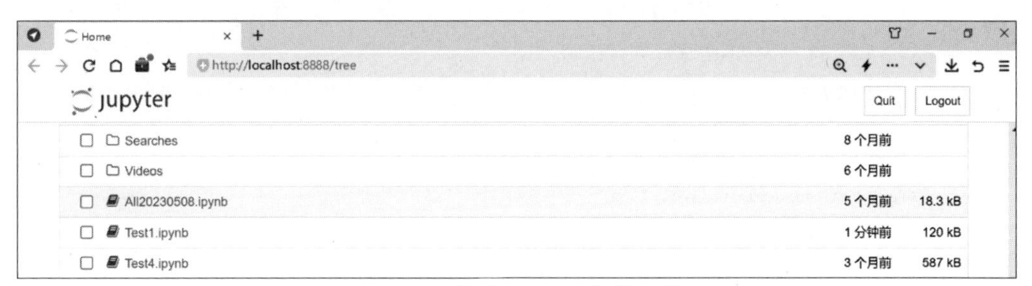

图 3-48　完成 ipynb 文件的加载

在图 3-47 中，单击左侧的 Test1.ipynb，会打开一个新的网页，显示 Test1.ipynb 文件包含的程序语句，如图 3-50 所示。

在图 3-45 中，单击右侧的 New 按钮，从打开的下拉列表中选择 Python 3 选项，如图 3-51

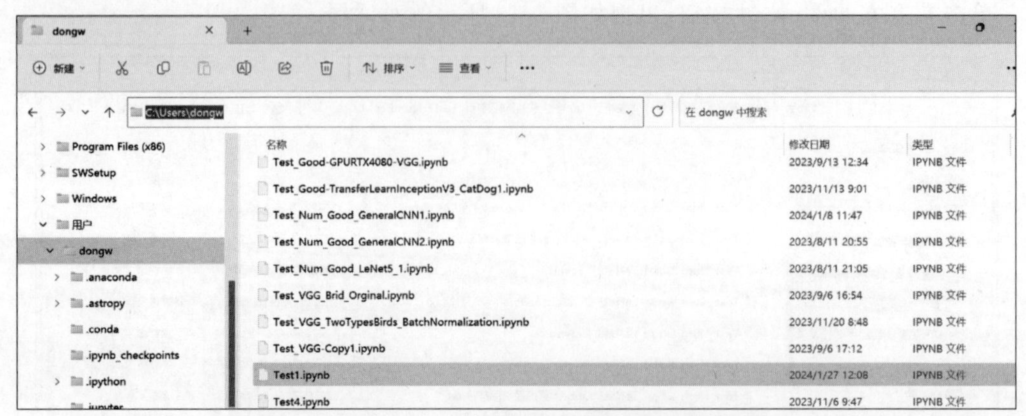

图 3-49 把 Test1.ipynb 保存在计算机硬盘的目录中

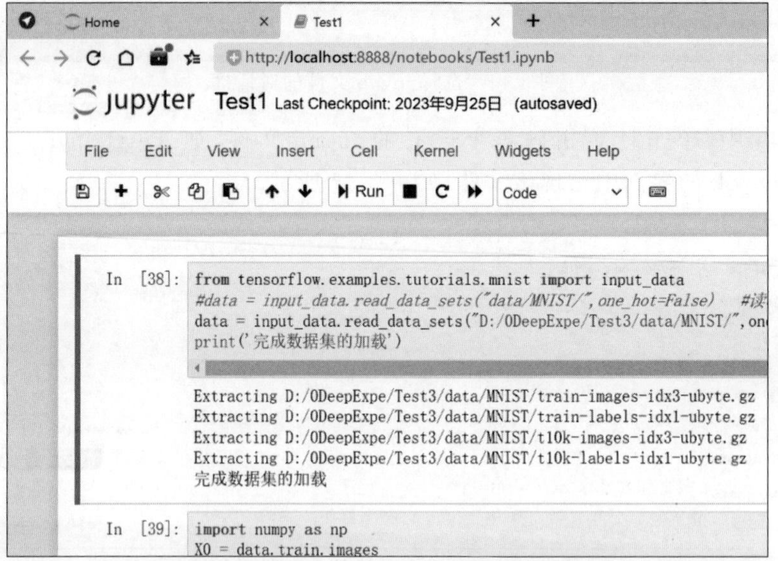

图 3-50 显示 Test1.ipynb 文件包含的程序语句

所示，会新建一个 ipynb 文件，如图 3-52 所示。

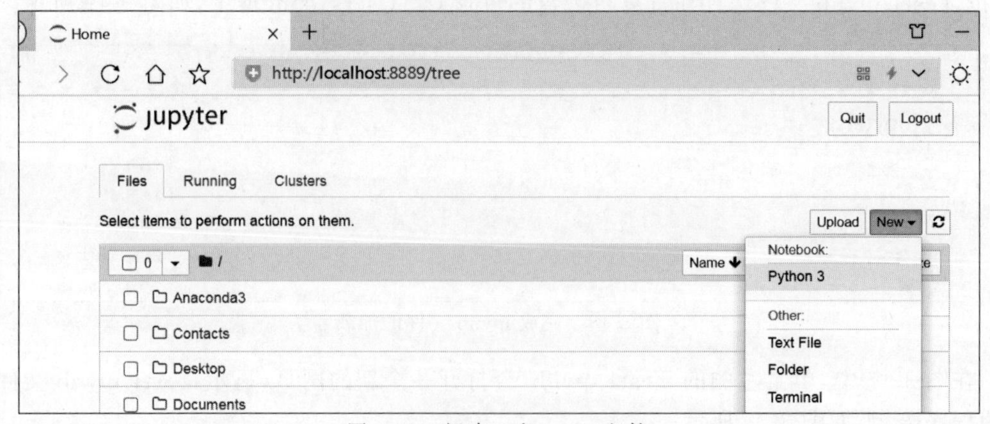

图 3-51 新建一个 ipynb 文件

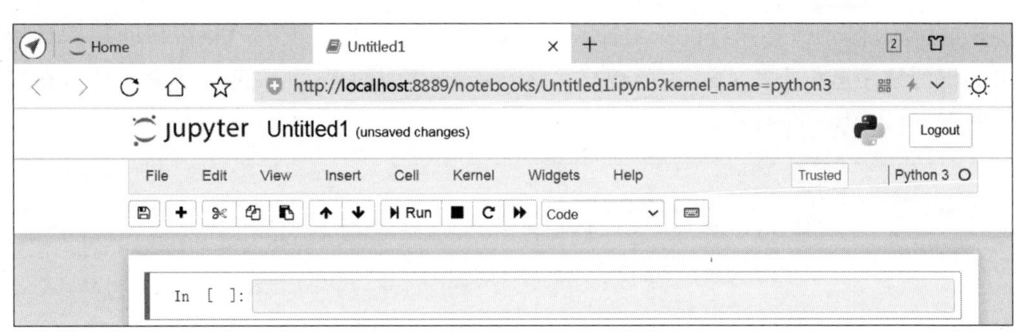

图 3-52　新建的 ipynb 文件的界面

在 Jupyter Notebook 的编程界面，选择 File→Save and Checkpoint 命令能够把 ipynb 文件保存在计算机硬盘的 C:\Users\dongw 目录中。选择 File→Rename 命令，能够修改 ipynb 文件的文件名，如图 3-53 所示。

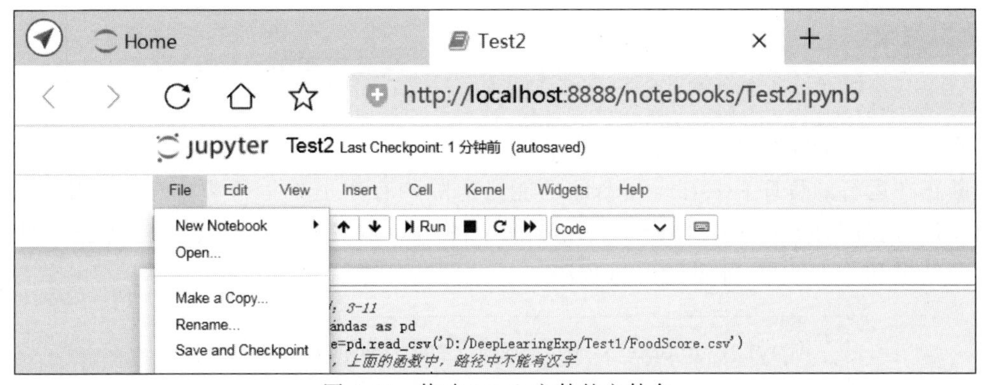

图 3-53　修改 ipynb 文件的文件名

Jupyter Notebook 的基本编程单元是 Cell，可以在 Cell 中使用 Python 编写深度学习模型的程序，如图 3-54 所示。

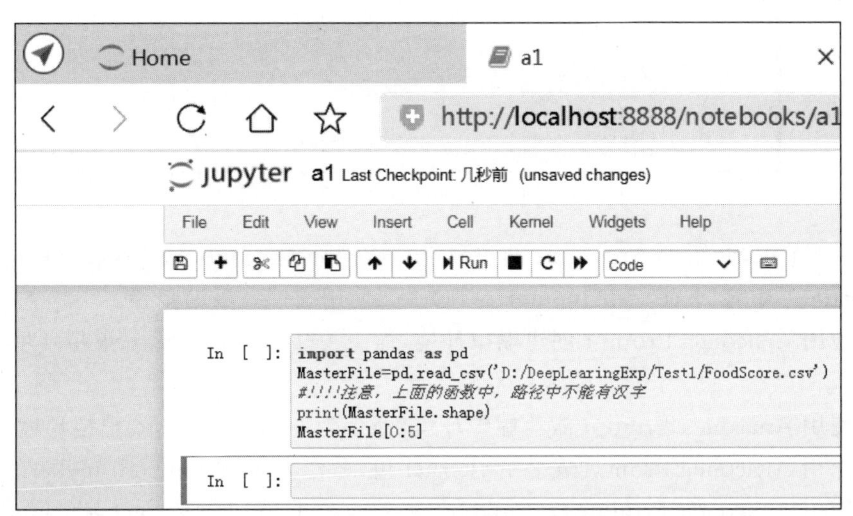

图 3-54　Jupyter Notebook 的基本编程单元 Cell

在 Jupyter Notebook 中，能够单独运行每个 Cell 中的 Python 程序。在 Cell 菜单中，

Run Cells 命令的功能是运行鼠标指针所在的某个 Cell 的程序，Run All 命令的功能是按照从上到下的顺序运行全部 Cell 中的程序。运行完 Cell 中的程序后，运行结果会显示在当前 Cell 的下方，如图 3-55 所示。

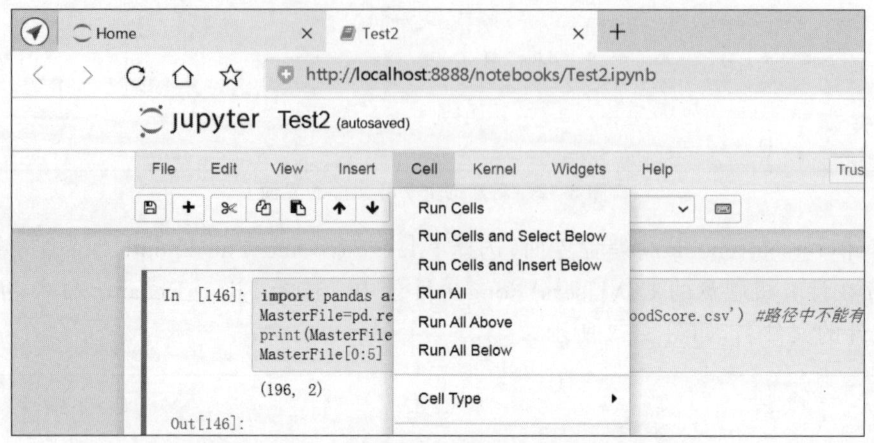

图 3-55 Jupyter Notebook 运行 Python 程序的菜单

在 Jupyter Notebook 中，Kernel 菜单中的命令如图 3-56 所示。Interrupt 命令的功能是中断正在运行的程序；Restart 命令的功能是清除内存中上次运行程序得到的中间结果，并重新运行程序；Restart & Clear Output 命令的功能是清除内存中上次运行程序时得到的中间结果和输出结果，并重新运行程序。

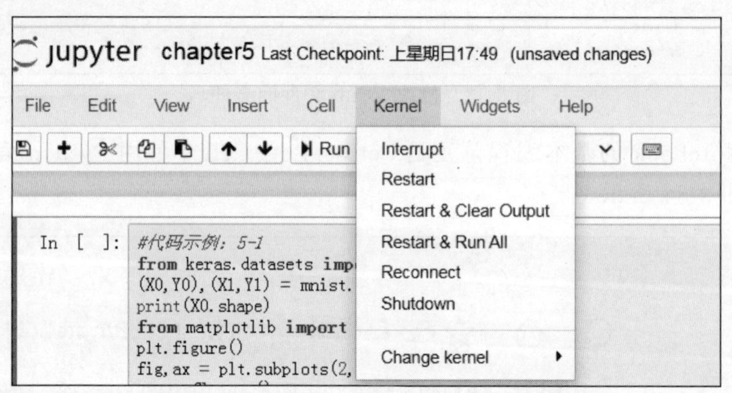

图 3-56 Jupyter Notebook 的 Kernel 菜单

在 3.2.1 节中，介绍了 Anaconda 的主环境和虚拟环境。Jupyter Notebook 默认的环境为 Anaconda 主环境，下面介绍 Jupyter Notebook 使用虚拟环境的步骤。

（1）使用 Anaconda Prompt 创建虚拟环境，命令为“conda create -n 虚拟环境名 python＝版本号”。

（2）使用 Anaconda Prompt 激活虚拟环境，命令为“conda activate 虚拟环境名”。

（3）使用 Anaconda Prompt 安装 ipykernel 包，命令为“conda install ipykernel”。

（4）使用 Anaconda Prompt 在 Jupyter Notebook 中增加虚拟环境名的菜单，命令为“python -m ipykernel install --name 虚拟环境名”。之后，需要重新启动计算机。

（5）在 Jupyter Notebook 中，使用 New→“环境名”命令新建一个 ipynb 文件，此 ipynb

文件就会使用虚拟环境运行 Python 程序。或者,先使用 Jupyter Notebook 打开已有的 ipynb 文件,然后选择 Kernel→Change Kernel→“环境名”命令,也能够使用虚拟环境运行 Python 程序。

3.2.5　使用 PyCharm 运行深度学习程序的方法

PyCharm 有社区版、专业版和教育版 3 个版本。社区版是免费版本;教育版是专门提供给学校的老师和学生使用的版本,需要学校单独向 Pycharm 的开发公司申请才可以使用;专业版是收费版本,有一个月的免费试用时间。如果企业使用 Pycharm,必须使用专业版,否则会导致版权纠纷。此外,专业版比其他两个版本功能更齐全。

1. 下载和安装 PyCharm

PyCharm 官网(网址为 www.jetbrains.com/pycharm/download)如图 3-57 所示,单击网页中 PyCharm Community Edition 下面的 Download 按钮,能够把最新版本的 PyCharm(社区版)下载到计算机硬盘上。编者下载的 PyCharm 名称为 pycharm-community-2023.2.4.exe。

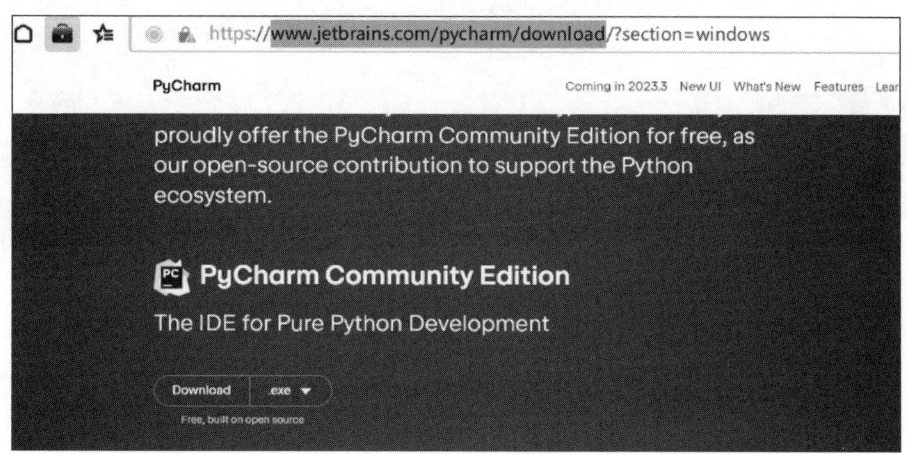

图 3-57　Pycharm 软件的官网

双击 pycharm-community-2023.2.4.exe,开始安装 PyCharm。在安装过程中,会遇到图 3-58 所示的对话框,注意选中此对话框的所有复选框。在 PyCharm 中,把 Python 的编程语句保存为扩展名为“py”的文件。

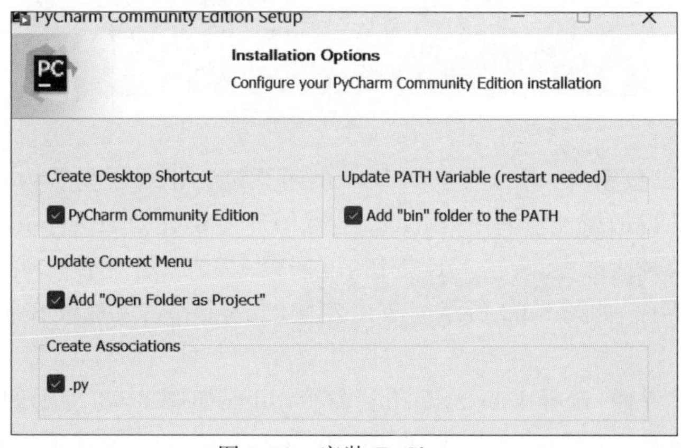

图 3-58　安装 PyCharm

2. 使用 PyCharm 创建工程以及 PyCharm 使用 Anaconda 主环境的方法

打开 PyCharm，选择 Project→New→Project 命令，会出现如图 3-59 所示的对话框。

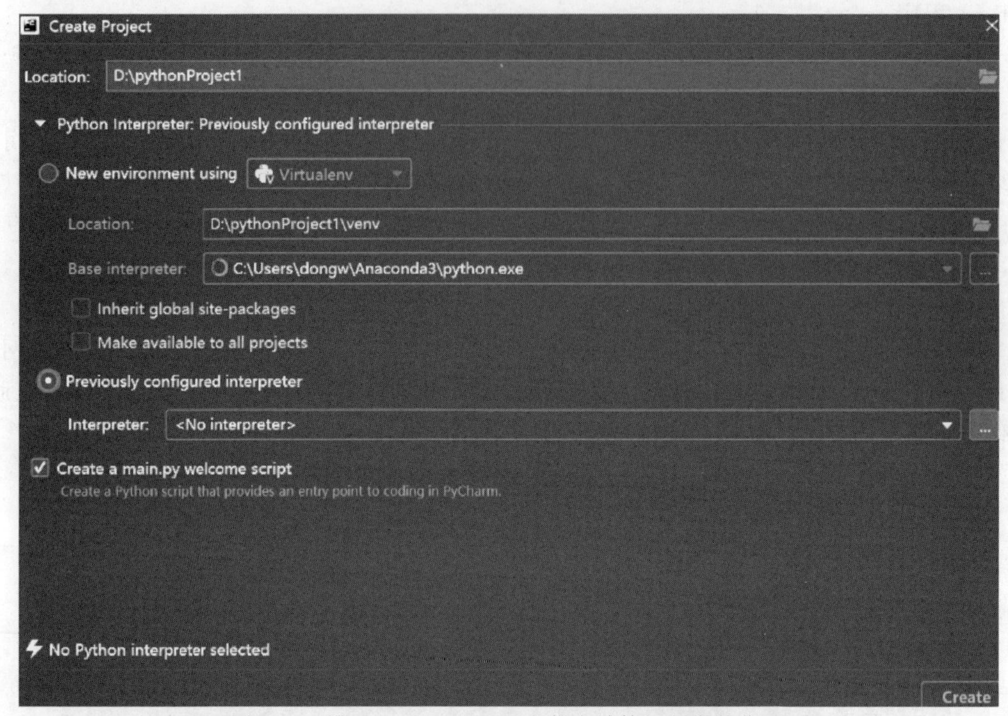

图 3-59 设置 PyCharm 工程文件在计算机硬盘的位置

把 Location 选项设置为 D:\PythongProject1，即设置 PyCharm 工程文件在计算机硬盘中的位置。

在图 3-59 所示的对话框中，选择 Previously configured interpreter 单选按钮，然后单击右侧的“...”按钮，出现如图 3-60 所示对话框。

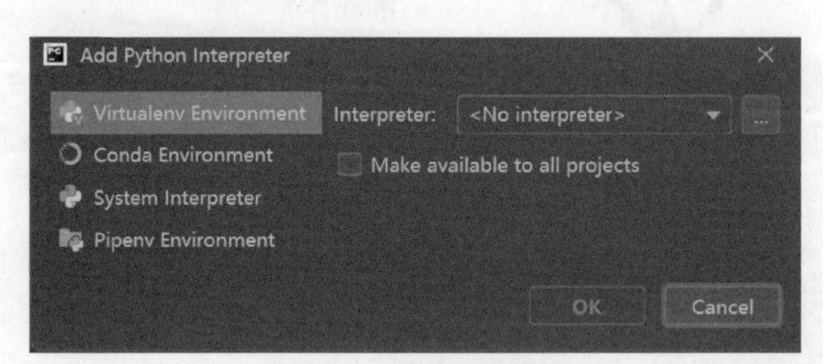

图 3-60 设置编程环境

单击右侧的“...”按钮，出现如图 3-61 所示的对话框。把目录设置为 C:\Users\dongw\Anaconda3\python.exe，就能够将 PyCharm 运行的环境设置为 Anaconda 的主环境。

在图 3-61 所示对话框中，单击 OK 按钮，返回图 3-59 所示对话框，单击 Create 按钮，出现 Python 的编程界面，如图 3-62 所示。单击左侧的 main.py，就能够在右侧使用 Python 编写深度学习程序。

在图 3-62 所示界面，选择 File→Setting 命令，出现如图 3-63 所示的对话框，在其中依次单击左侧的 Project: pythonProject1 选项、Python Interpreter 选项，会显示 PyCharm 当

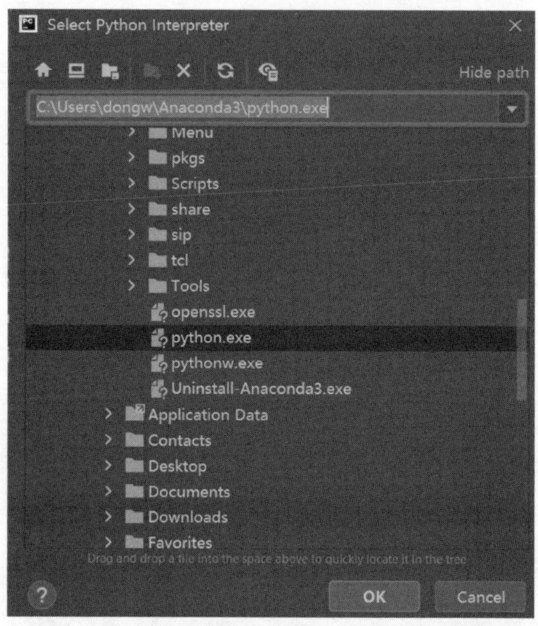

图 3-61　把环境设置为 Anaconda 的主环境

图 3-62　Python 的编程界面

前使用的环境中已经安装的库。

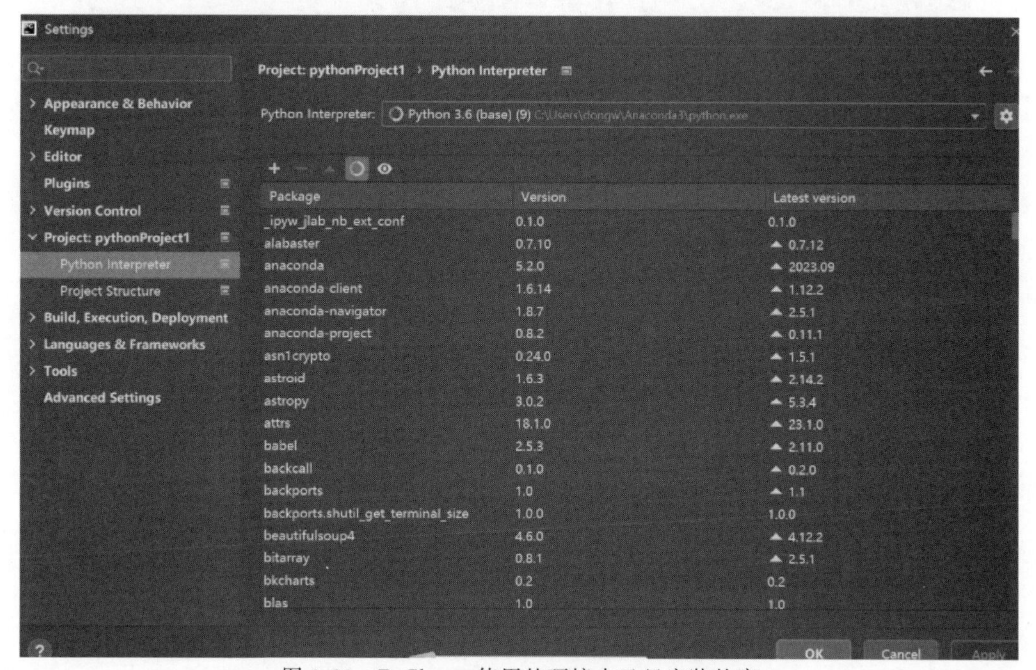

图 3-63　PyCharm 使用的环境中已经安装的库

3. PyCharm 使用虚拟环境的方法

(1) 使用 Anaconda Prompt 创建虚拟环境,命令为“conda create -n 虚拟环境名 python =版本号”。

(2) 打开 PyCharm,在右下方单击 Python 3.6(base)(不一定是 3.6,也可能是其他的版本号),如图 3-64 所示;然后,在出现的菜单中选择 Add New Interpreter→Add Local Interpreter 命令,出现如图 3-65 所示的对话框。

(3) 在图 3-65 所示的对话框中,依次选择 Virtualenv Environment 选项,再选择 Existing 单选按钮单击“...”按钮,在打开的 Select Python Interpreter 对话框依次选择 envs、p370、Tools、python.exe,单击 OK 按钮,就能够把当前环境设置为虚拟环境 p370。

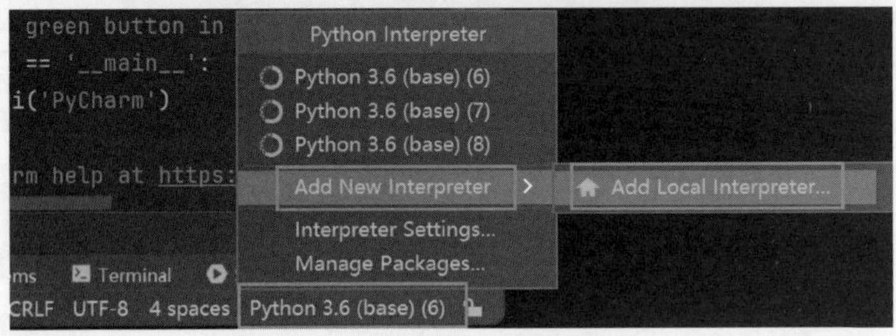

图 3-64 设置虚拟环境的菜单

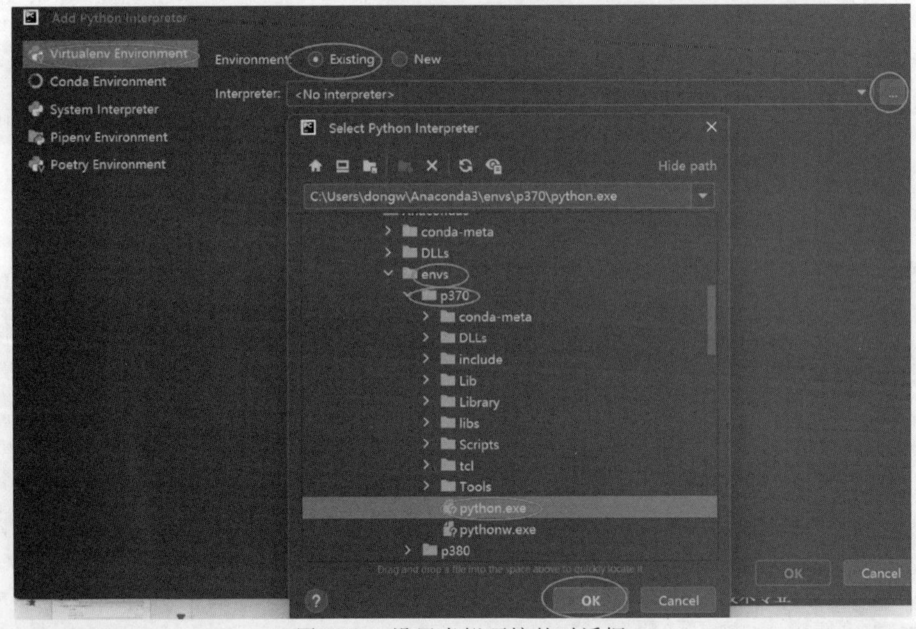

图 3-65 设置虚拟环境的对话框

在 PyCharm 中,使用 print(sys.version)语句查看当前环境使用的 Python 版本,如图 3-66 所示。结果如图 3-67 所示。

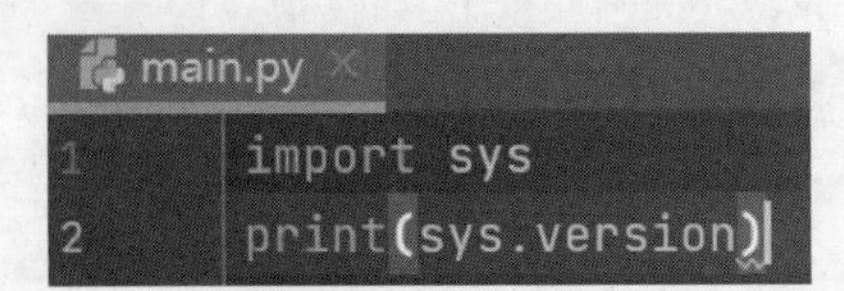

图 3-66 查看当前环境使用的 Python 版本

```
main
C:\Users\dongw\Anaconda3\python.exe D:/pythonProject1/main.py
3.6.5 |Anaconda, Inc.| (default, Mar 29 2018, 13:32:41) [MSC v.1900 64 bit (AMD64)]
```

图 3-67　当前环境使用的 Python 版本

3.2.6　使用网站运行深度学习程序的方法

在使用网站运行深度学习程序时，不需要在本地计算机中安装任何的软件。例如，可以使用百度 Studio 网站、AutoDL 网站运行深度学习程序。

使用百度 Studio 网站提供的在线 NoteBook，能够运行深度学习程序，而且不会收取任何的费用，如图 3-68 所示。百度 Studio 网站只允许使用飞桨框架，不能使用 TensorFlow、Keras、PyTorch 等其他深度学习框架。

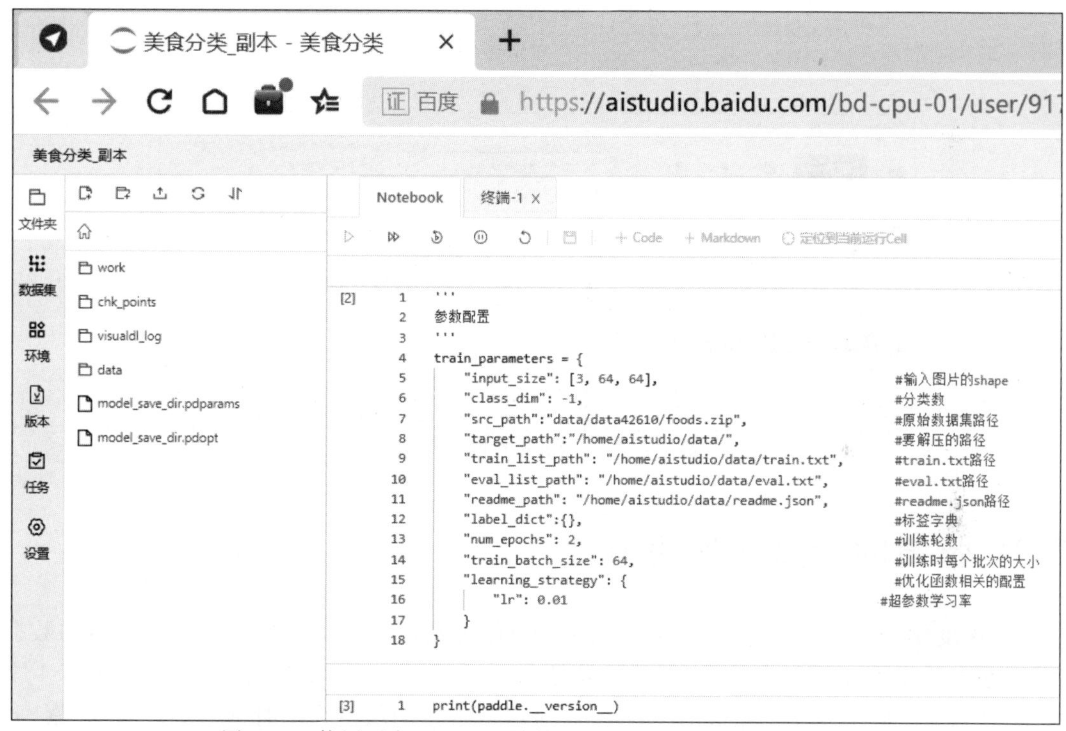

图 3-68　使用百度 Studio 网站的 NoteBook 运行深度学习程序

在使用 AutoDL 网站编程时，不需要在本地计算机中安装 Python、PyTorch、CUDA Toolkit、cuDNN 等任何软件和编程所需要的库，AutoDL 网站已经提供了在线编程环境，如图 3-69 所示。在使用 AutoDL 网站提供的 GPU 运行深度学习程序时，网站会收取一定费用。在 AutoDL 网站提供的网页中，可以非常方便地使用 Python 编程，如图 3-70 所示。AutoDL 网站对深度学习框架的类型没有限制，可以使用 TensorFlow、Keras、PyTorch、飞桨等任何框架。

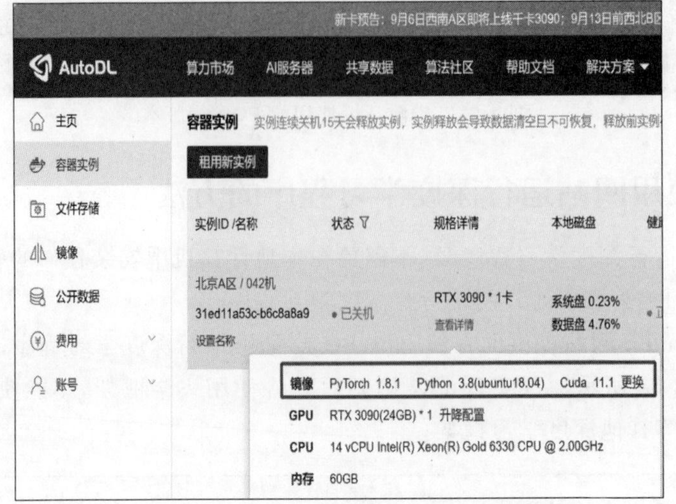

图 3-69 AutoDL 网站提供的编程环境

图 3-70 在 AutoDL 网站中编程

3.3 张量的特点和使用方法

在深度学习模型中，经常使用张量(Tensor)作为数据的基本单位。张量不是新的数据类型，它本质上是 n 维数组，n 的取值可以是 0、1、2……当 n 的取值为 0 时，张量只有 1 个元素，此张量实际上就是标量，如图 3-71(a)所示。当 n 的取值为 1 时，张量有一行元素，此张量实际上是行向量，如图 3-71(b)所示。当 n 的取值为 2 时，此张量实际上是二维数组，如图 3-71(c)所示。当 n 的取值为 3 时，此张量实际上是三维数组，如图 3-71(d)所示。

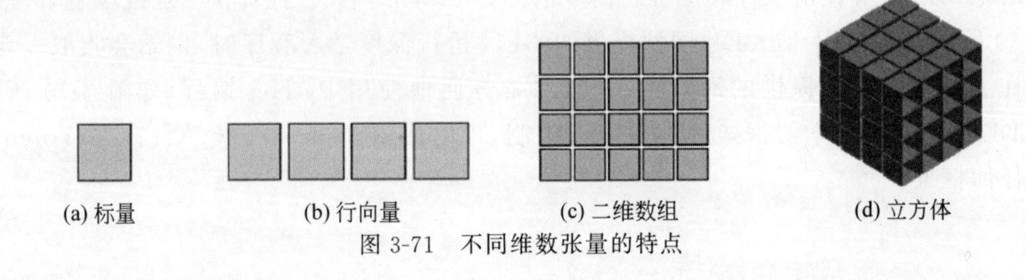

图 3-71 不同维数张量的特点

1. 0维张量或标量

在0维张量中，只有一个元素，如图3-71(a)所示。在深度学习程序中，经常使用科学计算库NumPy的array函数生成张量，并对张量进行初始化。下面给出使用0维张量的示例程序。

```
import numpy as np
m = np.array(10)
print(m)
print(m.ndim)
print(m.shape)
```

在上述程序中，定义了0维张量m。此外，ndim函数的功能是输出张量维数的数量，shape函数的功能是输出张量的形状(Shape)，即每维元素的数量。对于上述程序中定义的张量m，显然它的维数是0，此外它只有1个元素，所以它的形状为“1”。上述程序的输出结果如下所示。

```
10
0
(1,)
```

在上述输出结果中，0维张量m的形状为“(1,)”，表示张量m有1个元素。

2. 一维张量或行向量

在一维张量或行向量中，有一行元素，可以认为一维张量是由多个0维张量组合在一起的一维数组，如图3-71(b)所示。下面给出使用一维张量的示例程序。

```
m = np.array([11,23,3,54,65,46,89])
print(m)
print(m.ndim)
print(m.shape)
```

在上述程序中，定义了一维张量m，显然它的维数是1。此外，它只有一维元素，此维元素的内部有7个元素。上述程序的输出结果如下所示。

```
[11 23 3 54 65 46 89]
1
(7,)
```

在上述输出结果中，一维张量(或行向量)m的形状为“(7,)”，表示张量m有7个元素。

3. 二维张量

二维张量就是一个二维的数组，可以认为它是由多个一维张量(或行向量)组合在一起的二维数组，如图3-71(c)所示。下面给出使用二维张量的示例程序。

```
import numpy as np
m = np.array([[23,22,63,49],
              [35,64,97,82],
              [98,63,72,48]])
print(m)
print(m.ndim)
print(m.shape)
```

在上述程序中，定义了二维张量 m。上述程序的输出结果如下所示。

```
[[23 22 63 49]
 [35 64 97 82]
 [98 63 72 48]]
2
(3, 4)
```

在上述的输出结果中，张量 m 的形状为(3,4)，表示此张量有 3 行 4 列元素。

在实际工程中，有很多二维张量的例子。例如，一个班级有 30 个学生，需要统计这些学生的数据，每个学生的数据包括 3 种类型：学号、年龄、身份证号码，这些数据能够存储在形状为(30,3)的张量中。在形状为(30,3)的张量中，"30"表示有 30 个学生，"3"表示每个学生有 3 个数据。

4. 三维张量

对于三维张量来说，可以认为它是由多个二维张量组合在一起的三维数组，如图 3-71(d)所示。下面给出使用三维张量的示例程序。

```
import numpy as np
m = np.array([[[23,14,34,32],
               [32,34,26,89]],
              [[90,35,42,57],
               [45,57,38,56]]])
print(m)
print(m.ndim)
print(m.shape)
```

在上述程序中，定义了三维张量 m。上传程序的输出结果如下所示。

```
[[[23 14 34 32]
  [32 34 26 89]]
 [[90 35 42 57]
  [45 57 38 56]]]
3
(2, 2, 4)
```

在上述的输出结果中，张量 m 的形状为(2,2,4)，表示此张量有两个二维平面，每个二维平面有 2 行 4 列元素。

在实际工程中，有很多三维张量的例子。例如，一个人已经工作了 10 年，需要统计此人在这 10 年中每个月的税前工资和税后工资，那么此人的工资数据能够存储在形状为(10,12,2)的张量中。其中，"10"表示需要统计 10 年的时间，"12"表示每年统计 12 个月的工资，"2"表示每月工资包括税前工资和税后工资两种数据。

5. 四维张量

对于四维张量来说，可以认为它是由多个三维张量组合在一起的四维数组。显然，对于 n 维张量来说，可以认为它是由多个 $n-1$ 维张量组合在一起的 n 维数组。

在实际工程中，有很多四维张量的例子。例如，可以使用四维张量表示图像的数据。图像分为两种类型，即灰度图像和彩色图像。在图像中，通常把图像像素数值的数量称为通道数。在灰度图像中，每个像素使用 1 个数值表示，所以灰度图像的通道数量为 1。如果希望存储 50 个分辨率为 300×250 的灰度图像数据，就可以使用形状为(50,300,250,1)的四维张量。其中，“50”表示灰度图像的数量，即 50 个；“300”表示每个图像像素的行数，即 300 行；“250”表示每个图像像素的列数，即 250 列；“1”表示图像中每个像素的通道数量，即 1 个通道。在灰度图像中，通常每个像素的数值使用 1 字节(即 8bit)表示。8bit 表示数值的范围为 0～255，通常用 0 表示纯黑色，用 255 表示纯白色，1～254 表示纯黑色和纯白色之间不同程度的灰色，如图 3-72 所示。灰度图像的示例如图 3-73(a)所示，图 3-73(b)表示该灰度图像左上角 10×10 像素的数值。

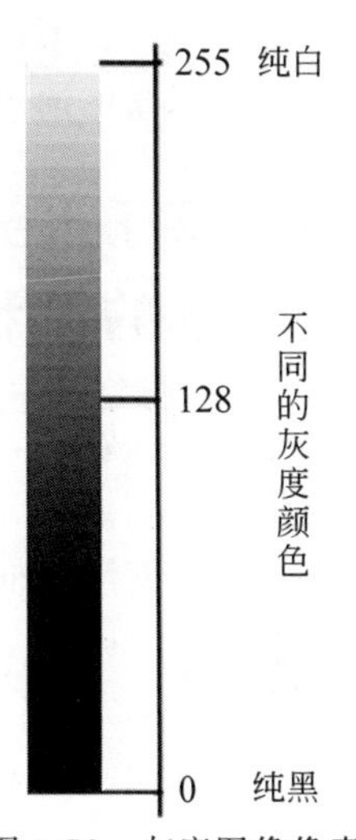

图 3-72　灰度图像像素的数值表示

在彩色图像中，通常使用红色、绿色、蓝色这 3 个基色的强度值表示像素，所以彩色图像的通道数量为 3。也就是说，彩色图像像素的 3 个数值分别表示红色的强度值、绿色的强度值、蓝色的强度值，表达式如式(3-1)所示。

$$f(x,y)=\begin{bmatrix} r(x,y) \\ g(x,y) \\ b(x,y) \end{bmatrix} \tag{3-1}$$

(a) 灰度图像

162	161	159	161	162	160	158	156	156	161
162	161	159	161	162	160	158	156	156	161
163	158	159	159	160	158	155	155	156	158
159	157	159	156	159	159	154	152	155	153
155	157	156	156	158	157	156	155	154	156
156	157	155	151	157	156	155	156	156	154
157	156	156	156	156	156	154	156	155	155
158	157	155	155	156	155	155	155	155	155
156	155	156	153	156	155	156	155	154	156
155	155	157	154	157	155	157	158	158	158

(b) 左上角处10×10像素的数值

图 3-73　灰度图像示例

其中，(x,y)表示像素的坐标；x 表示像素所在行的位置；y 表示像素所在列的位置；$f(x,y)$表示像素的数值，有 $r(x,y)$、$g(x,y)$和 $b(x,y)$3 个成分，分别表示红色、绿色和蓝色的强度值，此外它们的取值范围都是 0～255。彩色图像的示例如图 3-74(a)所示。在图 3-74(b)有三部分数值，从左到右分别表示图 3-74(a)中彩色图像左上角 6×6 像素的红色强度值、绿色强度值和蓝色强度值。如果希望存储 200 个分辨率为 330×310 彩色图像的数据，可以使用形状为(200,330,310,3)的四维张量。其中，“200”表示彩色图像的数量，即 200 个；“330”

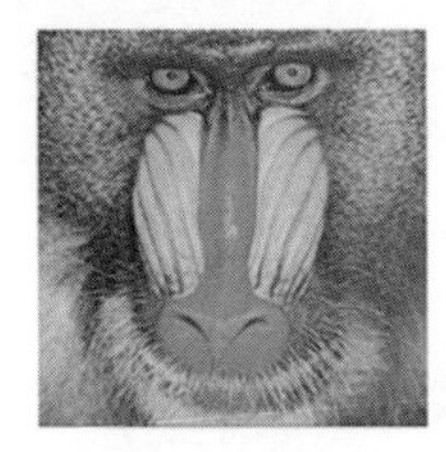
(a) 彩色图像

64	63	75	95	157	99
120	135	55	75	116	67
99	132	60	54	100	75
64	150	113	50	81	138
110	130	162	60	76	109
97	82	179	81	74	113

150	57	43	94	140	97
125	97	35	72	86	52
74	118	41	46	106	58
79	144	98	51	89	127
84	132	132	46	83	84
84	80	166	53	77	97

71	31	10	46	73	33
62	33	23	24	46	34
31	46	36	29	51	30
48	57	35	28	54	36
39	46	52	42	40	48
29	39	69	46	42	43

(b) 图中左上角处6×6像素的数值

图 3-74　彩色图像示例

表示每个图像像素的行数，即 330 行；“310”表示每个图像像素的列数，即 310 列；“3”表示图像中每个像素的通道数量，即 3 个通道。

3.4 基于 Keras 的使用全连接前馈神经网络处理回归问题的编程方法

在回归问题中，样本的标签是连续变化的数值。本节使用了 3 种网络处理回归问题，分别是线性回归模型、单层全连接前馈神经网络和多层全连接前馈神经网络，下面分别介绍使用 Keras 深度学习框架对这 3 种网络进行编程的方法。

3.4.1 基于 Keras 的使用线性回归模型处理回归问题的编程方法

在处理回归问题时，线性回归模型是单层全连接前馈神经网络的一种特殊类型。单层全连接前馈神经网络的结构如图 3-75 所示。

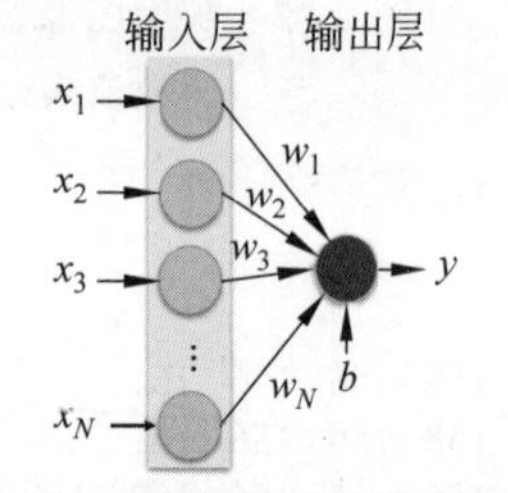

图 3-75 单层全连接前馈神经经网络的结构示意图

在图 3-75 中，输出信号和输入信号之间的关系为

$$y = f\left(b + \sum_{i=1}^{N} w_i x_i\right) \tag{3-2}$$

其中，y 表示输出信号，x_i 表示第 i 个输入信号，w_i 表示第 i 个神经元的权值参数，b 表示偏置参数，$f()$表示激活函数。i 的取值范围是 $1 \sim N$，这里有 N 个输入信号，即 $x_1 \sim x_N$。

如果激活函数对自身的输入信号 In 不做任何处理，即激活函数的输出信号等于它的输入信号 In，则激活函数的表达式为

$$f(\text{In}) = \text{In} \tag{3-3}$$

在这种情况下，单层全连接前馈神经网络的输出值为

$$y = b + \sum_{i=1}^{N} w_i x_i \tag{3-4}$$

也就是说，此时对于单层全连接前馈神经网络而言，相当于没有使用激活函数，把这种特殊的单层全连接前馈神经网络称为线性回归模型。

下面介绍使用线性回归模型处理食物图像评分问题，其中使用了 Keras 深度学习框架。在食物图像数据集中，有 196 个食物图像，由 5 个人对每张食物图像评分。评分的范围为 1～5 分，1 分表示食物非常难看，5 分表示食物非常漂亮，取 5 个人评分的平均分作为每个图像的最终得分。在此数据集中，评分较好的图像和较差的图像如图 3-76 所示。显然，食物图像评分问题是一个回归问题，此问题的输入信号有 N 个，即 $x_1 \sim x_N$，表示食物图像中全部像素的数值，输出变量 y 表示食物图像的评分。在食物图像评分问题中，把食物图像的尺寸设置为 128×128，所以食物图像共有 16 384 个像素。因为食物图像是彩色图像，每个像素有 3 个数值，所以一个食物图像中像素全部数值的数量为 49 152(16 384×3)个，即食物图像评分问题的输入信号有 49 152 个。也就是说，在图 3-75 所示的网络结构中，输入信号的数量 N 等于 49 152。

本书示例程序使用的是 Python 3.6.5。此外，本节示例程序使用了 Python 的多个第三

(a) 评分较好的3个食物图像

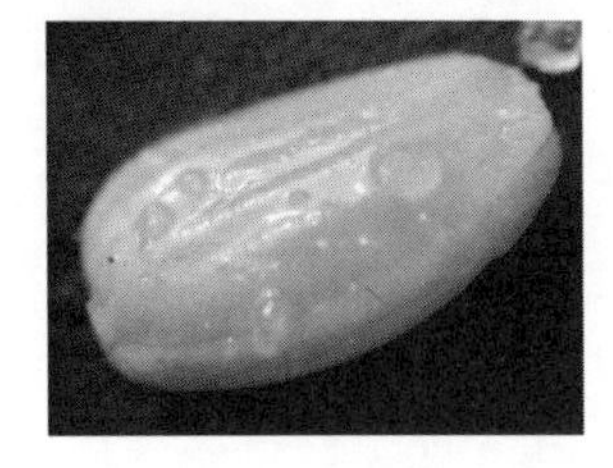

(b) 评分较差的3个食物图像

图 3-76　食物图像数据集的示例

方库，这些库的名称和版本如表 3-11 所示。在使用 Python 第三方库中的函数时，要注意其版本号之间的兼容性，否则容易出现错误。在表 3-11 中，Pillow 表示 PIL(Python Imaging Library)库，它是一个广泛使用的 Python 图像处理库，支持多种图像格式，并提供了丰富的图像处理功能；Scikit-learn 表示 sklearn 库，它是 Python 中的机器学习库，涵盖了机器学习中的样例数据、数据预处理、模型验证、特征选择、分类、回归、聚类、降维等几乎所有环节，功能十分强大。

表 3-11　程序中使用的 Python 第三方库的名称和版本

库的名称	TensorFlow	Keras	NumPy	Pillow	Matplotlib	Pandas	Scikit-learn
版本	1.10.0	2.2.0	1.14.5	5.1.0	2.2.2	0.23.0	0.19.1

神经网络模型的编程有 5 个步骤，分别是数据集的准备、神经网络模型的构建、神经网络模型的编译、神经网络模型的拟合和单个样本的预测。线性回归模型是一种特殊的神经网络，所以它的编程步骤和神经网络模型的编程步骤相同。下面介绍线性回归模型每个步骤编程的方法。

1. 数据集的准备

在本节的示例中，数据集的数据包括两部分：食物图像的像素数据和食物图像的评分数据(即标签数据)。食物图像的评分存储在 foodsscore.csv 文件中。扩展名为 csv 的文件能够存储大量的数据，与 Excel 文件类似。读取 foodsscore.csv 文件的程序如下所示。

```
import pandas as pd
FoodScores=pd.read_csv('D:/foodscores/foodsscore.csv')
print(FoodScores.shape)
FoodScores
```

在上面的程序中，"pandas"表示数据分析库，它具有强大的数据分析能力；"read_csv"函数表示读取 csv 文件，foodsscore.csv 文件存储在计算机硬盘的目录 D:/data/foodscores

中;“print(FoodScores.shape)”语句的功能是打印 FoodScores 的形状;“FoodScores”语句的功能是显示 FoodScores 变量的所有数据。在使用 read_csv 函数时,foodsscore.csv 文件所在的目录不能出现汉字,否则会出现错误。上述程序的运行结果如下所示。

(196, 2)

	ID	score
0	pic1	2.750333
1	pic2	2.962092
2	pic3	3.459351
3	pic4	2.246845
4	pic5	2.609172
...	...	...
191	pic192	3.386218
192	pic193	3.137838
193	pic194	3.383847
194	pic195	2.331819
195	pic196	4.157782

196 rows × 2 columns

从上述结果中可以看出,FoodScores 变量有 196 行 2 列的数据,两列分别为 ID 和 score,表示食物图像的文件名和食物图像的评分值。下面把 FoodScores 变量的两列数据单独提取出来,程序如下所示。

```
import numpy as np
Names=FoodScores['ID']
print(Names)
M=len(Names)
LabelData=np.array(FoodScores['score']).reshape([M,1])
LabelData=(LabelData-np.min(LabelData))/(np.max(LabelData)-np.min
(LabelData))
print(LabelData)
```

在上述程序中,“Names=FoodScores['ID']”语句表示把 FoodScores 变量的第一列 ID 数据存储在 Names 变量中,即 Names 变量包含所有食物图像的文件名;“print(Names)”语句表示打印 Names 变量的所有元素;M=len(Names)表示获得 Names 元素的总数据量,即图像的总数量;“LabelData=np.array(FoodScores['score']).reshape([M,1])”语句表示把 FoodScores 的第二列 score 数据转换为张量的形式,并使用 reshape 函数转换为列向量,所以 LabelData 张量包含所有食物图像的评分值;“LabelData=(LabelData-np.min(LabelData))/(np.max(LabelData)-np.min(LabelData))”语句表示对标签数据 LabelData 进行最小最大归一化处理,将食物图像的评分转变为 0~1 的数据。上述程序的运行结果如下所示。

```
0        pic1
1        pic2
2        pic3
3        pic4
```

```
4        pic5
...       ...
191     pic192
192     pic193
193     pic194
194     pic195
195     pic196
Name: ID, Length: 196, dtype: object
[[0.44547712]
 [0.50060736]
 [0.63006574]
 [0.31439685]
 [0.40872653]
 ...
 [0.61102598]
 [0.54636182]
 [0.61040876]
 [0.33651925]
 [0.81189822]]
```

从上面的运行结果可以看出，LabelData 中的所有数据已经进行了归一化处理，包含了数据集中食物图像的标签数据。

下面准备数据集中食物图像的像素数据，程序如下所示。

```
from PIL import Image
ImageData=np.zeros([196,128,128,3])
for i in range(196):
    Filename=Names[i]
    print(i,Filename)
    Temp=Image.open('D:/foodscores/foodimages/'+Filename+'.jpg')
    Temp=Temp.resize([128,128])
    Temp=np.array(Temp)/255
    ImageData[i,]=Temp
print(ImageData.shape)
```

在上面的程序中，PIL 库是 Python 中常用的图像处理库，能够处理多种图像格式，可以用于图像的裁剪、尺寸调整、旋转、滤波等操作；“ImageData＝np.zeros([196,128,128,3])”语句表示使用 zeros 函数创建一个四维张量 ImageData，其形状为 196×128×128×3，此张量中每个元素的数值都是 0；“Temp＝Image.open('D:/data/foodscores/foodimages/'＋Filename＋'.jpg')”语句的功能是使用 open 函数读取图像文件，并把图像数据存放到 Temp 变量中；“Temp＝Temp.resize([128,128])”语句表示使用 resize 函数把每个图像的尺寸都调整为 128×128；“Temp＝np.array(Temp)/255”语句表示使用 array 函数把存放图像数据的 Temp 变量转换为张量形式，并进行归一化处理。在 for 循环中，总共进行 196 次循环，每一次循环把一个图像的数据存放到张量 ImageData 中。最终得到的 ImageData 张量存放了 196 个分辨率为 128×128 的彩色图像，每个像素的取值有 3 个数值，ImageData 的形状为(196, 128, 128, 3)。经过以上处理之后，ImageData 存放了数据集中食物图像的像素数据。

下面把数据集分为两部分：训练集和测试集。训练集用于在训练阶段调整神经网络模型的参数，测试集用于在预测阶段测试模型的预测性能。程序如下所示。

```
from sklearn.cross_validation import train_test_split
ImageData0, ImageData1, LabelData0, LabelData1 = train _test _split (ImageData, La
bleData,test_size=0.3,random_state=0)
print('ImageData0 的形状=',np.shape(ImageData0))
print('LabelData0 的形状=',np.shape(LabelData0))
print('ImageData1 的形状=',np.shape(ImageData1))
print('LabelData1 的形状=',np.shape(LabelData1))
```

在上面的程序中，sklearn（也称为 Scikit-learn、Scikits.learn）是常用的机器学习库，包括了各种分类、回归和聚类算法，如支持向量机、随机森林等；“from sklearn.cross_validation import train_test_split”语句表示从机器学习库 sklearn 中加载 train_test_split 模块；“ImageData0，ImageData1，LabelData0，Label Data1 = train _ test _ split (ImageData，LabelData，test_size＝0.3，random_state＝0）”语句表示把原始的总数据集 ImageData 和 LabelData 分别进行分割，得到训练集中食物图像的像素数据 ImageData0 和标签数据 LabelData0，以及测试集中食物图像的像素数据 ImageData1 和标签数据 LabelData1；参数 test_size 用于设置测试集的比例，0.3 表示测试集数据的数量和训练集数据的数量分别为总数据数量的 30％和 70％（即测试集数据的数量为 59，训练集数据的数量为 137）。参数 random_state 表示每次执行 train_test_split 函数分割原始数据集的特点，没有使用此参数或者此参数设置为 0 表示每次执行 train_test_split 函数得到的训练集、测试集都不相同，具有随机性；此参数为 1 表示每次执行 train_test_split 函数得到的训练集、测试集都相同，不具有随机性。上述程序的运行结果如下所示。

```
ImageData0 的形状= (137, 128, 128, 3)
LabelData0 的形状= (137, 1)
ImageData1 的形状= (59, 128, 128, 3)
LabelData1 的形状= (59, 1)
```

下面显示训练集的前 8 个图像，程序如下所示。

```
from matplotlib import pyplot as plt
plt.figure()
fig,ax=plt.subplots(2,4)
print(ax.shape)
ax=ax.flatten()
print(ax.shape)
for i in range(8):
    ax[i].imshow(ImageData0[i,:,:,:])
    ax[i].set_title(np.round(LabelData0[i],3))
```

在以上的程序中，“from matplotlib import pyplot as plt”语句表示加载 matplotlib 库的 pyplot 子模块，此子模块提供了类似于 MATLAB 的绘图系统，可用于创建各种类型的图表和可视化图像，如折线图、散点图、直方图、条形图等；“plt.figure()”语句的功能是初始化画板；“fig，ax＝plt.subplot(2，4)”语句表示把画板分成 2 行 4 列的 8 个子区域，返回值 fig 可以调整画板的长度和宽度，返回值 ax 表示画板中 8 个子区域的 2×4 数组；“ax＝ax.flatten()”

语句表示把 ax 变量转换为列向量，即把 ax 从 2×4 的数组形式转换为 8×1 的数组形式；“ax[i].imshow(ImageData0[i,:,:,:])”语句的功能是在画板的第 i 个子区域显示训练集中第 i 个食物图像的像素数据；“ax[i].set_title(np.round(LabelData0 [i],3))”语句表示使用 set_title 函数设置第 i 个子区域的名称，其名称为训练集中第 i 个食物图像的标签值，即评分值；round 函数表示对训练集中第 i 个食物图像的标签值进行四舍五入运算，并保留 3 位小数。上述程序的运行结果如图 3-77 所示。

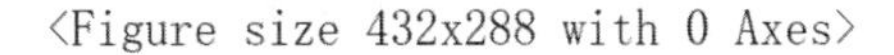
<Figure size 432x288 with 0 Axes>

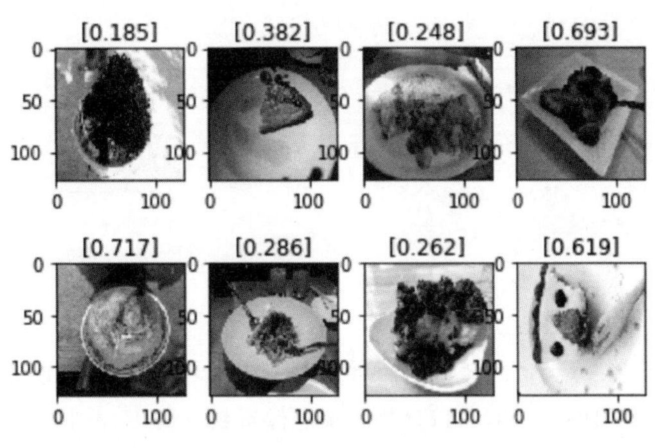

图 3-77　显示训练集中的前 8 个食物图像

2. 神经网络模型的构建

在单层全连接前馈神经网络模型中不使用激活函数，就能够构建线性回归模型，程序如下所示。

```
from keras.layers import Dense, Flatten, Input
from keras import Model
input_layer=Input([128,128,3])
x1=Flatten()(input_layer)
x2=Dense(1)(x1)
output_layer=x2
model1=Model(input_layer,output_layer)
model1.summary()
```

在上面的程序中，“from keras.layers import Dense, Flatten, Input”语句表示从 Keras 库中加载 Dense 模块、Flatten 模块和 Input 模块，Dense 表示全连接模块，Flatten 表示拉直模块，Input 表示输入层模块；“from keras import Model”语句表示从 Keras 库中加载神经网络模型 Model；“input_layer＝Input([128,128,3])”语句表示输入层输入张量的形状为 128×128×3；“x1＝Flatten()(input_layer)”语句表示把形状为 128×128×3 的 input_layer 张量转换为形状为 49152×1 的 x1 张量；“x2＝Dense(1)(x1)”语句表示输入信号和输出信号分别为 x1 和 x2 的全连接层，在此全连接层中，把 x1 中 49 152 个输入信号分别乘以权值 w_i 并求和，并加上偏置参数 b，参数“1”表示全连接层使用 1 个神经元；“output_layer＝x2”语句表示把 x2 作为输出层，这里没有使用激活函数，显然这是一个线性回归模型，如果这里使用了激活函数，就是一个单层全连接前馈神经网络模型；“model1＝Model(input_layer, output_layer)”语句表示把输入层 input_layer 和输出层 output_layer 送到神经网络模型 Model 中，得到一个新的自定义神经网络模型 model1，此 model1 模型就是一个线性回归模型。“model1.summary()”语句的功能是显示线性回归模型 model1 的结构和参数数量，此语句的运行结果如下所示。

```
_________________________________________________________________
Layer (type)                 Output Shape              Param#
=================================================================
input_1 (InputLayer)         (None, 128, 128, 3)       0
_________________________________________________________________
flatten_1 (Flatten)          (None, 49152)             0
_________________________________________________________________
dense_1 (Dense)              (None, 1)                 49153
=================================================================
Total params: 49,153
Trainable params: 49,153
Non-trainable params: 0
_________________________________________________________________
```

在上述结果中，可以知道此线性回归模型 model1 中网络参数的数量是 49 153 个。输入的食物图像尺寸为 128×128，所以食物图像的像素数量为 16 384 个，又因为食物图像是彩色图像，每个像素有 3 个数值，所以输入信号有 49 152(16 384×3)个。对应到图 3-75，则 $N=49\ 152$，即输入信号为 $x_1 \sim x_{49\ 152}$。在图 3-75 中，只有输出层有网络参数，输入层没有网络参数。输出层是一个全连接层(Dense Layer)，有 49 152 个输入信号和 1 个神经元，每个输入信号需要一个权值参数 w_i，所以共有 49 152 个权值参数，此外还需要一个偏置参数 b，所以输出层有 49 153 个网络参数。

3. 神经网络模型的编译

神经网络模型编译的程序如下所示。

```
from keras.optimizers import Adam
model1.compile(loss='mse',optimizer=Adam(lr=0.001),metrics=['mse'])
```

在以上的程序中，“from keras.optimizers import Adam”语句表示从 Keras 库中加载自适应矩估计方法模块；“model1.compile(loss＝'mse', optimizer ＝ Adam(lr＝0.001), metrics＝['mse'])”语句表示定义模型的参数；“loss＝'mse'”表示使用均方误差函数作为损失函数；“optimizer＝Adam(lr＝0.001)”表示使用自适应矩估计方法去更新网络的参数，同时学习率(Learning Rate, LR)设置为 0.001；“metrics＝['mse']”表示使用均方误差函数作为衡量模型性能的参数。均方误差函数的方程如式(3-5)所示。

$$\text{MSE}=\frac{1}{N}\sum_{i=1}^{N}(y_i-\hat{y}_i)^2 \tag{3-5}$$

其中，N 表示全部样本的数量；y_i 和 $\hat{y}_i$ 分别表示第 i 个样本的标签值和预测值。

4. 神经网络模型的拟合

神经网络模型的拟合包括训练和测试两部分，程序如下所示。

```
history=model1.fit(ImageData0, LabelData0, validation_data=[ImageData1, Label
Data1], batch_size=50, epochs=300)
```

在上述程序中，变量“history”表示神经网络模型拟合后产生的输出结果；fit 函数的功能是进行模型的训练和测试，“ImageData0”和“LabelData0”分别表示训练集的食物图像像素数据和食物图像标签数据，“ImageData1”和“LabelData1”分别表示测试集的食物图像像素数据和食物图像标签数据，“batch_size＝50”表示每批样本的数量为 50 个，“epochs＝300”表示需要完成 300 代(Epoch)训练。在上述程序中，每一次循环首先送入 50 个训练集的样本数据，每个样本数据包括一个食物图像的像素数据和标签数据；然后计算损失函数，并根据损失函数使用 Adam 优化算法去更新网络参数。由于训练集有 137 个食物图像的样本，因此经过 3 次循环就能够把训练集的全部样本送入线性回归模型 model1，这样就完成了一代训练。在完成一代训练后，把测试集的样本送入线性回归模型 model1，得到此时线性回归模型 model1 的准确率。上述程序的运行结果如下所示。

```
Train on 137 samples, validate on 59 samples
Epoch 1/300
137/137 [==============================] - 0s 1ms/step - loss: 190.1229 -
mean_squared_error: 190.1229 - val_loss: 110.5834 - val_mean_squared_error:
110.5834
Epoch 2/300
137/137 [==============================] - 0s 555us/step - loss: 188.9678 -
mean_squared_error: 188.9678 - val_loss: 36.3386 - val_mean_squared_error:
36.3386
Epoch 3/300
137/137 [==============================] - 0s 589us/step - loss: 39.1414 -
mean_squared_error: 39.1414 - val_loss: 141.8802 - val_mean_squared_error:
141.8802
……
Epoch 298/300
137/137 [==============================] - 0s 472us/step - loss: 8.3103e-
05 - mean_squared_error: 8.3103e-05 - val_loss: 0.1172 - val_mean_squared_error:
0.1172
Epoch 299/300
137/137 [==============================] - 0s 417us/step - loss: 5.3308e-
05 - mean_squared_error: 5.3308e-05 - val_loss: 0.1167 - val_mean_squared_error:
0.1167
Epoch 300/300
137/137 [==============================] - 0s 493us/step - loss: 5.6519e-
05 - mean_squared_error: 5.6519e-05 - val_loss: 0.1167 - val_mean_squared_error:
0.1167
```

在上述的运行结果中，会显示每代训练和测试的结果。下面以倒数第二代的结果为例进行介绍，“Epoch 299/300”表示需要完成 300 代训练，当前是第 299 代训练；“0s”表示完成这代训练的时间接近 0 秒；“417us/step”表示完成一次循环需要 417μs；“loss：5.3308e-05”和“mean_squared_error：5.3308e-05”表示使用第 299 代训练得到的线性回归模型 model1 在训练集上的损失函数值和预测精度值(即均方差值)都是 5.3308×10^{-5}；“val_loss：0.1167”和“val_mean_squared_error：0.1167”表示使用第 299 代训练得到的线性回归模型

model1 在测试集上的损失函数值和预测精度值(即均方差值)都是 0.1167。

在上面的程序中,线性回归模型 model1 总共进行了 300 代训练,随着代数的增加,此模型在测试集上的预测精度值 val_mean_squared_error 逐渐减小,在最后的几代训练中,val_mean_squared_error 在 0.1167 附近徘徊,这说明此模型已经收敛。在完成训练和测试之后,可以查看线性回归模型 model1 在训练集和测试集上的损失函数值和预测精度值的变化曲线,程序如下所示。

```
def plot_acc_loss_curve(history):
    from matplotlib import pyplot as plt
    acc = history.history['mean_squared_error']
    val_acc = history.history['val_mean_squared_error']
    loss = history.history['loss']
    val_loss = history.history['val_loss']
    plt.figure(figsize=(15, 5))
    plt.subplot(1, 2, 1)
    plt.plot(acc, label='Training mean_squared_error')
    plt.plot(val_acc, label='Validation mean_squared_error')
    plt.title('Training and Validation mean_squared_error')
    plt.legend()
    plt.grid()
    plt.subplot(1, 2, 2)
    plt.plot(loss, label='Training Loss')
    plt.plot(val_loss, label='Validation Loss')
    plt.title('Training and Validation Loss')
    plt.legend()
    plt.grid()
    plt.show()
plot_acc_loss_curve(history)
```

上述程序的运行结果如图 3-78 所示。在图 3-78(a)中,两条曲线分别表示在训练集和测试集上的预测精度值曲线;在图 3-78(b)中,两条曲线分别表示在训练集和测试集上的损失函数值曲线。从图 3-78 中可以看出,经过多代训练之后,线性回归模型 model1 在训练集和测试集上的预测精度值和损失函数值都趋于稳定。

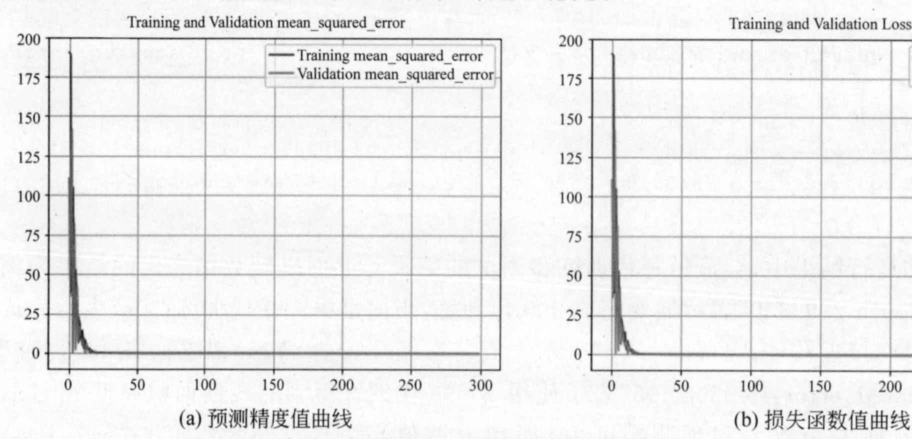

(a) 预测精度值曲线 (b) 损失函数值曲线

图 3-78 线性回归模型 model1 的预测精度值曲线和损失函数值曲线

在完成线性回归模型 model1 的训练之后，可以使用“model1.layers”命令查看此模型的组成部分，此命令的运行结果如下所示。

```
[<keras.engine.input_layer.InputLayer at 0x286d7a23dd8>,
 <keras.layers.core.Flatten at 0x286c935e630>,
 <keras.layers.core.Dense at 0x286da0bfd30>]
```

在上述结果中可以看出，输出层（也就是全连接层）是此模型的第二部分，执行“model1.layers[2].get_weights()”命令能够查看此模型输出层的网络参数，此命令的运行结果如下所示。

```
[array([[-0.00248136],
        [-0.00266773],
        [-0.00024324],
        ...,
        [-0.00999298],
        [ 0.00389787],
        [-0.01056426]], dtype=float32), array([0.00083289], dtype=float32)]
```

在上述结果中可以看出，输出层的网络参数包括两部分，第一部分是 49 152 个权值参数，第二部分即“array([0.00083289], dtype=float32)”表示偏置参数。可以使用命令“model1.layers[2].get_weights()[0].shape”查看权值参数数组的形状，此命令的运行结果如下所示。

```
(49152, 1)
```

5. 单个样本图像的预测

下面进行单个样本图像的预测。使用已经训练好的线性回归模型 model1，对单个食物图像预测评分的程序如下所示。

```
ExampleImage=Image.open('D:/foodscores/foodimages/pic10.jpg')
plt.imshow(ExampleImage)
ExampleImage = ExampleImage.resize((128,128))
ExampleImage =np.array(ExampleImage)/255
print(ExampleImage.shape)
ExampleImage = ExampleImage.reshape((1,128,128,3))
print(ExampleImage.shape)
predicted_value=model1.predict(ExampleImage)
print("对此食物图像预测的分数是",predicted_value)
print("此食物图像实际的评分是",LabelData[9])
```

在上面的程序中，“ExampleImage=Image.open('D:/foodscores/foodimages/pic10.jpg')”语句表示使用 open 函数打开食物图像 pic10.jpg，并把此食物图像保存在 ExampleImage 图像变量中；“plt.imshow (ExampleImage)”语句表示显示此食物图像；“ExampleImage=ExampleImage.resize((128,128))”语句表示把此食物图像的尺寸调整为 128×128；“ExampleImage=np.array(ExampleImage)/255”语句表示把 ExampleImage 图像变量转换为张量类型，并进行旧化处理；“print (ExampleImage. shape)”语句表示打印 ExampleImage 张量的形状；“ExampleImage=ExampleImage.reshape((1,128,128,3))”语

句表示把 ExampleImage 张量的形状调整为 $1 \times 128 \times 128 \times 3$；在“predicted_value = model1.predict(ExampleImage)”语句中，predict 函数的功能是使用已经训练好的线性回归模型 model1 对食物图像的评分进行预测，得到预测值；“print("对此食物图像预测的分数是",predicted_value)”语句表示打印出食物图像的评分预测值；“print("此食物图像实际的评分是",LabelData[9])”语句表示打印出当前食物图像的评分标签值。在上述程序中，显示当前食物图像的结果如图 3-79 所示，其他程序的运行结果如下所示。

```
(128, 128, 3)
(1, 128, 128, 3)
对此食物图像预测的分数是 [[0.4466233]]
此食物图像实际的评分是 [0.40484179]
```

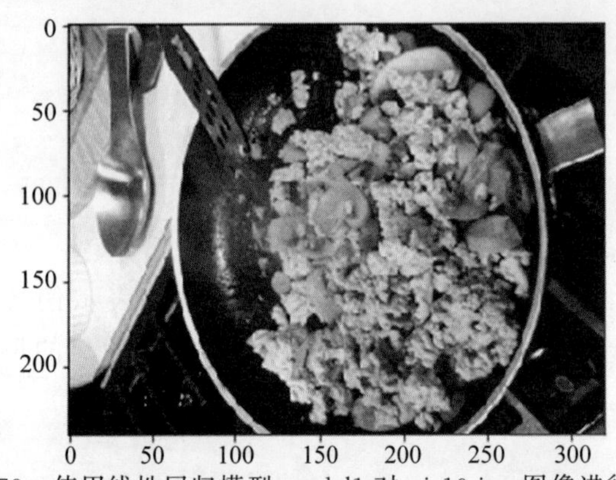

图 3-79　使用线性回归模型 model1 对 pic10.jpg 图像进行预测

3.4.2　基于 Keras 的使用单层全连接前馈神经网络处理回归问题的编程方法

单层全连接前馈神经网络的结构如图 3-75 所示。在图 3-75 中，输出信号和输入信号之间的关系如式(3-2)所示，其中的激活函数可以有很多种类型。例如，可以把激活函数设置为 Sigmoid 函数，如式(3-6)所示，此时单层全连接前馈神经网络的输出信号如式(3-7)所示。

$$f(\mathrm{In}) = \mathrm{Sigmoid}(\mathrm{In}) \tag{3-6}$$

$$y = \mathrm{Sigmoid}\left(b + \sum_{i=1}^{N} w_i x_i\right) \tag{3-7}$$

和 3.4.1 节中线性回归模型的编程相比，单层全连接前馈神经网络的编程只有“2.神经网络模型的构建”这个步骤的程序和线性回归模型不相同，其他步骤的程序都相同。在这个步骤中，线性回归模型程序中的输出层没有使用激活函数，而单层全连接前馈神经网络程序中的输出层使用了 Sigmoid 激活函数，后者程序如下所示。

```
from keras.layers import Activation,Dense, Flatten, Input
from keras import Model
input_layer=Input([128,128,3])
x1=Flatten()(input_layer)
x2=Dense(1)(x1)
```

```
x4=Activation('sigmoid')(x3)
output_layer=x4
model2=Model(input_layer,output_layer)
model2.summary()
```

和线性回归模型的编程相比，上述程序有 3 处改动。首先，从 Keras 库中加载了 Activation 模块，Activation 表示激活函数；然后，在语句“x4＝Activation ('sigmoid')(x3)”中使用了 Sigmoid 激活函数；最后，在语句“output_layer＝x4”中把信号 x4 作为输出层。“model2.summary()”语句的运行结果如下所示。

```
_________________________________________________________________
Layer (type)                 Output Shape              Param #
=================================================================
input_1 (InputLayer)          (None, 128, 128, 3)       0

_________________________________________________________________
flatten_1 (Flatten)           (None, 49152)             0

_________________________________________________________________
dense_1 (Dense)              (None, 1)                 49153

_________________________________________________________________
activation_1 (Activation)     (None, 1)                 0
=================================================================
Total params: 49,153
Trainable params: 49,153
Non-trainable params: 0

_________________________________________________________________
```

从上面的运行结果可以看出，单层全连接前馈神经网络具有和线性回归模型相同数量的网络参数，都是 49 153 个。

对此单层全连接前馈神经网络模型 model2 进行拟合，得到的结果如下所示。

```
Train on 137 samples, validate on 59 samples
Epoch 1/300
137/137 [==============================] - 2s 13ms/step - loss: 0.1482 -
mean_squared_error: 0.1482 - val_loss: 0.3648 - val_mean_squared_error: 0.3648
Epoch 2/300
137/137 [==============================] - 0s 2ms/step - loss: 0.3435 -
mean_squared_error: 0.3435 - val_loss: 0.2681 - val_mean_squared_error: 0.2681
Epoch 3/300
137/137 [==============================] - 0s 2ms/step - loss: 0.2126 -
mean_squared_error: 0.2126 - val_loss: 0.2103 - val_mean_squared_error: 0.2103
……
Epoch 297/300
137/137 [==============================] - 0s 2ms/step - loss: 0.2249 -
mean_squared_error: 0.2249 - val_loss: 0.2122 - val_mean_squared_error: 0.2122
Epoch 298/300
137/137 [==============================] - 0s 1ms/step - loss: 0.2249 -
mean_squared_error: 0.2249 - val_loss: 0.2122 - val_mean_squared_error: 0.2122
Epoch 299/300
137/137 [==============================] - 0s 1ms/step - loss: 0.2249 -
mean_squared_error: 0.2249 - val_loss: 0.2122 - val_mean_squared_error: 0.2122
```

```
Epoch 300/300
137/137 [==============================] - 0s 2ms/step - loss: 0.2249 -
mean_squared_error: 0.2249 - val_loss: 0.2122 - val_mean_squared_error: 0.2122
```

从上面的结果可以看出，单层全连接前馈神经网络模型 model2 在测试集上的预测性能指标均方误差的数值为 0.2122。

经过多代训练之后，单层全连接前馈神经网络模型在训练集和测试集上的损失函数值和预测精度值（即均方误差值）的变化曲线如图 3-80 所示。

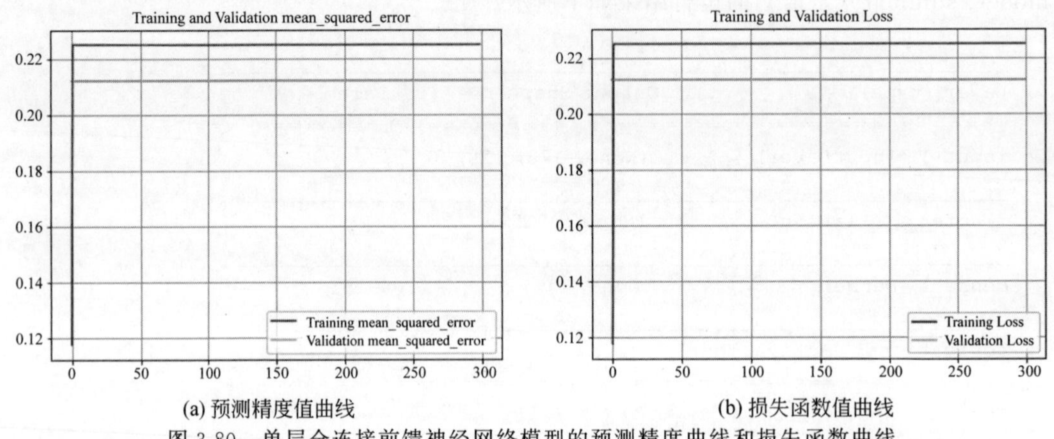

(a) 预测精度值曲线　　(b) 损失函数值曲线

图 3-80　单层全连接前馈神经网络模型的预测精度曲线和损失函数曲线

在完成训练之后，查看单层全连接前馈神经网络模型 model2 网络参数值的程序如下所示。

```
model2.layers
model2.layers[2].get_weights()
model2.layers[2].get_weights()[0].shape
```

上述程序的运行结果如下所示。

```
[<keras.engine.input_layer.InputLayer at 0x1c84daa8ac8>,
 <keras.layers.core.Flatten at 0x1c859c24048>,
 <keras.layers.core.Dense at 0x1c84daa8b38>,
 <keras.layers.core.Activation at 0x1c849a53da0>]
[array([[ 0.00860881],
        [ 0.0018418 ],
        [ 0.00302409],
        ...,
        [-0.0041384 ],
        [ 0.01175844],
        [ 0.01131293]], dtype=float32), array([0.00600594], dtype=float32)]
(49152, 1)
```

使用已经训练好的单层全连接前馈神经网络模型 model2，能够对单个食物图像预测评分，其程序请参考 3.4.1 节。

3.4.3 基于 Keras 的使用多层全连接前馈神经网络处理回归问题的编程方法

本节使用两层全连接前馈神经网络，其结构如图 3-81 所示，其中只有 1 个隐藏层，此隐藏层有 10 个神经元，输出层有 1 个神经元。

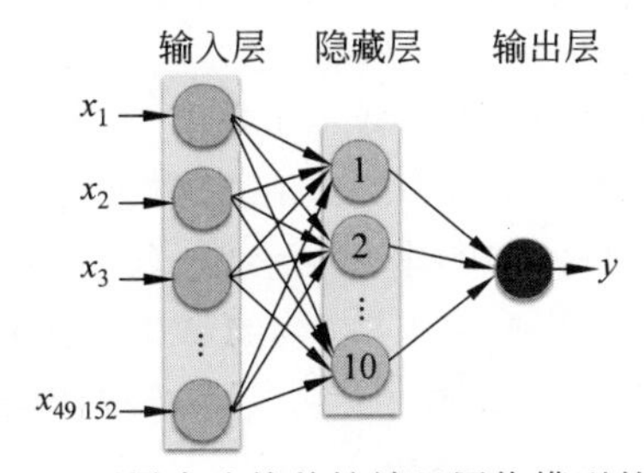

图 3-81　两层全连接前馈神经网络模型的结构

和 3.4.1 节中线性回归模型的编程相比，两层全连接前馈神经网络的编程只有步骤“2. 神经网络模型的构建”的程序有所不同，其他步骤的程序都相同。这一步骤中，两层全连接前馈神经网络的程序如下所示。

```
from keras.layers import Activation,Dense,Flatten,Input
from keras import Model
input_layer=Input([128,128,3])
x1=Flatten()(input_layer)
x2=Dense(10)(x1)
x3=Activation('sigmoid')(x2)
x4=Dense(1)(x3)
x5=Activation('sigmoid')(x4)
output_layer=x5
model3=Model(input_layer,output_layer)
model3.summary()
```

和线性回归模型的编程相比，上述程序有 3 处改动。首先，从 Keras 库中加载了 Activation 模块，Activation 表示激活函数；然后，“x2＝Dense(10)(x1)”语句表示隐藏层使用 10 个神经元，此外“x3＝Activation('sigmoid')(x2)”语句表示隐藏层使用 Sigmoid 激活函数；最后，“x4＝Dense(1)(x3)”语句表示输出层使用 1 个神经元，此外“x5＝Activation('sigmoid')(x4)”语句表示输出层使用 Sigmoid 激活函数。“model3.summary()”语句的运行结果如下所示。

```
_________________________________________________________________
Layer (type)                 Output Shape              Param #
=================================================================
input_1 (InputLayer)         (None, 128, 128, 3)       0
_________________________________________________________________
flatten_1 (Flatten)          (None, 49152)             0
_________________________________________________________________
dense_1 (Dense)              (None, 10)                491530
_________________________________________________________________
activation_1 (Activation)    (None, 10)                0
_________________________________________________________________
```

```
dense_2 (Dense)              (None, 1)             11
_________________________________________________________________
activation_2 (Activation)        (None, 1)             0
=================================================================
Total params: 491,541
Trainable params: 491,541
Non-trainable params: 0
_________________________________________________________________
```

从上面的运行结果可以知道，此模型有 491 541 个网络参数，这些网络参数包括 2 部分：隐藏层的网络参数和输出层的网络参数。在隐藏层，输入信号有 49 152 个，隐藏层有 10 个神经元，共有 491 520(49 152×10)个权值参数；每个神经元有 1 个偏置参数，共有 10(10×1)个偏置参数，所以隐藏层共有 491 530(491 520+10)个网络参数。在输出层，输入信号有 10 个，输出层有 1 个神经元，共有 10(10×1)个权值参数，1 个神经元有 1 个偏置参数，所以输出层共有 11(10+1)个网络参数。

对此两层全连接前馈神经网络模型 model3 进行拟合，得到的结果如下所示。

```
Train on 137 samples, validate on 59 samples
Epoch 1/300
137/137 [==============================] - 2s 16ms/step - loss: 0.0882 -
mean_squared_error: 0.0882 - val_loss: 0.0615 - val_mean_squared_error: 0.0615
Epoch 2/300
137/137 [==============================] - 0s 2ms/step - loss: 0.0722 -
mean_squared_error: 0.0722 - val_loss: 0.0613 - val_mean_squared_error: 0.0613
Epoch 3/300
137/137 [==============================] - 0s 2ms/step - loss: 0.0720 -
mean_squared_error: 0.0720 - val_loss: 0.0610 - val_mean_squared_error: 0.0610
……
Epoch 298/300
137/137 [==============================] - 0s 3ms/step - loss: 0.0546 -
mean_squared_error: 0.0546 - val_loss: 0.0448 - val_mean_squared_error: 0.0448
Epoch 299/300
137/137 [==============================] - 0s 3ms/step - loss: 0.0546 -
mean_squared_error: 0.0546 - val_loss: 0.0448 - val_mean_squared_error: 0.0448
Epoch 300/300
137/137 [==============================] - 0s 2ms/step - loss: 0.0546 -
mean_squared_error: 0.0546 - val_loss: 0.0448 - val_mean_squared_error: 0.0448
```

从上面的运行结果可以看出，两层全连接前馈神经网络模型 model3 的预测精度值(即均方误差值)为 0.0448。

3.4.1 节、3.4.2 节、3.4.3 节分别使用线性回归模型、单层全连接前馈神经网络、两层全连接前馈神经网络处理了食物图像评分问题，得到的预测精度值(即均方误差值)如表 3-12 所示。两层全连接前馈神经网络的均方误差值最小，即此模型的预测性能最好。

表 3-12　使用 3 种神经网络模型得到的预测精度值

	线性回归模型	单层全连接前馈神经网络	两层全连接前馈神经网络
预测精度值(即均方误差值)	0.1167	0.2122	0.0448

经过多代训练之后，两层全连接前馈神经网络在训练集和测试集上的预测精度值曲线

(即均方误差值曲线)和损失函数值曲线如图 3-82 所示。

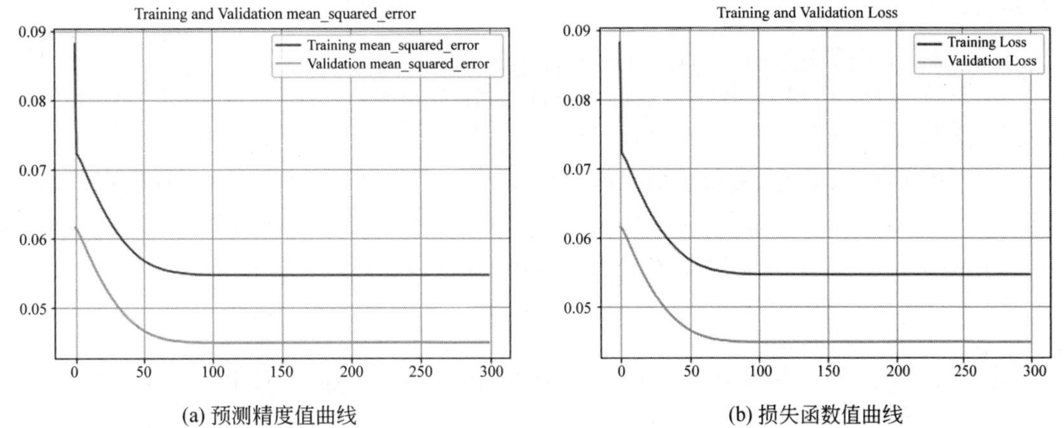

(a) 预测精度值曲线　　(b) 损失函数值曲线

图 3-82 两层全连接前馈神经网络模型 model3 的预测精度值曲线和损失函数值曲线

在完成两层全连接前馈神经网络模型 model3 的训练之后,使用"model3. layers"命令查看两层全连接前馈神经网络模型 model3 的组成部分,运行结果如下所示。

```
[<keras.engine.input_layer.InputLayer at 0xf0b1cf8>,
 <keras.layers.core.Flatten at 0x1054d860>,
 <keras.layers.core.Dense at 0x1054d8d0>,
 <keras.layers.core.Activation at 0x52a1198>,
 <keras.layers.core.Dense at 0x181039b0>,
 <keras.layers.core.Activation at 0x18103ef0>]
```

从上述结果可以看出,隐藏层是此 model3 模型的第二部分,输出层是此 model3 模型的第四部分。执行"model3.layers[2].get_weights()"命令能够查看此模型隐藏层的网络参数,运行结果如下所示。

```
[array([[-0.00265796, -0.00558325, -0.01008422, ..., -0.00305112, -0.00357579,
0.01184765],
    [ 0.00175489, -0.00547294,  0.00200667, ..., -0.01229346, 0.00070465, 0.01358175],
    [-0.00025584, 0.00141275, -0.01045974, ..., 0.00023008, -0.01032207,  0.01337719],
    ...,
    [ 0.00464492, -0.00906445,  0.00360306, ..., -0.00066838, 0.00067817, 0.00155001],
    [-0.00701307, -0.00886631, -0.01654722, ..., -0.00724543, -0.01136356, 0.0147795 ],
    [-0.00702802, -0.01616857, -0.00322414, ..., 0.00240638, -0.0037109, 0.00980764]],
dtype=float32),
array([-0.00584739, -0.00583688, -0.00584808, 0.00583612, 0.00584877, 0.00585022,
-0.00585059, -0.00584021, -0.0058505 , 0.00584873], dtype=float32)]
```

从上述结果可以看出,隐藏层的网络参数包括两部分,第一部分是 491 520 个权值系数,第二部分"array([-0.00584739, -0.00583688, -0.00584808,0.00583612,0.00584877,0.00585022, -0.00585059, -0.00584021, -0.0058505 ,0.00584873], dtype=float32)"表示10 个偏置参数。使用命令"model3.layers[2].get_weights()[0].shape"能够查看权值参数数组的形状,运行结果如下所示。

```
(49152, 10)
```

执行“model3.layers[4].get_weights()”命令能够查看此 model3 模型输出层的网络参数，运行结果如下所示。

```
[array([[-0.22759582], [-0.04697401], [-0.20771988], [-0.06763322],
[0.11897919], [ 0.29610136], [-0.5149049 ], [-0.06173408], [-0.6056575 ],
[ 0.12119214]], dtype=float32), array([-0.11232799], dtype=float32)]
```

从上述结果可以看出，输出层的网络参数包括两部分，第一部分是 10 个权值系数，第二部分“array([-0.11232799], dtype=float32)”表示 1 个偏置参数。使用命令“model3.layers[4].get_weights()[0].shape”查看权值参数数组的形状，运行结果如下所示。

```
(10, 1)
```

使用已经训练好的两层全连接前馈神经网络模型 model3，能够对单个食物图像预测评分，其程序请参考 3.4.1 节。

3.5 基于 Keras 的使用全连接前馈神经网络处理分类问题的编程方法

在分类问题中，样本的标签是离散值或类别值。本节使用了两种网络处理分类问题，分别是单层全连接前馈神经网络和多层全连接前馈神经网络。

3.5.1 基于 Keras 的使用单层全连接前馈神经网络处理分类问题的编程方法

处理 N 分类问题的单层全连接前馈神经网络的结构如图 3-83 所示。

在图 3-83 中，输入层有 M 个输入信号 $x_1 \sim x_M$，输出层有 N 个神经元，它们的输出信号分别为 $Z_1 \sim Z_N$。为了处理 N 分类问题，输出层需要有 N 个输出信号。$Z_1 \sim Z_N$ 的计算方法如式(3-8)所示。

$$Z_k = \sum_{i=1}^{M} x_i w_{i,k} + b_k, \quad k = 1 \sim N \tag{3-8}$$

其中，Z_k 表示输出层第 k 个神经元的输出值，x_i 表示第 i 个输入信号，$w_{i,k}$ 表示输入信号 x_i 到输出层第 k 个神经元的权值系数；b_k 表示输出层第 k 个神经元的偏置系数。

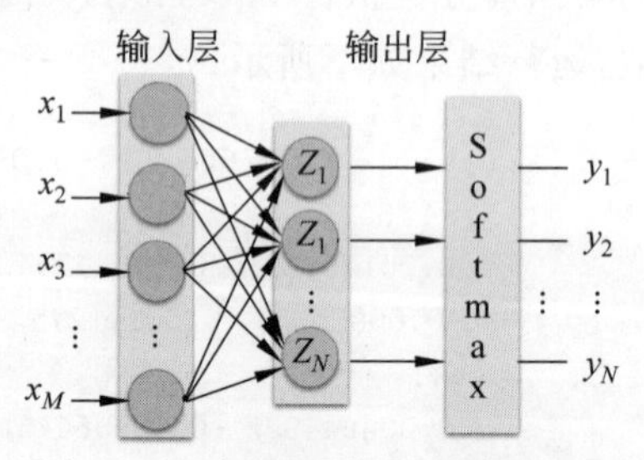

图 3-83 处理 N 分类问题的单层全连接前馈神经网络

在处理分类问题时，神经网络的输出层通常使用 Softmax 激活函数，其目的是得到各个类别的概率值。在图 3-83 中，单层全连接前馈神经网络的输出层使用了 Softmax 激活函数，能够把输出层神经元的输出信号 $Z_1 \sim Z_N$ 转换为 N 个概率值 $y_1 \sim y_N$，如式(3-9)所示。

$$y_k = \frac{e^{Z_k}}{\sum_{i=1}^{N} e^{Z_i}}, \quad k = 1 \sim N \tag{3-9}$$

Softmax 激活函数有两个性质：首先，输出值 $y_1 \sim y_N$ 是 0～1 的实数；其次，输出值

$y_1 \sim y_N$ 的总和是 1。

在处理分类问题的神经网络中，假设样本有 N 个不同的类别，那么输出层就会有相同数量的神经元，即 N 个神经元，并且这 N 个神经元的输出值使用 Softmax 激活函数转换为 N 个概率值，每个概率值对应一个类别。在使用 Softmax 激活函数对当前样本进行分类时，首先计算当前样本分别属于第 1、2、3……N 个类别的概率值 $y_1 \sim y_N$；然后对这 N 个概率值排序，找到最大的概率值；最后，把最大概率值对应的类别作为当前样本被预测的类别。例如，对于输入的某个样本，如果在得到的 N 个概率值 $y_1 \sim y_N$ 中 y_5 的概率值最大，那么当前这个样本的类别被预测为第 5 类。

下面以手写数字识别问题为例，介绍使用单层全连接前馈神经网络的编程方法，其中用到了 Keras 深度学习框架。在手写数字识别问题中，有 0～9 共 10 个数字，所以此问题是十分类问题。在此问题中，使用 MNIST（Mixed National Institute of Standard and Technology）数据集，此数据集由美国国家标准与技术研究院创建，它的训练集有 60 000 个手写的分辨率为 28×28 的数字灰度图像，它的测试集有 10 000 个手写的分辨率为 28×28 的数字灰度图像，如图 3-84 所示。在此数据集中，所有图像的像素数据和标签数据保存在4 个文件中，这 4 个文件的文件名分别为 train-images.idx3-ubyte、train-labels.idx1-ubyte、t10k-images.idx3-ubyte、t10k-labels.idx1-ubyte。其中，train-images.idx3-ubyte 和 train-labels.idx1-ubyte 为训练集中手写数字图像的像素数据文件名和标签数据文件名，t10k-images.idx3-ubyte 和 t10k-labels.idx1-ubyte 为测试集中手写数字图像的像素数据文件名和标签数据文件名。

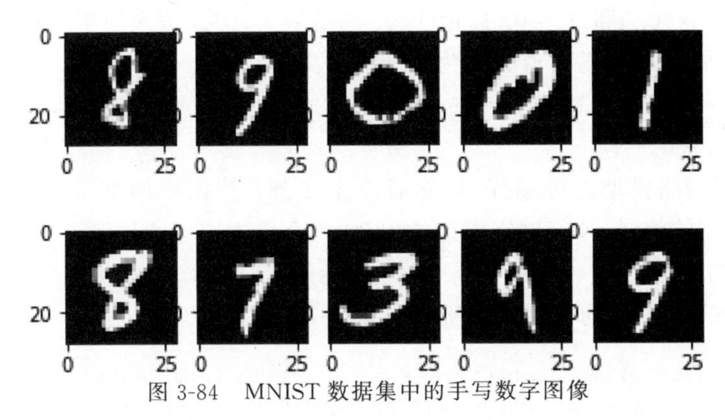

图 3-84 MNIST 数据集中的手写数字图像

在 MNIST 数据集中，手写数字图像的尺寸为 28×28，所以手写数字图像有 784(28×28)个像素。因为手写数字图像是灰度图像，每个像素有 1 个数值，所以手写数字图像有 784 个输入信号，如图 3-85 所示。

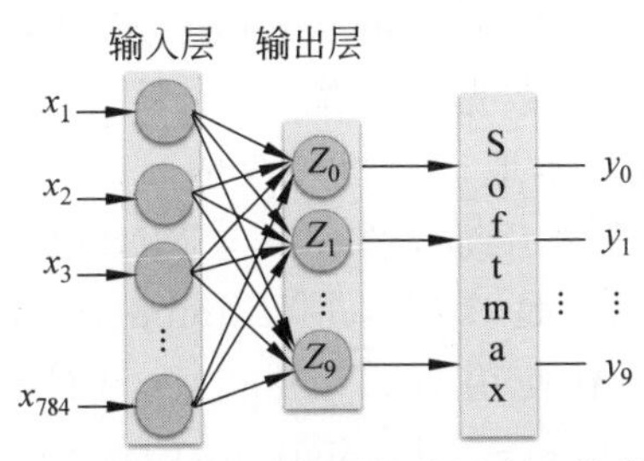

图 3-85 处理手写数字识别问题的单层全连接前馈神经网络

在手写数字识别问题中，每个手写数字图像被判断为0～9这10个类别，所以在图3-85所示的单层全连接前馈神经网络输出层中，使用了10个神经元，每个神经元的输出值 Z_0～Z_9 如式(3-10)所示。

$$Z_k = \sum_{i=1}^{784} x_i w_{i,k} + b_k, \quad k = 0 \sim 9 \tag{3-10}$$

其中，Z_k 表示输出层第 k 个神经元的输出值。

在图3-85中，使用Softmax激活函数计算10个概率值 y_0～y_9，如式(3-11)所示。

$$y_k = \frac{e^{Z_k}}{\sum_{i=0}^{9} e^{Z_i}}, \quad k = 0 \sim 9 \tag{3-11}$$

在得到的10个概率值 y_0～y_9 中，每个概率值对应一个类别，即 y_0 对应数字0类别，y_1 对应数字1类别，y_2 对应数字2类别……y_9 对应数字9类别，如表3-13所示。

表3-13　每个概率值对应的类别

概率值	y_0	y_1	y_2	y_3	y_4	y_5	y_6	y_7	y_8	y_9
类别	数字0	数字1	数字2	数字3	数字4	数字5	数字6	数字7	数字8	数字9

计算 y_0～y_9 这10个概率值中的最大值，当前输入的手写数字图像的类别被预测为最大概率值所对应的类别。例如，对图3-85所示的神经网络输入一个手写数字图像，如果得到的10个概率值分别为 $y_0=0.05$、$y_1=0.01$、$y_2=0.01$、$y_3=0.03$、$y_4=0.1$、$y_5=0.02$、$y_6=0.01$、$y_7=0.02$、$y_8=0.7$ 和 $y_9=0.05$，由于 y_8 的值最大，因此输入的手写数字图像被预测为数字8；如果得到的10个概率值分别为 $y_0=0.6$、$y_1=0.02$、$y_2=0.05$、$y_3=0.03$、$y_4=0.1$、$y_5=0.02$、$y_6=0.06$、$y_7=0.02$、$y_8=0.03$ 和 $y_9=0.07$，由于 y_0 的值最大，则输入的手写数字图像被预测为数字0。

下面对神经网络模型进行编程，依然有5个步骤：数据集的准备、神经网络模型的构建、神经网络模型的编译、神经网络模型的拟合、单个样本图像的预测。

1. 数据集的准备

获得MNIST数据集的程序如下所示。

```
from tensorflow.examples.tutorials.mnist import input_data
data = input_data.read_data_sets("data/MNIST/",one_hot=False)
print('完成数据集的加载')
```

在上面的程序中，"from tensorflow.examples.tutorials.mnist import input_data"语句表示从TensorFlow库的MNIST子库中加载input_data模块；read_data_sets函数的功能是读取计算机硬盘目录C:\Users\Administrator\data\MNIST中的MNIST数据集压缩文件，如果此目录中没有MNIST数据集压缩文件，就先从TensorFlow库的官方网站把MNIST数据集压缩文件下载到本地计算机硬盘的目录C:\Users\Administrator\data\MNIST中，再读取MNIST数据集压缩文件；"data/MNIST/"表示相对目录，实际的目录是默认目录加上相对目录，默认目录是C:\Users\Administrator，所以实际目录为C:\Users\Administrator\data\MNIST。在使用read_data_sets函数时，也可以使用绝对目录，如D:\data\MNIST。在目录C:\Users\Administrator\data\MNIST中，有MNIST数据集的

4 个压缩文件，如图 3-86 所示。

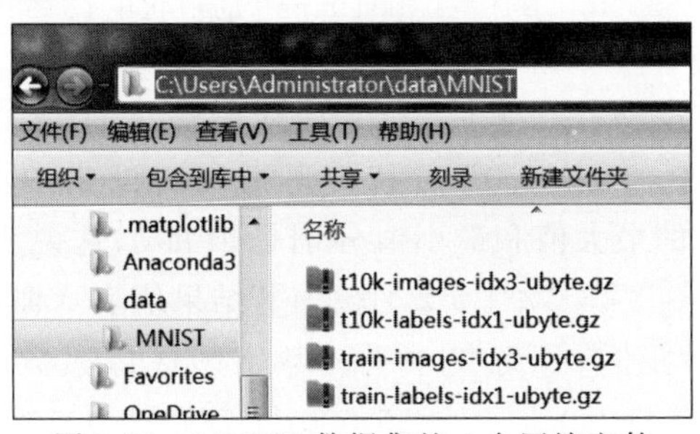

图 3-86　MNIST 数据集的 4 个压缩文件

在上面的程序中，"one_hot=False"表示样本的标签值使用标量形式，不使用独热（One Hot）编码形式。样本标签值的标量形式指标签值为单独的数字，在手写数字识别问题中，标签值为 0、1……9，它们分别表示数字 0 类别、数字 1 类别……数字 9 类别。

从 MNIST 数据集的 4 个压缩文件中分别得到训练集和测试集的程序如下所示。

```
import numpy as np
ImageData0=data.train.images
LabelData0=data.train.labels
print(np.max(ImageData0),np.min(ImageData0))
print(LabelData0[0:10])
ImageData1=data.validation.images
LabelData1=data.validation.labels
print(np.max(ImageData1),np.min(ImageData1))
print('ImageData0 的形状=',ImageData0.shape,end="")
print('LabelData0 的形状=',LabelData0.shape,end="")
print('ImageData1 的形状=',ImageData1.shape,end="")
print('LabelData1 的形状=',LabelData1.shape)
print('得到训练集和测试集')
```

在上面的程序中，"ImageData0=data.train.images"和"LabelData0=data.train.labels"语句表示使用 TensorFlow 库的 train、images 和 labels 函数得到训练集中手写数字图像的像素数据 ImageData0 和标签数据 LabelData0；"print(np.max(ImageData0),np.min(ImageData0))"语句表示分别使用 NumPy 库中的 max 和 min 函数打印出 ImageData0 中的最大值和最小值；"print(LabelData0[0:10])"语句表示打印出 LabelData0 中的前 10 个数据；"ImageData1=data.validation.images"和"LabelData1=data.validation.labels"语句表示使用 TensorFlow 库的 validation、images 和 labels 函数得到测试集中手写数字图像的像素数据 ImageData1 和标签数据 LabelData1；"print('ImageData0 的形状=', ImageData0.shape,end="")""print('LabelData0 的形状=',LabelData0.shape,end="")""print('ImageData1 的形状=',ImageData1.shape,end="")"和"print('LabelData1 的形状=',LabelData1.shape)"语句分别表示打印出 ImageData0、LabelData0、ImageData1、LabelData1 的形状。上述程序的运行结果如下所示。

```
1.0 0.0
[7 3 4 6 1 8 1 0 9 8]
1.0 0.0
```

```
[5 0 4 1 9 2 1 3 1 4]
ImageData0 的形状= (55000, 784)  LabelData0 的形状= (55000,)  ImageData1 的形状=
(5000, 784)  LabelData1 的形状= (5000,)
得到训练集和测试集
```

在上面的运行结果中，“1.0 0.0”表示训练集和测试集中手写数字图像像素数据ImageData0、ImageData1的最大值和最小值分别是1和0，这说明它们已经进行了归一化处理；“[7 3 4 6 1 8 1 0 9 8]”“[5 0 4 1 9 2 1 3 1 4]”结果值表示训练集和测试集中手写数字图像的标签数据采用标量形式；训练集中手写数字图像像素数据ImageData0的形状为55 000×784，这表明ImageData0是一个55 000行784列的二维矩阵，它的每行表示一个图像的数据，也就是说训练集有55 000个样本图像，每个手写数字图像像素的数量是784(28×28)；训练集中手写数字图像标签数据LabelData0的形状为1×55 000，这表明每个手写数字图像对应一个标量形式的标签值；测试集中手写数字图像像素数据ImageData1的形状为5000×784，这表明测试集有5000个手写数字图像；测试集中手写数字图像标签数据LabelData1的形状为1×5000，这表明测试集中每个手写数字图像对应一个标量形式的标签值。

把训练集和测试集中手写数字图像的标签数据由标量形式转换为独热编码的形式，程序如下所示。

```
print(LabelData0[0:5])
from keras.utils import to_categorical
LabelData00=to_categorical(LabelData0)
LabelData11=to_categorical(LabelData1)
print(LabelData00[0:5,:])
```

在上述程序中，使用to_categorical函数把训练集和测试集中手写数字图像的标签数据由标量形式转换为独热编码形式，并显示出训练集中手写数字图像标签数据的前5个元素，以此验证转换的效果。独热编码使用向量形式进行表示。在手写识别问题中，因为有10个类别，所以向量里面有10个元素。在此向量中，此样本类别对应位置的元素设置为1，其他位置的元素设置为0。例如，手写数字8图像标签值的标量形式为8，它的独热编码形式为[0 0 0 0 0 0 0 0 1 0]。上述程序的运行结果如下所示。

```
[7 3 4 6 1]
[[0. 0. 0. 0. 0. 0. 0. 1. 0. 0.]
 [0. 0. 0. 1. 0. 0. 0. 0. 0. 0.]
 [0. 0. 0. 0. 1. 0. 0. 0. 0. 0.]
 [0. 0. 0. 0. 0. 0. 1. 0. 0. 0.]
 [0. 1. 0. 0. 0. 0. 0. 0. 0. 0.]]
```

下面显示训练集中的前10个手写数字图像，程序如下所示。

```
from matplotlib import pyplot as plt
plt.figure()
fig,ax = plt.subplots(2,5)
ax=ax.flatten()
Im=ImageData0[0,:]
print(Im.shape)
```

```
for i in range(10):
    Im=ImageData0[i,:]
    Im=Im.reshape(28,28)
    ax[i].imshow(Im,cmap='gray')
```

在上面的程序中，Im 变量表示一个手写数字图像，它是一个有 784 个元素的行向量；reshape 函数的功能是把 Im 由行向量转换为 28×28 的矩阵；imshow 函数的功能是显示图像，参数 cmap='gray'表示使用灰度图像的形式显示图像。上述程序中"print(Im.shape)"语句的运行结果为"(784,)"。上述程序显示图像的结果如图 3-87 所示。

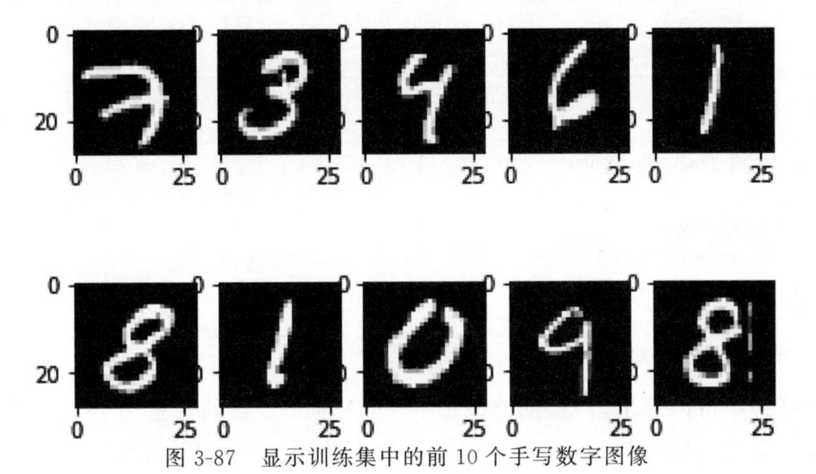

图 3-87　显示训练集中的前 10 个手写数字图像

在图 3-87 中，这 10 个手写数字图像对应的数字分别是 7、3、4、6、1、8、1、0、9 和 8。

2. 神经网络模型的构建

单层全连接前馈神经网络模型的程序如下所示。

```
from keras.layers import Activation, Dense, Flatten, Input
from keras import Model
input_layer=Input([784,])
x1=input_layer
x2=Dense(10)(x1)
x3=Activation('softmax')(x2)
output_layer=x3
model1=Model(input_layer,output_layer)
model1.summary()
print("完成神经网络模型的构建")
```

在上述程序中，"from keras.layers import Activation, Dense, Flatten, Input"语句和"from keras import Model"语句表示从 Keras 库中加载 Activation 模块、Dense 模块、Flatten 模块、Input 模块和 Model 模块，Activation 表示激活函数模块，Dense 表示全连接模块，Flatten 表示拉直模块，Input 表示输入层模块，Model 表示神经网络模型模块；"input_layer=Input([784,])"语句表示定义输入层的形状为有 784 个元素的行向量，和训练集、测试集中手写数字图像的形状保持一致；"x2=Dense(10)(x1)"语句表示定义一个具有 10 个神经元的全连接层，即把输入层中的 784 个输入信号分别乘以权值参数并求和，再加上偏置参数，从而输出 10 个数值 $Z_0 \sim Z_9$；"x3=Activation('softmax')(x2)"语句表示全连接层使用 Softmax 激活函数;"output_layer = x3"语句表示把 x3 作为输出层;"model1 = Model(input_layer, output_layer)"语句表示把输入层和输出层送入神经网络模型 Model,从而得到自定义的单层全连接前馈神经网络模型 model1;"model1.summary()"语句的功能是显示神经网络模型 model1 的结构和网络参数的数量。"model1.summary()"语句的运行结果如下所示。

```
_________________________________________________________________
Layer (type)                 Output Shape              Param #
=================================================================
input_2 (InputLayer)         (None, 784)               0
_________________________________________________________________
dense_2 (Dense)              (None, 10)                7850
_________________________________________________________________
activation_2 (Activation)    (None, 10)                0
=================================================================
Total params: 7,850
Trainable params: 7,850
Non-trainable params: 0
_________________________________________________________________
完成神经网络模型的构建
```

从上述结果中可以看出,神经网络模型 model1 网络参数的数量为 7850 个。这 7850 个网络参数包括全连接层的 7840(784×10)个权值参数和 10 个偏置参数。

3. 神经网络模型的编译

神经网络模型编译的程序如下所示。

```
from keras.optimizers import Adam
model1.compile(optimizer=Adam(0.01),loss='categorical_crossentropy',metrics=
['accuracy'])
print("完成神经网络模型的编译")
```

在上述程序中,"from keras.optimizers import Adam"语句表示从 Keras 库中加载自适应矩估计方法模块;"model1.compile(optimizer = Adam(0.01), loss = 'categorical_crossentropy', metrics = ['accuracy'])"语句表示进行神经网络模型 model1 的编译;参数 optimizer= Adam(0.01)表示使用自适应矩估计方法去更新网络参数,并且学习率设置为 0.01;参数 loss = 'categorical_ crossentropy'表示使用交叉熵函数作为损失函数;参数 metrics=['accuracy']表示使用准确率(Accuracy)作为衡量神经网络模型 model1 预测性能的指标,准确率的公式如式(3-12)所示。

$$\text{accuracy} = \frac{1}{N}\sum_{i=1}^{N} I(y_i, \hat{y}_i) \tag{3-12}$$

其中,N 表示样本的数量;y_i 表示第 i 个样本的真实类别,即标签值;$\hat{y}_i$ 表示第 i 个样本类别的预测值;$I(y_i, \hat{y}_i)$表示指示函数。在 $I(y_i, \hat{y}_i)$函数中,如果 y_i 与 $\hat{y}_i$ 相等,则 $I(y_i, \hat{y}_i)=1$;如果 y_i 与 $\hat{y}_i$ 不相等,则 $I(y_i, \hat{y}_i)=0$。

4. 神经网络模型的拟合

神经网络模型的拟合包括训练和预测,其程序如下所示。

```
history = model1. fit ( ImageData0, LabelData00, validation _ data = ( ImageData1,
LabelData11),batch_size=200,epochs=100)
```

在上述程序中，“model1.fit(ImageData0, LabelData00, validation_data =(ImageData1,LabelData11),batch_size=200,epochs=100)”语句表示进行单层全连接前馈神经网络模型 model1 的训练和预测，训练集中手写数字图像的像素数据和标签数据分别设置为 ImageData0 和 LabelData00；“validation_data=(ImageData1, LabelData11)”表示测试集中手写数字图像的像素数据和标签数据分别设置为 ImageData1、LabelData11；参数“batch_size=200”表示设置每批样本的数量为 200；参数“epochs=100”表示需要完成 100 代(Epoch)的训练和测试。

在上述程序的每一次循环中，首先送入 200 个训练集的样本数据，每个样本数据包括手写数字图像的像素数据和标签数据；然后计算损失函数，并根据损失函数使用 Adam 优化算法更新网络参数。由于训练集有 55 000 个手写数字图像，因此需要 275(55 000÷200)次循环把训练集的全部 55 000 个样本送入单层全连接前馈神经网络模型 model1。在完成训练后，把测试集的样本送给此单层全连接前馈神经网络模型 model1，得到此模型的准确率，这样就完成了一代的训练和测试。上述程序的运行结果如下所示。

```
Train on 55000 samples, validate on 5000 samples
Epoch 1/100
55000/55000 [==============================] - 1s 26us/step - loss: 0.3896
- acc: 0.8882 - val_loss: 0.2750 - val_acc: 0.9244
Epoch 2/100
55000/55000 [==============================] - 1s 18us/step - loss: 0.2906
- acc: 0.9168 - val_loss: 0.2711 - val_acc: 0.9270
Epoch 3/100
55000/55000 [==============================] - 1s 19us/step - loss: 0.2798
- acc: 0.9222 - val_loss: 0.2752 - val_acc: 0.9228
……
Epoch 98/100
55000/55000 [==============================] - 1s 19us/step - loss: 0.2323
- acc: 0.9342 - val_loss: 0.3786 - val_acc: 0.9086
Epoch 99/100
55000/55000 [==============================] - 1s 19us/step - loss: 0.2328
- acc: 0.9352 - val_loss: 0.3552 - val_acc: 0.9200
Epoch 100/100
55000/55000 [==============================] - 1s 19us/step - loss: 0.2336
- acc: 0.9334 - val_loss: 0.3520 - val_acc: 0.9196
```

在上面的运行结果中，会显示每代训练和测试的结果。下面以倒数第二代的结果为例进行介绍，“Epoch 99/100”表示需要完成 100 代训练和测试，当前是第 99 代；“1s”表示完成这代训练和测试的时间为 1 秒；“19us/step”表示完成一次循环需要 19μs；“loss:0.2328”和“acc:0.9352”表示使用第 99 代训练得到的单层全连接前馈神经网络模型 model1 在训练集上的损失函数值和预测精度值(即准确率值)分别是 0.2328 和 0.9352；“val_loss:0.3552”和“val_acc:0.9200”表示使用第 99 代训练得到的神经网络模型 model1 在测试集上的损失函数值和预测精度值(即准确率值)分别是 0.3552 和 0.9200。

在上面的程序中，神经网络模型 model1 总共进行了 100 代训练，随着代数的增加，此模型在测试集上的预测精度值 val_acc 逐渐增加，在最后的几代训练中，val_acc 在 0.9196 附近徘徊，这说明此模型已经收敛。在完成多代的训练和测试之后，可以查看神经网络模型 model1 在训练集和测试集上的损失函数和预测精度的变化曲线，程序如下所示。

```
def plot_acc_loss_curve(history):
    from matplotlib import pyplot as plt
    acc = history.history['acc']
    val_acc = history.history['val_acc']
    loss = history.history['loss']
    val_loss = history.history['val_loss']
    plt.figure(figsize=(15, 5))
    plt.subplot(1, 2, 1)
    plt.plot(acc, label='Training Accuracy')
    plt.plot(val_acc, label='Validation Accuracy')
    plt.title('Training and Validation Accuracy')
    plt.legend()
    plt.grid()
    plt.subplot(1, 2, 2)
    plt.plot(loss, label='Training Loss')
    plt.plot(val_loss, label='Validation Loss')
    plt.title('Training and Validation Loss')
    plt.legend()
    plt.grid()
    plt.show()
plot_acc_loss_curve(history)
```

上述程序的运行结果如图 3-88 所示。在图 3-88(a)中，两条曲线分别表示在训练集和测试集上的预测精度值曲线；在图 3-88(b)中，两条曲线分别表示在训练集和测试集上的损失函数值曲线。从图 3-88 可以看出，经过多代训练之后，神经网络模型 model1 在训练集和测试集上的预测精度值都趋于稳定。

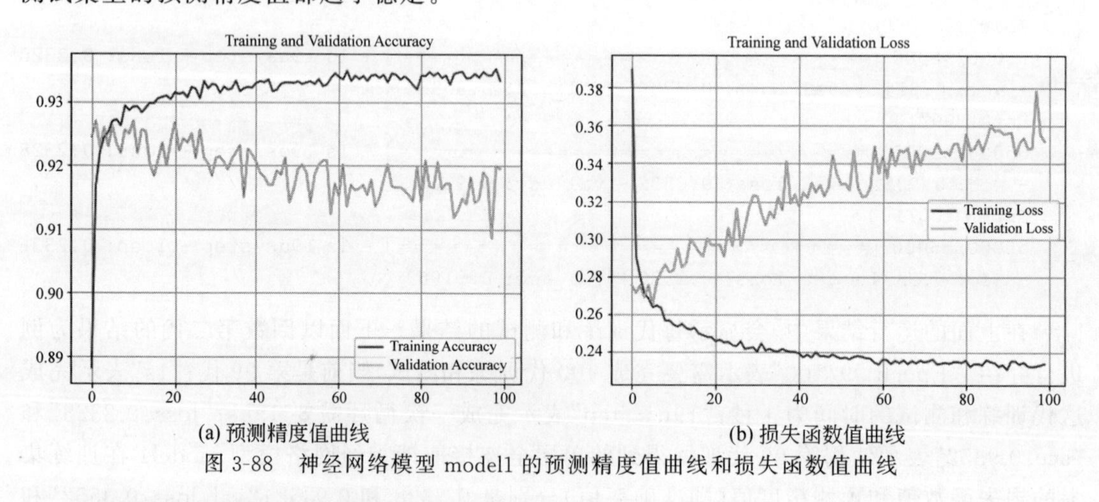

(a) 预测精度值曲线　　(b) 损失函数值曲线

图 3-88　神经网络模型 model1 的预测精度值曲线和损失函数值曲线

在完成多代的训练和测试后，使用“print(model1.layers)”语句能够查看神经网络模型 model1 的各个组成部分，这条语句的运行结果如下所示。

```
[<keras.engine.input_layer.InputLayer object at 0x0000026F54C65780>,
```

```
<keras. layers.core.Dense object at 0x0000026F54C60780>,
<keras.layers.core. Activation object at 0x0000026F54C65FD0>]
```

使用“model1.layers[1].get_weights()”语句能够查看神经网络模型 model1 输出层网络参数的值，这条语句的运行结果如下所示。

```
[array([[-0.07412101, -0.07908365, 0.07170761, ..., -0.0371998 , 0.0276476 ,
-0.01276676],
       [ 0.07565356, 0.0222965 , 0.0595204 , ..., 0.02345283, -0.03196161,
-0.02856934],
       [ 0.02016944, -0.00161806, 0.02901776, ..., 0.00456349, 0.03666598,
-0.01042873],
       ...,
       [-0.04220713, 0.01093717, 0.05554017, ..., -0.07916652, 0.08257986,
-0.05090368],
       [ 0.04831765, -0.02204161, 0.02044718, ..., -0.06204199, -0.07118255,
-0.01954105],
       [-0.06394936, -0.05406984, 0.01086948, ..., -0.01834911, -0.08501866,
-0.03172804]], dtype=float32),
array([-3.2675028, 1.9960648, 0.55712825, -0.7407389, 0.46374074, 2.8710778,
-0.810305, 1.9113169, -2.5963802, -0.42548543], dtype=float32)]
```

从上述结果可以看出，输出层的网络参数包括两部分，第一部分是 784×10 的权值参数二维数组，共有 7840 个权值参数，第二部分是 10 个偏置参数。可以使用“model1.layers[1].get_weights()[0].shape”语句打印权值参数二维数组的形状，此命令的运行结果如下所示。

```
(784, 10)
```

5. 单个样本图像的预测

对测试集中手写数字图像像素数据 ImageData1 的前 3 个图像进行预测，程序如下所示。

```
from matplotlib import pyplot as plt
plt.figure()
fig,ax = plt.subplots(1,3)
ax=ax.flatten()
print('这 3 个图像的标签值是', LabelData1 [0:3])
for i in range(3):
    Im=X1[i,:]
    Im1=Im.reshape(1,784)
    pre=model1.predict(Im1)
    print(pre)
    pre1=np.argmax(pre)
    print(pre1)
    Im=Im.reshape(28,28)
    ax[i].imshow(Im,cmap='gray')
    ax[i].set_title(pre1)
```

在上面的程序中，“print('这 3 个图像的标签值是', LabelData1 [0: 3])”语句表示打印出测试集中前 3 个手写数字图像的标签值，这 3 个标签值采用标量的形式；"pre=model1.predict(Im1)"语句使用 predict 函数进行手写数字图像的预测，得到预测值 pre，该值是具有 10 个概率值的一维数组；"pre1=np.argmax(pre)"语句表示使用 argmax 函数计算 pre 的 10 个概率值中最大概率值所在的序号，此序号就是最大概率值所对应的类别值，所以 pre1 就是手写数字图像的数字预测值；"ax[i].imshow(Im, cmap='gray')"语句表示使用灰度图像的形式显示手写数字图像；"ax[i].set_title(pre1)"语句表示使用手写数字图像的数字预测值 pre1 作为手写数字图像的标题。在上述程序中，显示手写数字图像程序的结果如图 3-89 所示，其他程序的运行结果如下所示。

```
这 3 个图像的标签值是 [5 0 4]
[[2.1039233e-04 6.9385461e-16 1.6526204e-04 7.2172932e-02 2.9693338e-38
  9.2745000e-01 0.0000000e+00 1.5990930e-32 1.4161517e-06 3.3149270e-08]]
5
[[1.0000000e+00 8.0283792e-27 9.0571350e-10 5.8677385e-13 1.8172005e-16
  8.0664642e-11 4.7904382e-11 0.0000000e+00 2.3698474e-11 7.1559848e-11]]
0
[[6.2987242e-15 6.7874843e-01 2.8745852e-05 2.5327755e-03 3.1347305e-01
  8.2793340e-21 0.0000000e+00 5.1622172e-03 3.4079908e-09 5.4771324e-05]]
1
```

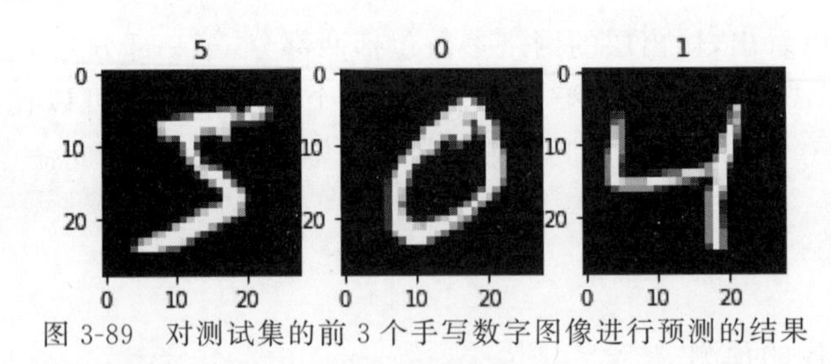

图 3-89 对测试集的前 3 个手写数字图像进行预测的结果

从图 3-89 中可以看出，对这 3 个手写数字图像进行了准确的预测。在上面得到的结果中，对第一个手写数字图像进行预测得到 10 个概率值，分别为 2.1039233e−04、6.9385461e−16、1.6526204e−04、7.2172932e−02、2.9693338e−38、9.2745000e−01、0.0000000e+00、1.5990930e−32、1.4161517e−06 和 3.3149270e−08。在这 10 个概率值中，9.2745000e−01 是最大值，此概率值所在的序号是 5，它所对应的类别为 5，所以第一个手写数字图像被预测为第 5 个类别，即数字 5。同理，可以分析第二个和第三个手写数字图像进行预测得到的结果值。

3.5.2 基于 Keras 的使用多层全连接前馈神经网络处理分类问题的编程方法

本节使用三层全连接前馈神经网络，其结构如图 3-90 所示。和图 3-85 所示的单层全连接前馈神经网络相比，它增加了两个隐藏层，每个隐藏层都包含 100 个神经元。

和 3.5.1 节的单层全连接前馈神经网络的编程相比，三层全连接前馈神经网络的编程只有步骤"2.神经网络模型的构建"的程序和单层全连接前馈神经网络不相同，其他步骤的程序都相同。在该步骤，三层全连接前馈神经网络需要增加 2 个隐藏层，每个隐藏层都包含 100 个神经元，隐藏层使用 Sigmoid 激活函数。使用三层全连接前馈神经网络处理手写数字识别问题时，步骤"2.神经网络模型的构建"的程序如下所示。

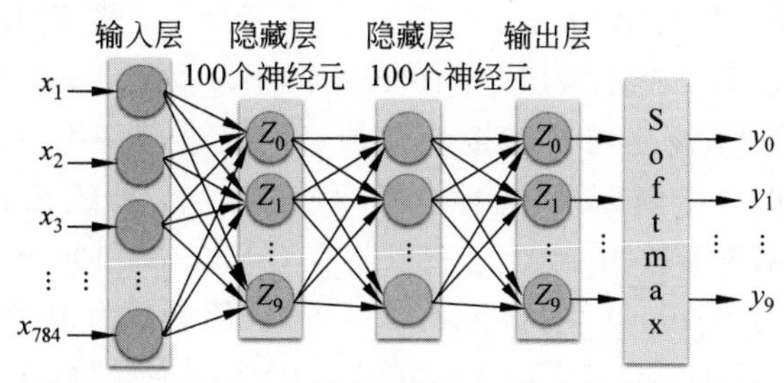

图 3-90 三层全连接前馈神经网络的结构示意图

```
from keras.layers import Activation, Dense, Flatten, Input
from keras import Model
input_layer=Input([784,])
x1=input_layer
x2=Dense(100)(x1)
x3=Activation('sigmoid')(x2)
x4=Dense(100)(x3)
x5=Activation('sigmoid')(x4)
x6=Dense(10)(x5)
x7=Activation('softmax')(x6)
output_layer=x7
model2=Model(input_layer,output_layer)
model2.summary()
print("完成神经网络模型的构建")
```

在上面的程序中，“x2=Dense(100)(x1)”语句和“x3=Activation('sigmoid')(x2)”语句表示定义第一个隐藏层，此隐藏层使用 100 个神经元和 Sigmoid 激活函数；“x4=Dense(100)(x3)”和“x5=Activation('Sigmoid')(x4)”语句表示定义第二个隐藏层，此隐藏层使用 100 个神经元和 Sigmoid 激活函数；“model2.summary()”语句的运行结果如下所示。

```
Layer (type)                 Output Shape              Param #
=================================================================
input_1 (InputLayer)         (None, 784)               0
_________________________________________________________________
dense_1 (Dense)              (None, 100)               78500
_________________________________________________________________
activation_1 (Activation)    (None, 100)               0
_________________________________________________________________
dense_2 (Dense)              (None, 100)               10100
_________________________________________________________________
activation_2 (Activation)    (None, 100)               0
_________________________________________________________________
dense_3 (Dense)              (None, 10)                1010
_________________________________________________________________
activation_3 (Activation)    (None, 10)                0
=================================================================
Total params: 89,610
Trainable params: 89,610
Non-trainable params: 0
```

从上面的运行结果可以看出，dense_1(Dense)表示第一个隐藏层，有 78 500 个网络参数；dense_2(Dense)表示第二个隐藏层，有 10 100 个网络参数；dense_3(Dense)表示输出层，有 1010 个网络参数。因此，该三层全连接前馈神经网络全部网络参数为 89 610(78 500+10 100+1010)个。在第一个隐藏层中，输入信号有 784 个，神经元有 100 个，权值参数为 78 400(784×100)个，偏置参数为 100 个，所以共有 78 500(78 400+100)个网络参数；在第二个隐藏层中，输入信号有 100 个，神经元有 100 个，权值参数为 10 000(100×100)个，偏置参数的数量为 100 个，所以共有 10 100(10 000+100)个网络参数；在输出层中，输入信号有 100 个，神经元有 10 个，权值参数为 1000(100×10)个，偏置参数为 10 个，所以共有 1010(1000+10)个网络参数。

对三层全连接前馈神经网络模型 model2 进行拟合，得到的结果如下所示。

```
Train on 55000 samples, validate on 5000 samples
Epoch 1/100
55000/55000 [==============================] - 3s 51us/step - loss: 0.3578
- acc: 0.8967 - val_loss: 0.1435 - val_acc: 0.9592
Epoch 2/100
55000/55000 [==============================] - 2s 44us/step - loss: 0.1268
- acc: 0.9611 - val_loss: 0.1068 - val_acc: 0.9686
Epoch 3/100
55000/55000 [==============================] - 2s 44us/step - loss: 0.0881
- acc: 0.9728 - val_loss: 0.0903 - val_acc: 0.9730
...,
Epoch 98/100
55000/55000 [==============================] - 2s 41us/step - loss: 0.0056
- acc: 0.9983 - val_loss: 0.1532 - val_acc: 0.9730
Epoch 99/100
55000/55000 [==============================] - 2s 42us/step - loss: 0.0058
- acc: 0.9981 - val_loss: 0.1638 - val_acc: 0.9740
Epoch 100/100
55000/55000 [==============================] - 2s 41us/step - loss: 0.0036
- acc: 0.9988 - val_loss: 0.1411 - val_acc: 0.9778
```

从上面的运行结果中可以看出，三层全连接前馈神经网络模型 model2 的预测精度值(即准确率)为 0.9778。在 3.5.1 节中，使用单层全连接前馈神经网络模型 model1 处理手写数字图像的识别问题，得到的预测精度值(即准确率)为 0.9196。显然，三层全连接前馈神经网络的预测精度值更大，即此模型取得了更好的预测性能。

在进行神经网络模型的训练时，如果使用了适合于 CPU 的 TensorFlow 库，为了提高神经网络模型的训练速度，需要把笔记本电脑的工作模式设置为“最佳性能”，不要设置为“最佳能效”模式或“平衡”模式。依次单击笔记本电脑的“设置”选项、“系统”选项、“电源和电池”选项，出现的对话框如图 3-91 所示。在此对话框中，把电源模式设置为“最佳性能”模式，并且要重新启动笔记本电脑。笔记本电脑使用“最佳性能”模式工作时，消耗的电能会比较多，最好插上外接电源。

在完成多代的训练和测试之后，能够画出三层全连接前馈神经网络模型 model2 在训练集和测试集上的预测精度值曲线(即准确率值曲线)和损失函数值曲线，如图 3-92 所示。此外，也能够查看此网络模型网络参数的最终值，并能够对单个手写数字图像预测其数字

图 3-91　设置笔记本电脑的电源模式

值，其程序参考 3.5.1 节。

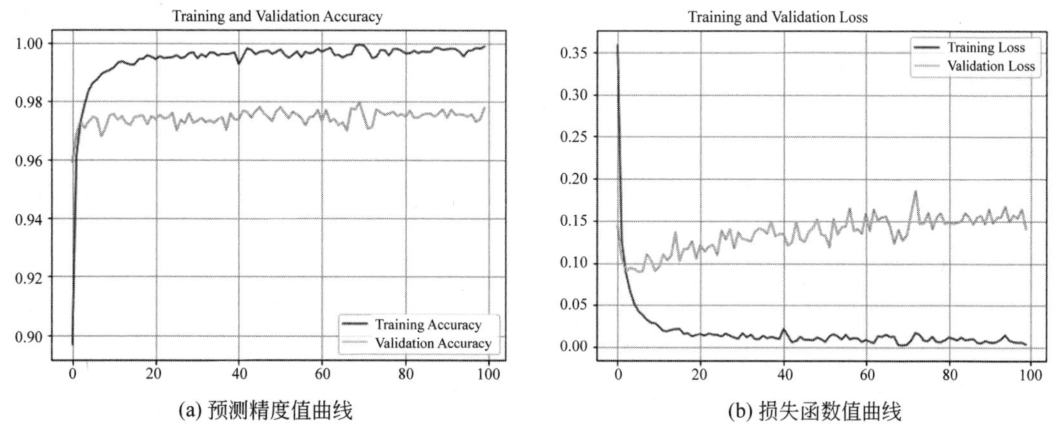

(a) 预测精度值曲线　　(b) 损失函数值曲线

图 3-92　三层全连接前馈神经网络模型 model2 的预测精度值曲线和损失函数值曲线

本节使用了三层全连接前馈神经网络处理手写数字识别的分类问题，此网络使用的两个隐藏层中都有 100 个神经元。多层全连接前馈神经网络的结构有 3 个重要参数：隐藏层的数量、每个隐藏层中神经元的数量和隐藏层使用的激活函数类型。对于一个多层全连接前馈神经网络，这 3 个参数都有很多种可能的取值，那么采用哪种组合模型才会具有最优的预测性能？为了解决这个问题，需要做大量实验，测试多层全连接前馈神经网络各种不同结构的预测性能。在理论上，不能推导出多层全连接前馈神经网络最优的结构。此外，全连接前馈神经网络的预测性能和数据集有很大的关系，所以对于不同的数据集，全连接前馈神经网络的最优结构也不相同。

思考练习

1. 以 RTX 4080 为例，说明安装 GPU 的 CUDA Toolkit、cuDNN 和 GPU 版本的 TensorFlow 库的详细步骤和注意事项。

2. 张量的定义是什么？张量有哪些类型？使用四维张量如何表示图像数据？

3. 对神经网络模型进行编程的步骤有哪些？

4. 对于食物图像评分的回归问题，使用多层全连接前馈神经网络，隐藏层有4层，隐藏层的神经元数量分别为100、200、50和150，隐藏层使用Sigmoid激活函数，写出构建此神经网络模型的代码。

5. 对于手写数字图像识别的分类问题，使用多层全连接前馈神经网络，隐藏层有3层，每个隐藏层的神经元数量分别为20、50和100，隐藏层使用Sigmoid激活函数，写出构建此神经网络模型的代码。

第4章

卷积神经网络的原理与编程方法

在本章，首先介绍运行卷积神经网络的基本特点，包括卷积神经网络的基本特点、卷积计算的方法和池化计算的方法；然后，介绍基于Keras深度学习框架的卷积神经网络编程方法，包括使用卷积神经网络处理回归问题的编程方法和使用卷积神经网络处理分类问题的编程方法；接着，介绍卷积神经网络的常用方法，包括卷积神经网络的宽模型和深模型、批归一化方法和数据增强方法；最后，介绍经典的卷积神经网络模型，包括LeNet-5模型、AlexNet模型、VGG模型、GoogLeNet（Inception）模型、残差（ResNet）模型和密集（DenseNet）模型等。

4.1 卷积神经网络

4.1.1 卷积神经网络概述

第3章介绍的多层全连接前馈神经网络是深度学习网络的一种类型。例如，对于手写数字的识别问题，可以使用图4-1所示的多层全连接前馈神经网络，首先把手写数字的图像作为输入信号送入神经网络模型，然后计算损失函数，最后根据损失函数更新网络参数。

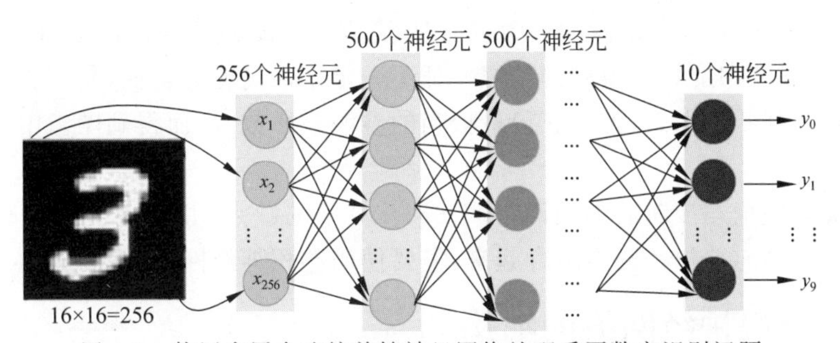

图4-1 使用多层全连接前馈神经网络处理手写数字识别问题

多层全连接前馈神经网络有3个明显的缺点。首先，使用这种神经网络处理图像数据，会丢失图像像素之间的结构信息。在把图像数据作为神经网络的输入信号时，先把图像所有的像素值展开为一个列向量，再把此列向量送入输入层的神经元。也就是说，把图像中的每个像素值都作为神经网络的一个输入信号，显然这种操作会丢失图像像素之间的空间结构信息，而这种结构信息是图像中的重要信息。然后，这种神经网络模型的结构不够灵活。

例如，在图 4-1 所示处理手写数字识别的神经网络中，只有两种方法能改变神经网络的结构，即改变每个隐藏层中神经元的数量和改变隐藏层的数量。最后，这种神经网络的网络参数往往比较多，从而导致神经网络的训练比较困难，容易使神经网络出现过拟合现象。例如，在图 4-1 所示的神经网络中，输入信号是分辨率为 16×16 的灰度图像，输入层包含 256 个神经元，每个隐藏层包含 500 个神经元，输出层包含 10 个神经元。如果此网络为 4 层，即包含 3 个隐藏层，那么此网络需要 63.3 万（256×500＋500×500＋500×500＋500×10）个权值参数和 1600（500＋500＋500＋10）个偏置参数，共 63.46 个网络参数。

当人的眼睛观察图像并对图像中的对象进行理解时，会把对象的轮廓特征或边缘特征作为理解的依据，轮廓特征就是图像像素之间的空间结构信息。在对图像进行处理时，使用锐化操作能够得到对象的轮廓特征。在锐化操作中，经常使用 Soble 算子获得图像的轮廓特征，Sobel 算子的两个卷积核如图 4-2 所示。例如，对图 4-3(a)所示的图使用 Sobel 算子，得到的轮廓特征如图 4-3(b)所示。

−1	−2	−1
0	0	0
1	2	1

(a) Sobel算子的第1个卷积核

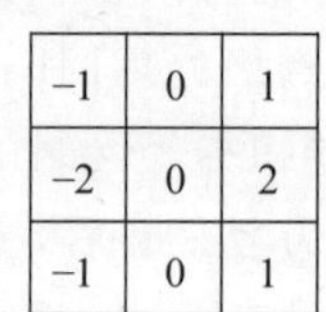

−1	0	1
−2	0	2
−1	0	1

(b) Sobel算子的第2个卷积核

图 4-2　Sobel 算子的两个卷积核

(a) 原图

(b) 轮廓特征

图 4-3　使用 Sobel 算子获得轮廓特征

在使用 Sobel 算子获得图像的轮廓特征时，存在以下缺点。Sobel 算子两个卷积核的系数固定不变，所以使用此算子得到的轮廓特征不一定是最优轮廓特征，从而影响人眼对图像中对象的理解和判断。那么，怎么获得最恰当的卷积核系数，从而得到图像中对象最优的轮廓特征？

为了解决多层全连接前馈神经网络和 Sobel 算子的缺点，并且能够把轮廓特征的提取方法和多层全连接前馈神经网络结合起来，需要使用卷积神经网络。

4.1.2　卷积神经网络的结构

卷积神经网络已经广泛应用在图像处理和机器视觉等领域。它的结构包括两部分：自动提取特征部分和分类器部分。在卷积神经网络中，这两部分有先后顺序，先使用自动提取特征部分，然后使用分类器部分。在自动提取特征部分，使用卷积层和池化层自动提取图像中的特征。在分类器部分，通常使用全连接层对自动提取特征部分获得的特征进行分类。

对于分类问题和回归问题，卷积神经网络具有不同的结构。一般来说，处理具有 M 个类别分类问题的卷积神经网络基本结构如图 4-4 所示，处理回归问题的卷积神经网络基本结构如图 4-5 所示。在图 4-4 和图 4-5 中，卷积神经网络包括输入层、卷积层(Convolutional Layer)、池化层(Pooling Layer)、全连接层(Full Connected Layer)和输出层。在卷积神经网络中，除了输入层和输出层之外，卷积层、池化层和全连接层的数量都不是固定的，需要根据实际的需求分别设置。

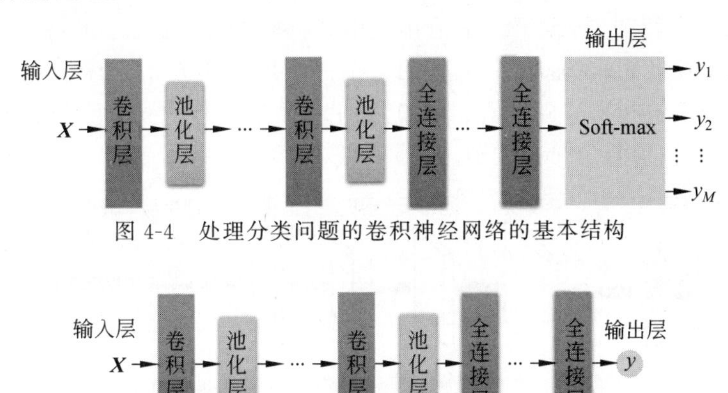

图 4-4　处理分类问题的卷积神经网络的基本结构

图 4-5　处理回归问题的卷积神经网络的基本结构

在卷积神经网络的输入层中，输入信号使用张量 $\boldsymbol{X}$ 表示。如果输入灰度图像，张量 $\boldsymbol{X}$ 的形状为(R_Size,C_Size,1)，其中 R_Size 和 C_Size 分别表示图像像素的行数和列数；如果输入彩色图像，张量 $\boldsymbol{X}$ 的形状为(R_Size, C_Size, 3)，“3”表示张量 $\boldsymbol{X}$ 具有红(*Red*)、绿(*Green*)和蓝(*Blue*)共 3 个通道。在卷积神经网络的卷积层中，使用尺寸为 k×k(如 3×3 或 5×5)的卷积核获得特征图，不同位置的卷积层提取的图像特征具有不同的特点。一般来说，靠近输入层的卷积层提取的特征属于浅层特征，即点、线和颜色等低级特征或局部特征；靠近输出层的卷积层提取的特征属于高级特征，即轮廓、形状等全局特征或整体特征。池化层通常出现在卷积层之后，它使用池化窗口减小特征图的尺寸。

在卷积神经网络中，在卷积层和池化层的后面使用了全连接层，是为了完成分类任务或回归任务。在图 4-4 所示处理分类问题的卷积神经网络输出层中，通常使用 *Softmax* 激活函数获得 M 个概率，每个概率对应一个类别。计算 M 个概率中的最大值，输入信号被预测为最大概率值所对应的类别。例如，在处理猫狗分类的二分类问题中，输出层计算两个概率值。在图 4-5 中处理回归问题的卷积神经网络输出层中，能够获得输出信号 y 的连续值。此外，在输出层中通常不使用 *Softmax* 激活函数，而使用其他激活函数，如 *Sigmoid* 激活函数。

在图 4-4 和图 4-5 所示的卷积神经网络的基本结构中，存在 3 方面的不确定因素。首先，在卷积层中，卷积层的数量是不确定的，每个卷积层中卷积核的数量和尺寸是不确定的，卷积核的卷积方式(*Valid* 卷积或 *Same* 卷积)也是不确定的；其次，在池化层中，池化层的数量是不确定的，池化窗口的尺寸是不确定的，池化方式(*Valid* 池化或 *Same* 池化)也是不确定的；最后，在全连接层中，全连接层的数量是不确定的，每个全连接层中神经元的数量也是不确定的。对于一个具体的实际问题，需要做大量的实验，去验证哪种网络结构具有最优的预测性能。

4.1.3　卷积神经网络应用案例

对于猫狗分类的二分类问题，可以使用图 4-6 所示的卷积神经网络进行处理。这里使用了两个卷积层、两个池化层和一个全连接层。在输入层，输入信号为彩色图像，其形状为(R_Size,C_Size,3)。图 4-7 给出了卷积层和池化层产生的特征图。在第一个卷积层中，使用 4 个卷积核和输入的图像信号做卷积运算，得到 4 个特征图；在第一个池化层中，得到 4 个尺寸变小的特征图；在第二个卷积层中，使用 3 个卷积核和该层的输入特征图做卷积运算，输出结果为 3 个特征图；在第二个池化层中，得到 3 个尺寸变小的特征图；在全连接层中，使用了 100 个神经元；在输出层中，使用 2 个神经元和 $Softmax$ 激活函数得到 2 个概率值，分别为猫的概率值和狗的概率值。例如，如果得到猫和狗的概率值分别为 0.21 和 0.79，那么输入的图像就被预测为“狗”类别。

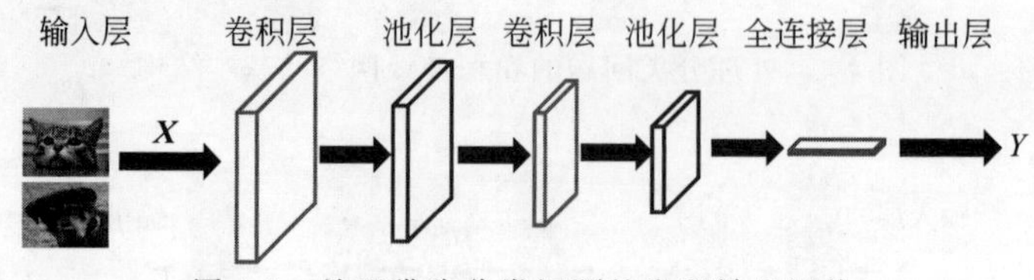

图 4-6 处理猫狗分类问题的卷积神经网络

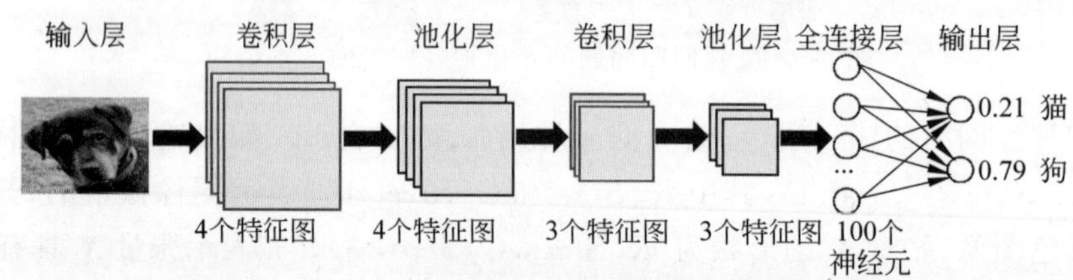

图 4-7 图 4-6 所示的卷积神经网络每层获得的结果

对于食物评分的回归问题，可以使用图 4-8 所示的卷积神经网络进行处理。这里使用了一个卷积层、一个池化层和一个全连接层。在输入层中，输入信号为彩色图像，其形状为(R_Size,C_Size,3)。图 4-9 给出了卷积层和池化层产生的特征图。在卷积层中，使用 5 个卷积核和输入的图像信号做卷积运算，得到 5 个特征图；在池化层中，得到 5 个尺寸变小的特征图；在全连接层中，使用了 90 个神经元；在输出层中，使用 1 个神经元和 $Sigmoid$ 激活函数得到食物图像评分的预测值。

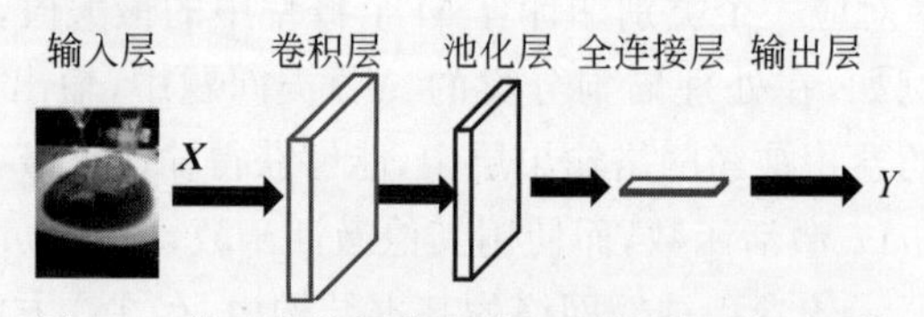

图 4-8 处理食物图像评分问题的卷积神经网络

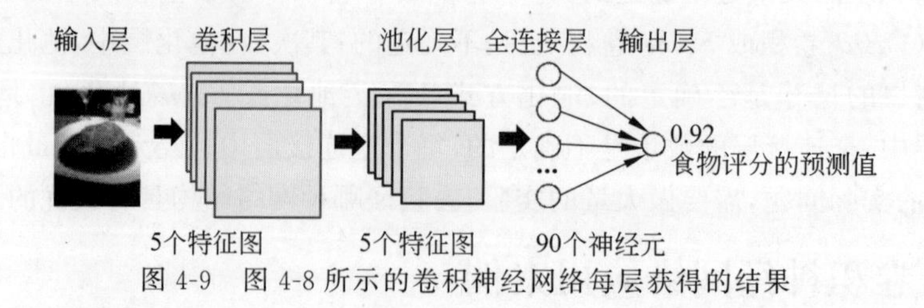

图 4-9 图 4-8 所示的卷积神经网络每层获得的结果

4.2 卷积计算

在卷积神经网络的卷积层中，首先对卷积层的输入张量和卷积核进行卷积计算，然后把卷积计算的结果加上偏置参数，最后送入激活函数，得到卷积层的输出张量。卷积层输出张量的定义为

$$\boldsymbol{Y}_i = f(\boldsymbol{X}_i \otimes \boldsymbol{K} + b) \tag{4-1}$$

其中，$\boldsymbol{X}_i$ 表示第 i 个卷积层的输入张量；f 表示激活函数，如 ReLU、Tanh 和 Sigmoid 等；$\boldsymbol{K}$ 表示卷积核，其尺寸通常比较小，如 $3\times3\times2$；$\otimes$是卷积运算的符号；b 表示偏置参数，为标量形式，其形状为 1×1；$\boldsymbol{Y}_i$ 表示第 i 个卷积层的输出张量，也称为特征图。卷积核 $\boldsymbol{K}$ 中的系数和偏置参数 b 都是卷积神经网络的网络参数，在卷积神经网络的训练阶段调整它们的取值。

例如，某个卷积层的输入张量 $\boldsymbol{X}_i$ 是一个二维张量，如图 4-10(a)所示，卷积核 $\boldsymbol{K}$ 也是一个二维张量，如图 4-10(b)所示，卷积层输出张量 $\boldsymbol{Y}_i$ 的计算过程如图 4-10(c)所示。在图 4-10(c)中，首先，计算"$\boldsymbol{X}_i\otimes\boldsymbol{K}$"，即把输入张量 $\boldsymbol{X}_i$ 和卷积层 $\boldsymbol{K}$ 进行 Valid 卷积得到卷积结果，此卷积结果是一个二维张量；然后，计算"$\boldsymbol{X}_i\otimes\boldsymbol{K}+b$"，即把卷积结果中的每个元素都加上偏置参数 b；最后，计算"$f(\boldsymbol{X}_i\otimes\boldsymbol{K}+b)$"，即"$X_i\otimes\boldsymbol{K}+b$"得到的二维张量中每个元素都分别送入 ReLU 激活函数，得到输出张量 $\boldsymbol{Y}_i$，$\boldsymbol{Y}_i$ 的形状和"$\boldsymbol{X}_i\otimes\boldsymbol{K}$"卷积结果的形状相同。

在卷积计算时，使用卷积核逐行逐列扫描卷积层的输入张量。在扫描过程中，卷积核会覆盖输入张量的一些元素，对卷积核的元素和覆盖的输入张量元素进行相乘和求和，得到新的张量。卷积运算有两个基本类型：Valid 卷积和 Same 卷积，这两个卷积类型具有类似的计算过程，但也有一些明显的区别。

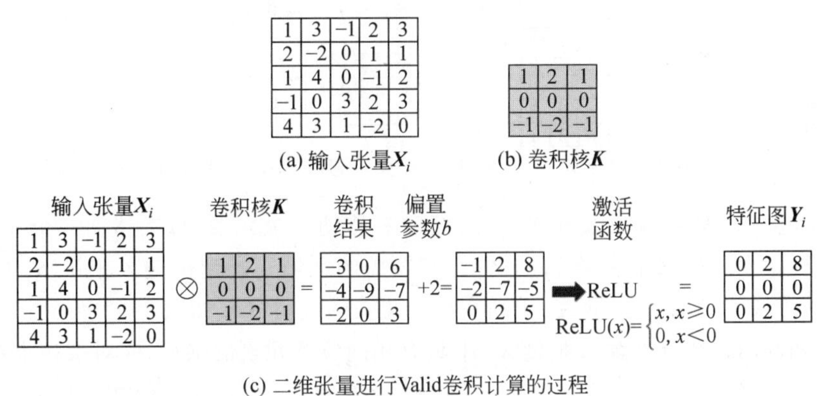

图 4-10　二维张量进行 Valid 卷积的例子

4.2.1 二维张量的卷积计算

1. Valid 卷积

在计算 Valid 卷积时，卷积核 K 在卷积层的输入张量 $\boldsymbol{X}_i$ 上按照先行后列的顺序分别进行上下移动和左右移动，把卷积核 $\boldsymbol{K}$ 中的元素和卷积核 $\boldsymbol{K}$ 覆盖的输入张量 $\boldsymbol{X}_i$ 中相同位置元素相乘，并进行求和。在 Valid 卷积中，卷积核 $\boldsymbol{K}$ 只能在输入张量 $\boldsymbol{X}_i$ 的内部移动，也就是说卷积核 $\boldsymbol{K}$ 覆盖的区域只能位于输入张量 $\boldsymbol{X}_i$ 的内部，不能覆盖输入张量 $\boldsymbol{X}_i$ 的外部区域。

例如，计算输入张量 $\boldsymbol{X}_i$ 和卷积核 $\boldsymbol{K}$ 的 Valid 卷积，$\boldsymbol{X}_i$ 为 5×5 的二维张量，如图 4-10(a) 所示，$\boldsymbol{K}$ 为 3×3 的二维张量，如图 4-10(b) 所示。$\boldsymbol{X}_i$ 和 $\boldsymbol{K}$ 的 Valid 卷积计算包括 3 个步骤。

(1) 首先，把卷积核 $\boldsymbol{K}$ 覆盖输入张量 $\boldsymbol{X}_i$ 左上角的区域，如图 4-11 所示。

计算卷积核 $\boldsymbol{K}$ 中的元素和此时被覆盖的输入张量 $\boldsymbol{X}_i$ 中具有相同位置元素之间的乘积，并对乘积求和，即

$$1\times1+3\times2+(-1)\times1+2\times0+(-2)\times0+0\times0+1\times(-1)+4\times(-2)+0\times(-1)=-3 \tag{4-2}$$

把得到的求和结果值“-3”作为卷积结果张量中第 1 行的第 1 个元素，如图 4-11 所示。

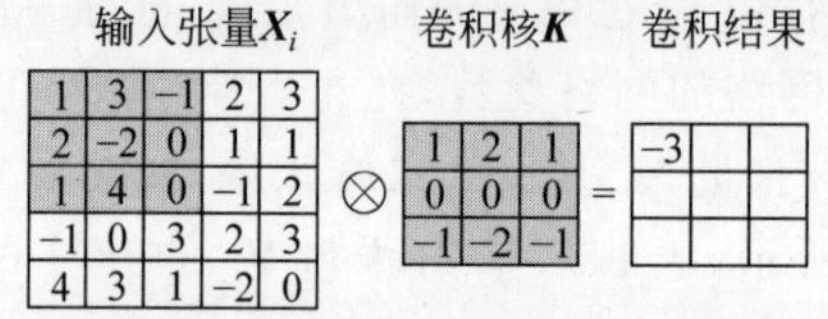

图 4-11　二维张量 Valid 卷积计算步骤(1)的第 1 个示意图

然后，把卷积核 $\boldsymbol{K}$ 在输入张量 $\boldsymbol{X}_i$ 中向右移动一个元素，如图 4-12 所示。

计算卷积核 $\boldsymbol{K}$ 中的元素和此时被覆盖的输入张量 $\boldsymbol{X}_i$ 中具有相同位置元素的乘积，并对乘积求和，即

$$3\times1+(-1)\times2+2\times1+(-2)\times0+0\times0+1\times0+4\times(-1)+0\times(-2)+(-1)\times(-1)=0 \tag{4-3}$$

把得到的求和结果值“0”作为卷积结果张量中第 1 行的第 2 个元素，如图 4-12 所示。

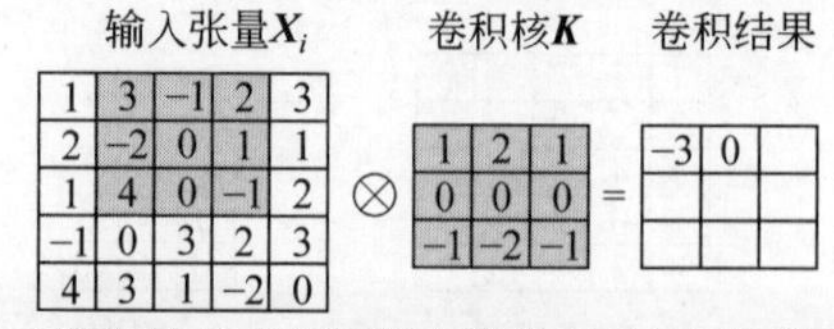

图 4-12　二维张量 Valid 卷积计算步骤(1)中的第 2 个示意图

最后，把卷积核 $\boldsymbol{K}$ 在输入张量 $\boldsymbol{X}_i$ 中继续向右移动一个元素，每次移动一个元素，并重复上述计算过程。卷积核 $\boldsymbol{K}$ 在每次移动之后，其覆盖的区域不能超出输入张量 $\boldsymbol{X}_i$ 的区域。在该示例中，卷积核 $\boldsymbol{K}$ 在输入张量 $\boldsymbol{X}_i$ 中向右移动覆盖的最后区域如图 4-13 所示。计算卷积核 $\boldsymbol{K}$ 中的元素和此时被覆盖的输入张量 $\boldsymbol{X}_i$ 中具有相同位置元素的乘积，并对乘积求和，即

$$(-1)\times1+2\times2+3\times1+0\times0+1\times0+1\times0+0\times(-1)+(-1)\times(-2)+2\times(-1)=6 \tag{4-4}$$

把得到的结果值“6”作为卷积结果第 1 行的最后一个元素，如图 4-13 所示，这样就完成步骤(1)的全部操作。

(2) 首先，把卷积核 $\boldsymbol{K}$ 从输入张量 $\boldsymbol{X}_i$ 第 2 行第 1 列处元素“2”的位置开始覆盖，如图 4-14 所示。计算卷积核 $\boldsymbol{K}$ 中的元素和此时被覆盖的输入张量 $\boldsymbol{X}_i$ 中具有相同位置元素的乘积，并对乘积求和，把得到的值“-4”作为卷积结果张量中第 2 行的第 1 个元素。

然后，把卷积核 $\boldsymbol{K}$ 继续向右移动，每次移动一个元素，并重复上述计算过程。在卷积核 $\boldsymbol{K}$ 向右移动之后，其覆盖的区域不能超出输入张量 $\boldsymbol{X}_i$ 的区域，从而得到卷积结果张量中第

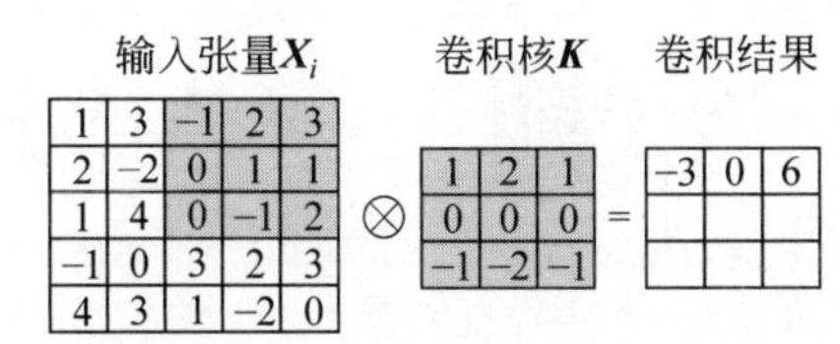

图 4-13　二维张量 Valid 卷积计算步骤(1)中的第 3 个示意图

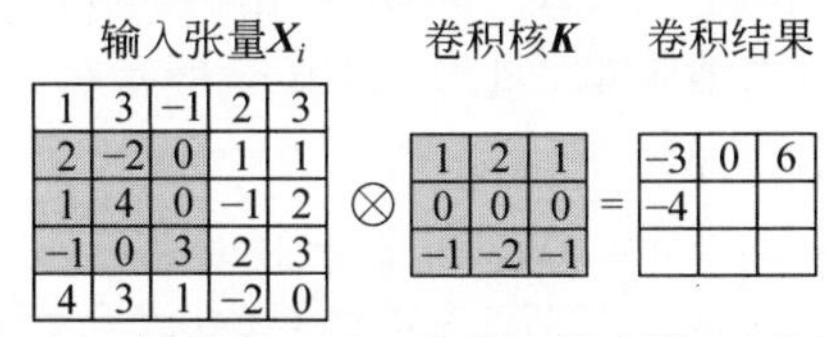

图 4-14　二维张量 Valid 卷积计算步骤(2)的示意图

2 行的第 2 个元素“－9”和第 3 个元素“－7”。

(3) 把卷积核 $\boldsymbol{K}$ 从输入张量 $\boldsymbol{X}_i$ 第 3 行第 1 列处元素“1”的位置开始覆盖，重复上述相同的计算过程。把卷积核 $\boldsymbol{K}$ 继续向右和向下移动，在每次移动之后，卷积核 $\boldsymbol{K}$ 不能覆盖输入张量 $\boldsymbol{X}_i$ 外部的区域。卷积核 $\boldsymbol{K}$ 最后覆盖输入张量 $\boldsymbol{X}_i$ 的区域如图 4-15 所示，重复上述相同的计算过程，把得到的结果值“3”作为卷积结果张量最后一行的最后一个元素。就完成了输入张量 $\boldsymbol{X}_i$ 和卷积核 $\boldsymbol{K}$ 之间 Valid 卷积的计算过程，卷积结果的形状为 3×3。

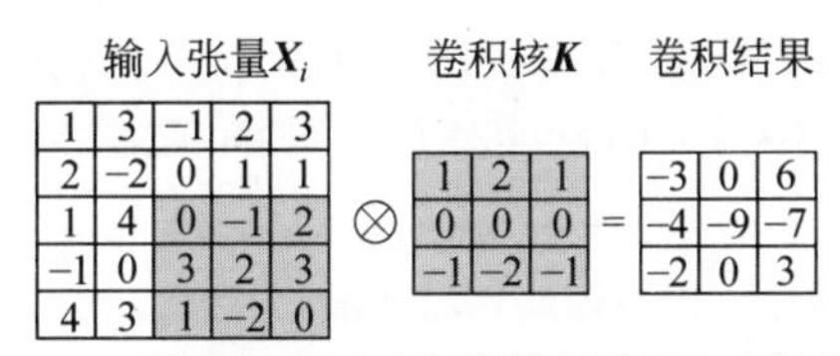

图 4-15　二维张量 Valid 卷积计算步骤(3)的示意图

2. Same 卷积

在计算 Same 卷积时，首先计算卷积核 $\boldsymbol{K}$ 中锚点元素的坐标。然后，在输入张量 $\boldsymbol{X}_i$ 上，把卷积核 $\boldsymbol{K}$ 按照先上后下、先左后右的顺序移动。在卷积核 $\boldsymbol{K}$ 移动到一个新位置之后，必须保证卷积核的锚点能够覆盖输入张量 $\boldsymbol{X}_i$ 中的一个元素，此锚点元素不能覆盖输入张量 $\boldsymbol{X}_i$ 的外部区域。最后，把卷积核 $\boldsymbol{K}$ 的元素和它所覆盖的相同位置元素相乘，并进行求和。如果卷积核 $\boldsymbol{K}$ 覆盖了输入张量 $\boldsymbol{X}_i$ 的外部区域，则这些外部区域的元素值设置为 0。

卷积核 $\boldsymbol{K}$ 中锚点元素坐标的计算方法如表 4-1 所示。在表 4-1 中，卷积核 $\boldsymbol{K}$ 的形状为 $m \times n$，m 和 n 分别表示卷积核 $\boldsymbol{K}$ 中行和列的数量。例如，如果卷积核 $\boldsymbol{K}$ 的形状为 3×3，则锚点元素的坐标为[1,1]，如图 4-16(a)所示。在卷积核 $\boldsymbol{K}$ 中，元素的坐标从 0 开始，不是从 1 开始。如果卷积核 $\boldsymbol{K}$ 的形状为 2×2，则锚点元素的坐标为[0, 0]，如图 4-16(b)所示。

表 4-1　卷积核 K 中锚点元素坐标的计算方法

卷积核 $\boldsymbol{K}$ 的行数 m	奇数	偶数	奇数	偶数
卷积核 $\boldsymbol{K}$ 的列数 n	奇数	偶数	偶数	奇数
锚点的坐标	[$(m-1)/2$, $(n-1)/2$]	[$(m-2)/2$, $(n-2)/2$]	[$(m-1)/2$, $(n-2)/2$]	[$(m-2)/2$, $(n-1)/2$]

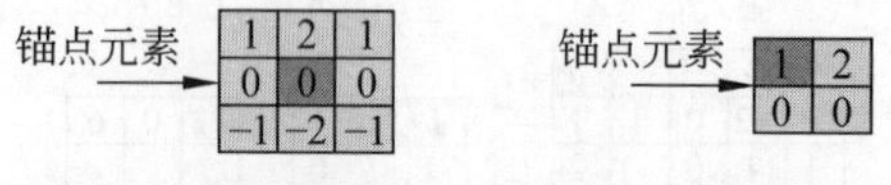

锚点元素

1	2	1
0	0	0
−1	−2	−1

(a) 卷积核$\boldsymbol{K}$的形状为3×3

锚点元素

1	2
0	0

(b) 卷积核$\boldsymbol{K}$的形状为2×2

图 4-16　卷积核中锚点元素坐标计算方法的示例

例如，计算输入张量 $\boldsymbol{X}_i$ 和卷积核 $\boldsymbol{K}$ 的 Same 卷积，其中 $\boldsymbol{X}_i$ 为 5×5 的二维张量，如图 4-10(a)所示，$\boldsymbol{K}$ 为 3×3 的二维张量，如图 4-10(b)所示。计算卷积核 $\boldsymbol{K}$ 中锚点元素的坐标，其坐标值为[1,1]，如图 4-16(a)所示。

输入张量 $\boldsymbol{X}_i$ 和卷积核 $\boldsymbol{K}$ 的 Same 卷积包括 3 个步骤。

(1) 首先，把卷积核 $\boldsymbol{K}$ 覆盖输入张量 $\boldsymbol{X}_i$ 的左上角区域，并且卷积核中的锚点元素覆盖输入张量 $\boldsymbol{X}_i$ 第 1 行第 1 列的元素“1”，如图 4-17 所示。

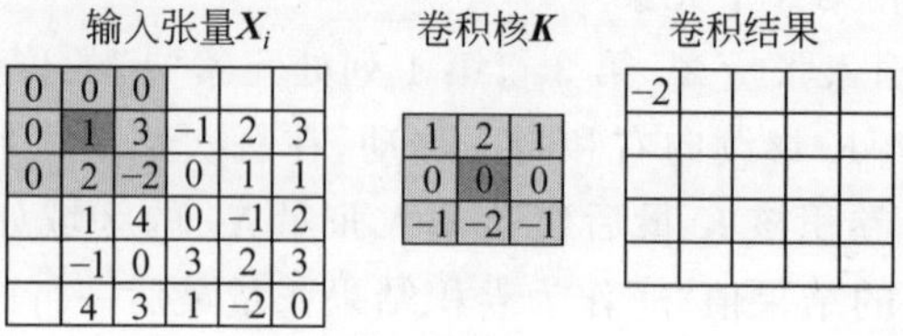

输入张量$\boldsymbol{X}_i$

0	0	0			
0	1	3	−1	2	3
0	2	−2	0	1	1
	1	4	0	−1	2
	−1	0	3	2	3
	4	3	1	−2	0

卷积核$\boldsymbol{K}$

1	2	1
0	0	0
−1	−2	−1

卷积结果

−2				

图 4-17　Same 卷积计算步骤(1)中的第 1 个示意图

计算卷积核 $\boldsymbol{K}$ 中的元素和此时被覆盖的输入张量 $\boldsymbol{X}_i$ 中具有相同位置元素的乘积，如果卷积核 $\boldsymbol{K}$ 覆盖了 $\boldsymbol{X}_i$ 的外部区域，则这些外部区域的元素设置为 0。此外，对乘积求和，即

$$0\times1+0\times2+0\times1+0\times0+1\times0+3\times0+0\times(-1)+2\times(-2)+(-2)\times(-1)=-2 \tag{4-5}$$

把求和的结果值“−2”作为卷积结果第 1 行第 1 个元素。

然后，把卷积核 $\boldsymbol{K}$ 向右移动，每次移动一个元素。在最后一次移动之后，卷积核 $\boldsymbol{K}$ 的锚点元素覆盖了 $\boldsymbol{X}_i$ 中第 1 行最后一列的元素“3”，如图 4-18 所示。在卷积核每次移动完成之后，重复前面的计算过程，从而得到卷积结果第 1 行的元素值。

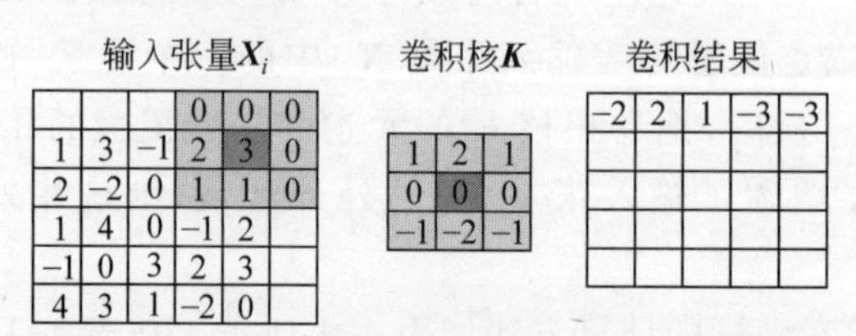

图 4-18　Same 卷积步骤(1)中的第 2 个示意图

(2) 首先，把卷积核 K 的中心点“0”覆盖 $\boldsymbol{X}_i$ 中第 2 行第 1 列的元素“2”，如图 4-19 所示。重复前面的计算过程，把得到的求和值“−1”作为卷积结果第 2 行第 1 列的元素。然后，把卷积核 $\boldsymbol{K}$ 向右移动，每次移动一个元素。在最后一次移动完成之后，卷积核 $\boldsymbol{K}$ 的锚点元素覆盖了 $\boldsymbol{X}_i$ 中第 2 行最后一列的元素“1”，如图 4-20 所示。在卷积核的每次移动中，重复前面的计算过程，从而得到卷积结果第 2 行的元素值。

(3) 把卷积核 $\boldsymbol{K}$ 的锚点元素覆盖 $\boldsymbol{X}_i$ 中第 3 行第 1 列的元素“1”，重复上述相同的计算过程。把卷积核 $\boldsymbol{K}$ 一直向下和向右移动，在每次移动之后，卷积核 $\boldsymbol{K}$ 的锚点元素必须覆盖 $\boldsymbol{X}_i$ 中的一个元素。在最后一次移动之后，卷积核 $\boldsymbol{K}$ 的锚点元素覆盖了 $\boldsymbol{X}_i$ 中最后一行最后

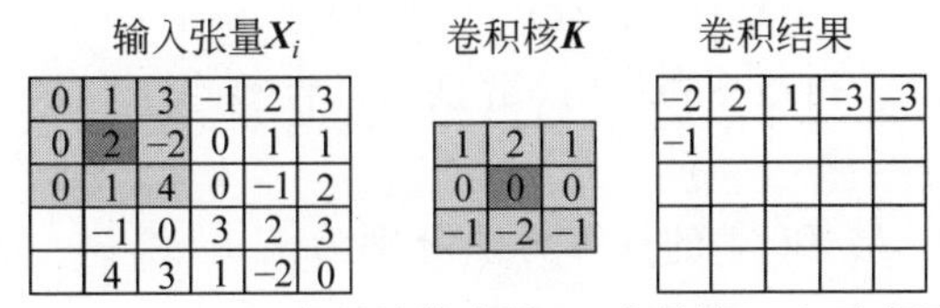

图 4-19　Same 卷积计算步骤(2)中的第 1 个示意图

输入张量X_i

1	3	−1	2	3	0
2	−2	0	1	1	0
1	4	0	−1	2	0
−1	0	3	2	3	
4	3	1	−2	0	

卷积核K

1	2	1
0	0	0
−1	−2	−1

卷积结果

−2	2	1	−3	−3
−1	−3	0	6	5

图 4-20　Same 卷积计算步骤中的第 2 个示意图

一列的元素“0”，如图 4-21 所示。重复上述相同的计算过程，把得到的结果值“8”作为卷积结果中最后一行最后一列的元素。

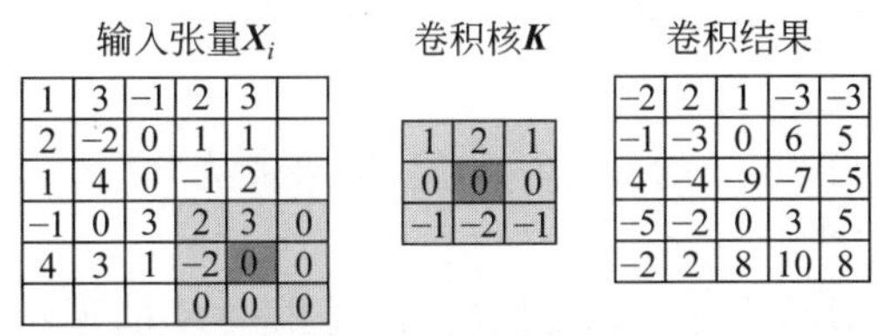

图 4-21　Same 卷积计算步骤(3)中的示意图

这就完成了输入张量 X_i 和卷积核 K 之间的 Same 卷积计算，如图 4-22 所示。在图 4-22 中，Same 卷积结果的形状为 5×5。

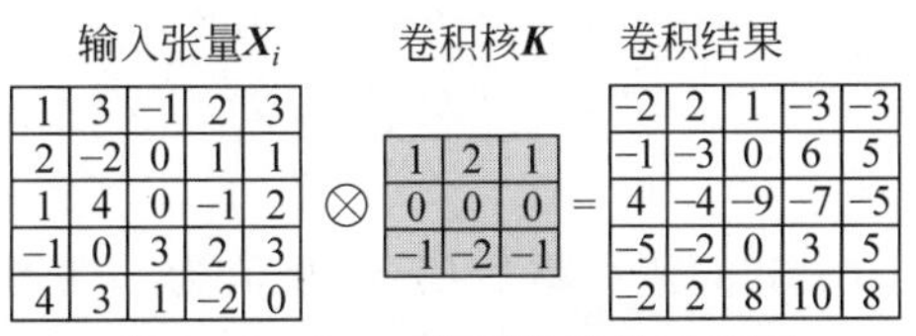

图 4-22　Same 卷积计算的示意图

3. 二维张量卷积结果的形状

假设输入张量 X_i 的形状为 $P\times Q$，即 X_i 有 P 行 Q 列元素，卷积核 K 的形状为 $m\times n$，即 K 有 m 行 n 列的元素，卷积核 K 在水平方向和竖直方向每次移动一个元素，即卷积核在水平方向和竖直方向移动的步长(Stride)都是 1。如果输入张量 X_i 和卷积核 K 计算 Valid 卷积，卷积结果的形状为 $(P-m+1)\times(Q-n+1)$；如果输入张量 X_i 和卷积核 K 计算 Same 卷积，卷积结果的形状为 $P\times Q$。在图 4-15 中，5×5 的输入张量 X_i 与 3×3 的卷积核 K 计算 Valid 卷积，卷积核 K 在水平方向和竖直方向移动的步长都是 1，得到的卷积结果形状为 3×3。在图 4-21 中，5×5 的输入张量 X_i 与 3×3 的卷积核 K 计算 Same 卷积，卷积核 K 在水平方向和竖直方向移动的步长都是 1，得到的卷积结果形状为 5×5。

如果卷积核 K 在水平方向和竖直方向移动的步长(Stride)不是 1，分别是 S_h 和 S_v，卷积结果的形状为 $M\times N$，如果计算 Valid 卷积，M 和 N 的计算方法分别为

$$M=f_1[(P-m)\div S_v]+1 \tag{4-6}$$

$$N = f_1[(Q-n) \div S_h] + 1 \tag{4-7}$$

其中，$f_1[(P-m)\div S_v]$和 $f_1[(Q-n)\div S_h]$分别表示计算小于$[(P-m)\div S_v]$和$[(Q-n)\div S_h]$的最大整数值。

如果计算 Same 卷积，M 和 N 的计算方法分别为

$$M = f_2(P \div S_v) \tag{4-8}$$

$$N = f_2(Q \div S_h) \tag{4-9}$$

其中，$f_2(P\div S_v)$和 $f_2(Q\div S_h)$分别表示计算大于$(P\div S_v)$和$(Q\div S_h)$的最小整数值。

例如，如果输入张量 $\boldsymbol{X}_i$ 的形状为 $P\times Q=10\times 10$，卷积核 K 的形状为 $m\times n=3\times 3$，卷积核 $\boldsymbol{K}$ 在水平方向和竖直方向移动的步长 S_h 和 S_v 分别为 3 和 2，输入张量 $\boldsymbol{X}_i$ 与卷积核 $\boldsymbol{K}$ 计算 Valid 卷积，卷积结果的形状为

$$\begin{aligned} M\times N &= \{f_1[(P-m)\div S_v]+1\}\times\{f_1[(Q-n)\div S_h]+1\} \\ &= \{f_1[(10-3)\div 2]+1\}\times\{f_1[(10-3)\div 3]+1\} \\ &= \{f_1[3.5]+1\}\times\{f_1[2.3]+1\} \\ &= \{3+1\}\times\{2+1\} \\ &= 4\times 3 \end{aligned} \tag{4-10}$$

其中，$f_1[3.5]$表示计算小于“3.5”的最大整数值，结果值为“3”；$f_1[2.3]$表示计算小于“2.3”的最大整数值，结果值为“2”。

如果输入张量 $\boldsymbol{X}_i$ 的形状为 $P\times Q=11\times 11$，卷积核 $\boldsymbol{K}$ 的形状为 $m\times n=3\times 3$，卷积核 $\boldsymbol{K}$ 在水平方向和竖直方向移动的步长 S_h 和 S_v 分别为 3 和 2，输入张量 $\boldsymbol{X}_i$ 与卷积核 $\boldsymbol{K}$ 进行 Same 卷积，卷积结果的形状为

$$\begin{aligned} M\times N &= f_2(P\div S_v)\times f_2(Q\div S_h) \\ &= f_2(11\div 2)\times f_2(11\div 3) \\ &= f_2(5.5)\times f_2(3.7) \\ &= 6\times 4 \end{aligned} \tag{4-11}$$

其中，$f_2(5.5)$表示计算大于“5.5”的最小整数值，结果值为“6”；$f_2(3.7)$表示计算大于“3.7”的最小整数值，结果值为“4”。

4.2.2 三维张量的卷积计算

在张量中，通常把张量的最后一个尺度称为通道。例如，一个张量的形状为 6×6×3，那么此张量的通道数为 3。

下面介绍三维输入张量进行 Valid 卷积计算的方法。假设第 i 个卷积层的输入张量 $\boldsymbol{X}_i$ 如图 4-23(a)，此卷积层使用 1 个卷积核 $\boldsymbol{K}$ 计算 Valid 卷积，卷积核 $\boldsymbol{K}$ 如图 4-23(b)所示。输入张量 $\boldsymbol{X}_i$ 的形状为 3×3×3，形状中的最后一个“3”表示此张量有 3 个二维平面，形状中的前两个“3”表示此张量包含的二维平面尺寸是 3×3，即二维平面有 2 行 2 列元素。卷积核 $\boldsymbol{K}$ 的形状为 2×2×3，形状中的“3”表示此张量有 3 个二维平面，形状中的前两个“2”表示此张量包含的二维平面尺寸是 2×2，即二维平面有 2 行 2 列元素。输入张量 $\boldsymbol{X}_i$ 和卷积核 $\boldsymbol{K}$ 在进行卷积计算时，要保证卷积核形状的最后一个尺度值等于输入张量 $\boldsymbol{X}_i$ 形状的最后一个尺度值。

输入张量 $\boldsymbol{X}_i$ 和 1 个卷积核 $\boldsymbol{K}$ 的 Valid 卷积计算包括两个步骤。

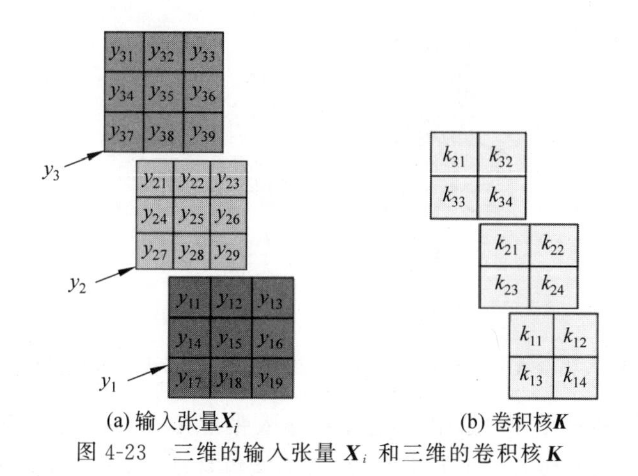

图 4-23　三维的输入张量 $\boldsymbol{X}_i$ 和三维的卷积核 $\boldsymbol{K}$

(1) 首先,把卷积核 $\boldsymbol{K}$ 的第一个平面、第二个平面和第三个平面分别覆盖输入张量 $\boldsymbol{X}_i$ 第一个平面、第二个平面和第三个平面左上角的元素,如图 4-24 所示。把卷积核 $\boldsymbol{K}$ 中的元素和此时卷积核 $\boldsymbol{K}$ 覆盖的输入张量 $\boldsymbol{X}_i$ 中相同位置元素相乘,并求和,把得到的求和结果 h_1 作为卷积结果第 1 行的第 1 个元素值,即

$$h_1 = y_{31} * k_{31} + y_{32} * k_{32} + y_{34} * k_{33} + y_{35} * k_{34} + y_{21} * k_{21} + y_{22} * k_{22} + y_{24} * k_{23} + y_{25} * k_{24} + y_{11} * k_{11} + y_{12} * k_{12} + y_{14} * k_{13} + y_{15} * k_{14} \tag{4-12}$$

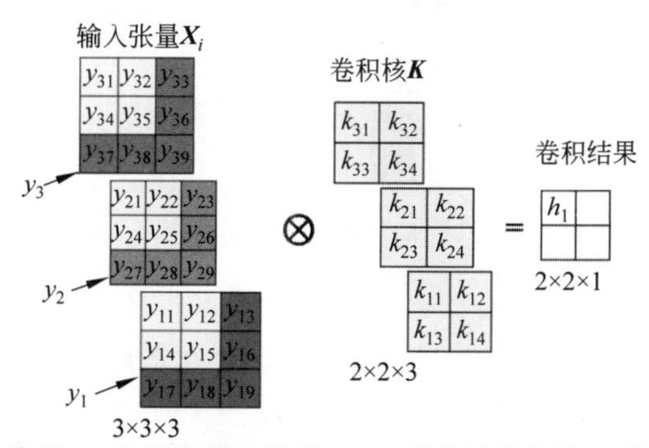

图 4-24　输入张量 $\boldsymbol{X}_i$ 和卷积核 $\boldsymbol{K}$ 进行 Valid 卷积计算步骤(1)的第 1 个示意图

然后,在输入张量 $\boldsymbol{X}_i$ 的第一个平面、第二个平面和第三个平面上分别向右移动卷积核 $\boldsymbol{K}$ 的第一个平面、第二个平面和第三个平面。在移动的过程中,每次移动一个元素,并且要保证卷积核 $\boldsymbol{K}$ 覆盖的内容必须在输入张量 $\boldsymbol{X}_i$ 的内部。在该示例中,把卷积核 $\boldsymbol{K}$ 向右移动 1 个元素之后,就不能再移动了,否则卷积核 $\boldsymbol{K}$ 就会覆盖输入张量 $\boldsymbol{X}_i$ 的外部区域。把卷积核向右移动 1 个元素的情形如图 4-25 所示。

把卷积核 $\boldsymbol{K}$ 中的元素和此时卷积核 $\boldsymbol{K}$ 覆盖的输入张量 $\boldsymbol{X}_i$ 中相同位置元素相乘,并求和,把得到的求和结果 h_2 作为卷积结果第 1 行第 2 个元素值,即

$$h_2 = k_{31} * y_{32} + k_{32} * y_{33} + k_{33} * y_{35} + k_{34} * y_{36} + k_{21} * y_{22} + k_{22} * y_{23} + k_{23} * y_{25} + k_{24} * y_{26} + k_{11} * y_{12} + k_{12} * y_{13} + k_{13} * y_{15} + k_{14} * y_{16} \tag{4-13}$$

(2) 在输入张量 $\boldsymbol{X}_i$ 的第一个平面、第二个平面和第三个平面的最左侧分别向下和向右移动卷积核 $\boldsymbol{K}$ 的第一个平面、第二个平面和第三个平面。在移动的过程中,每次移动一个

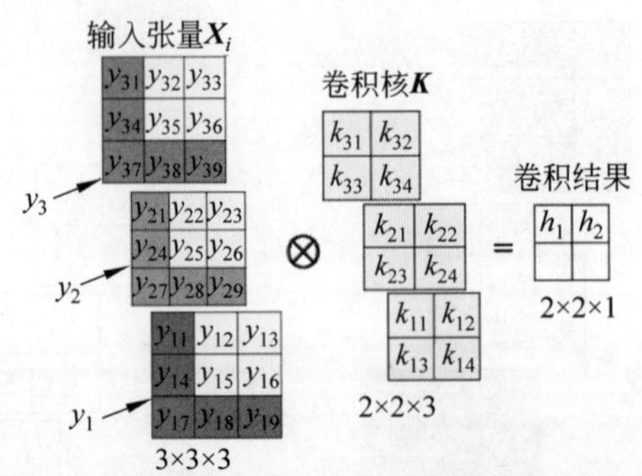

图 4-25　输入张量 $\boldsymbol{X}_i$ 和卷积核 K 进行 Valid 卷积计算步骤(1)的第 2 个示意图

元素，并且要保证卷积核 K 覆盖的内容必须在输入张量 $\boldsymbol{X}_i$ 的内部。在该示例中，把卷积核 $\boldsymbol{K}$ 在输入张量 $\boldsymbol{X}_i$ 中向下移动一个元素之后，就不能再移动了，否则卷积核 $\boldsymbol{K}$ 会覆盖输入张量 $\boldsymbol{X}_i$ 的外部区域，如图 4-26 所示。

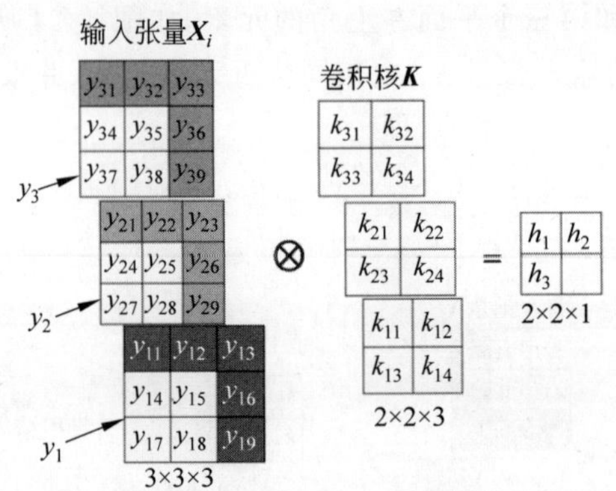

图 4-26　输入张量 $\boldsymbol{X}_i$ 和卷积核 $\boldsymbol{K}$ 进行 Valid 卷积计算步骤(2)的第 1 个示意图

把卷积核 $\boldsymbol{K}$ 中的元素和此时卷积核 $\boldsymbol{K}$ 覆盖的输入张量 $\boldsymbol{X}_i$ 中相同位置元素相乘，并求和，把得到的求和结果 h_3 作为卷积结果第 2 行第 1 个元素值，即

$$h_3 = k_{31} * y_{34} + k_{32} * y_{35} + k_{33} * y_{37} + k_{34} * y_{38} + k_{21} * y_{24} + k_{22} * y_{25} + k_{23} * y_{27} + k_{24} * y_{28} + k_{11} * y_{14} + k_{12} * y_{15} + k_{13} * y_{17} + k_{14} * y_{18} \tag{4-14}$$

在图 4-26 中，在输入张量 $\boldsymbol{X}_i$ 的每个平面上分别向右移动卷积核 K 的对应平面，只能移动一个元素，否则卷积核 $\boldsymbol{K}$ 会覆盖输入张量 $\boldsymbol{X}_i$ 的外部区域，如图 4-27 所示。

使用和上面类似的计算方法，把卷积核 $\boldsymbol{K}$ 中的元素和输入张量 $\boldsymbol{X}_i$ 中的对应元素相乘，并求和，把得到的求和结果 h_4 作为卷积结果第 2 行第 2 个元素值，即

$$h_4 = k_{31} * y_{35} + k_{32} * y_{36} + k_{33} * y_{38} + k_{34} * y_{39} + k_{21} * y_{25} + k_{22} * y_{26} + k_{23} * y_{28} + k_{24} * y_{29} + k_{11} * y_{15} + k_{12} * y_{16} + k_{13} * y_{18} + k_{14} * y_{19} \tag{4-15}$$

现在完成了输入张量 $\boldsymbol{X}_i$ 与 1 个卷积核 $\boldsymbol{K}$ 的 Valid 卷积计算，其中输入张量 $\boldsymbol{X}_i$、卷积核 $\boldsymbol{K}$ 和卷积结果的形状分别为 3×3×3、2×2×3 和 2×2×1。在卷积结果的形状 2×2×1 中，“1”表示卷积结果有 1 个二维平面，前面两个“2”表示二维平面中有 2 行 2 列元素。

输入张量 $\boldsymbol{X}_i$ 和 3 个卷积核的 Valid 卷积计算如图 4-28 所示，输入张量 $\boldsymbol{X}_i$ 的形状为 3×3×3，每个卷积核的形状为 2×2×3。卷积结果的形状为 2×2×3，最后 1 个“3”表示卷积结果有 3 个二维平面，前面两个“2”表示每个二维平面有 2 行 2 列元素。

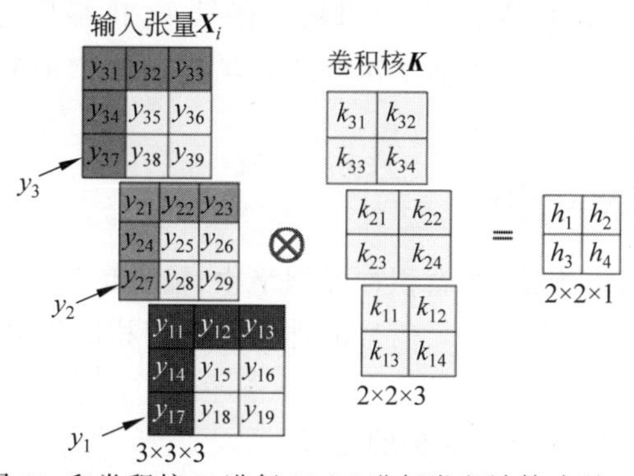

图 4-27 输入张量 $\boldsymbol{X}_i$ 和卷积核 $\boldsymbol{K}$ 进行 Valid 进行卷积计算步骤(2)的第 2 个示意图

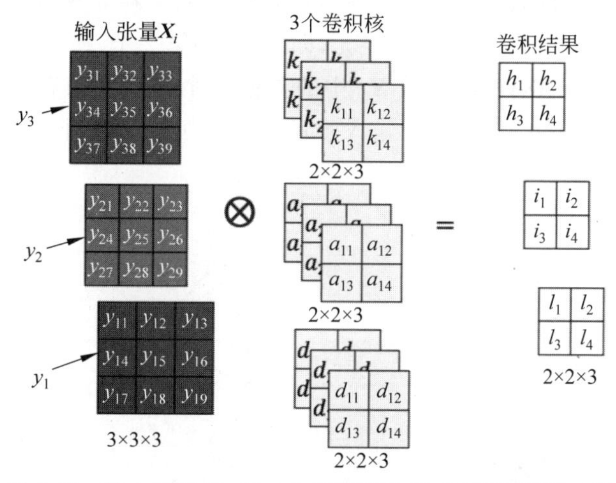

图 4-28 输入张量 $\boldsymbol{X}_i$ 和 3 个卷积核的 Valid 卷积计算过程

如果三维输入张量 $\boldsymbol{X}_i$ 进行 Same 卷积计算，要计算卷积核中每个二维平面的锚点元素，而且当在三维输入张量 $\boldsymbol{X}_i$ 的每个二维平面中移动卷积核中对应的二维平面时，要保证卷积核中二维平面的锚点元素能够覆盖三维输入张量 $\boldsymbol{X}_i$ 对应二维平面中的某个元素。其详细的计算过程和二维输入张量的 Same 卷积类似，这里不再重复介绍。

下面介绍三维张量卷积结果形状的计算方法。如果三维输入张量 $\boldsymbol{X}_i$ 与 h 个卷积核进行卷积计算，三维输入张量 $\boldsymbol{X}_i$ 的形状为 $P \times Q \times k$，每个卷积核也是三维张量，其形状为 $m \times n \times k$，卷积核在水平方向和竖直方向移动的步长分别是 S_h 和 S_v，则卷积结果的形状为 $M \times N \times h$。如果进行 Valid 卷积，M 和 N 的计算方法分别为

$$M = f_1[(P - m) \div S_v] + 1 \tag{4-16}$$

$$N = f_1[(Q - n) \div S_h] + 1 \tag{4-17}$$

其中，$f_1[(P-m) \div S_v]$和 $f_1[(Q-n) \div S_h]$分别表示计算小于$[(P-m) \div S_v]$和$[(Q-n) \div S_h]$的最大整数值。

如果进行 Same 卷积，M 和 N 的计算方法分别为

$$M = f_2(P \div S_v) \tag{4-18}$$

$$N = f_2(Q \div S_h) \tag{4-19}$$

其中，$f_2(P \div S_v)$和 $f_2(Q \div S_h)$分别表示计算大于$(P \div S_v)$和$(Q \div S_h)$的最小整数值。

在计算三维输入张量 $\boldsymbol{X}_i$ 的卷积时，三维输入张量 $\boldsymbol{X}_i$ 的最后一个维度和每个卷积核的最后一个维度必须相同。此外，三维输入张量卷积结果形状的最后一个维度等于卷积核的数量。

4.2.3 卷积计算的性质

和全连接前馈神经网络相比，在卷积神经网络中，输入信号的神经元和卷积层的神经元之间只有很少的连线。此外，由于输入信号的神经元使用相同的网络参数，因此卷积计算只需要很少的网络参数。

1. 卷积计算的神经元之间只有很少的连线

如果卷积层的输入张量 $\boldsymbol{X}_i$ 和卷积核 $\boldsymbol{K}$ 做卷积计算，即计算 $Y_i=f(\boldsymbol{X}_i\otimes\boldsymbol{K}+b)$，假设 $\boldsymbol{X}_i$ 的形状为 3×3，$\boldsymbol{K}$ 的形状为 2×2，如图 4-29(a)所示。在获得卷积结果的第一个元素 Y_{i1} 时，只使用了输入张量 $\boldsymbol{X}_i$ 的 4 个神经元，即第 1 个、第 2 个、第 4 个和第 5 个神经元，所以 Y_{i1} 只和这 4 个神经元具有连线，和 $\boldsymbol{X}_i$ 中的其他 5 个神经元没有连线，如图 4-29(b)所示。在全连接前馈神经网络中，Y_{i1} 和输入张量中的 9 个神经元都具有连线，如图 4-29(c)所示。

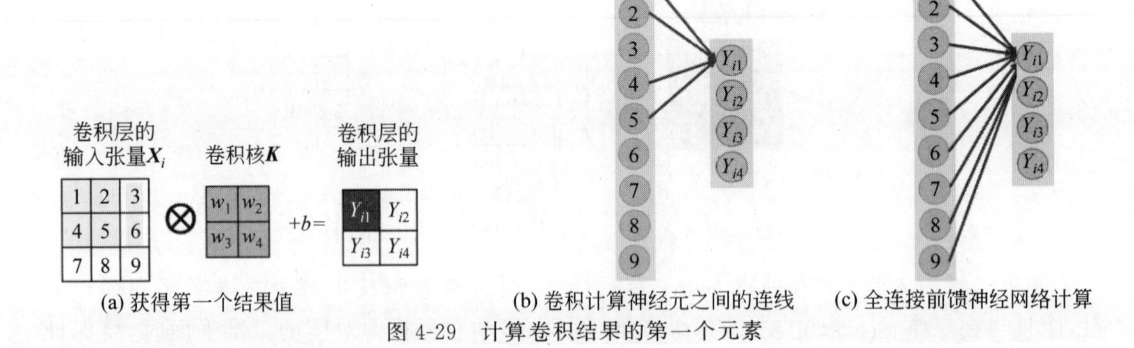

图 4-29 计算卷积结果的第一个元素

同理，在获得卷积结果的其他 3 个元素 Y_{i2}、Y_{i3} 和 Y_{i4} 时，具有相同的特点，如图 4-30 所示。从图 4-30(b)可以看到，在卷积计算中，输入信号的神经元和卷积结果的神经元之间只有 16 条连线。在图 4-30(c)中可以看到，在全连接前馈神经网络中，输入信号的神经元和卷积结果的神经元之间有 36 条连线。显然，和全连接前馈神经网络相比，在卷积神经网络中进行卷积计算时，输入信号神经元和卷积结果神经元之间只有很少的连线。卷积神经网络的这种特点减少了因为连线过多而产生过拟合现象的可能性。

2. 卷积计算使用了相同的网络参数

在进行卷积计算获得卷积结果时，输入信号中的全部神经元使用了相同的网络参数，即卷积核 $\boldsymbol{K}$ 中的系数。在全连接前馈神经网络中，输入信号中的每个神经元都使用自己独有的权值参数，这些权值参数并不相同。例如，在图 4-30 中，进行卷积计算时，输入信号中的全部神经元使用的相同网络参数为卷积核 $\boldsymbol{K}$ 的 4 个系数，即 w_1、w_2、w_3 和 w_4；在全连接前馈神经网络中，输入信号中神经元使用的网络参数为 36 个权值参数，它们分别为 w_{11}、w_{12}、w_{13}、w_{14}、w_{21}、w_{22}、w_{23}、w_{24}……w_{91}、w_{92}、w_{93} 和 w_{94}。

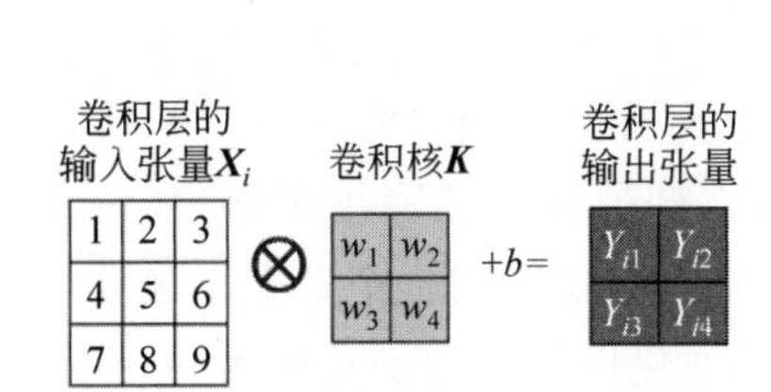

(a) 获得卷积结果

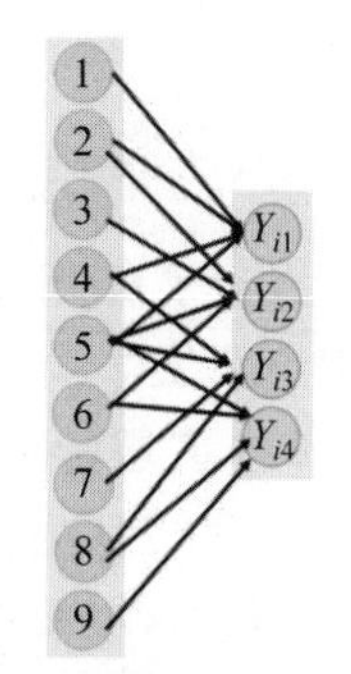

(b) 卷积计算神经元之间的连线

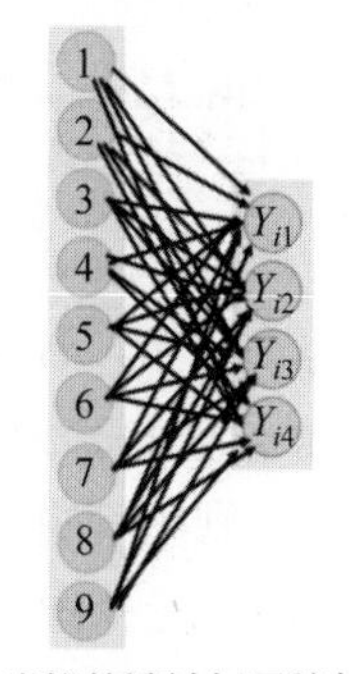

(c) 全连接前馈神经网络的连线

图 4-30　卷积计算的特点

3. 卷积计算需要很少的网络参数

和全连接前馈神经网络相比，卷积计算需要的网络参数比较少。例如，在图 4-30 中，如果输入张量 $\boldsymbol{X}_i$ 和卷积核 $\boldsymbol{K}$ 做卷积计算，需要的网络参数为 5 个，包括卷积核 $\boldsymbol{K}$ 中的 4 个系数和 1 个偏置参数。在图 4-30 中，如果使用全连接前馈神经网络，由于输入层的神经元和卷积结果的神经元之间具有 36 条连线，需要 36 个权值参数，此外，因为输出层中的每个神经元需要 1 个偏置参数，所以输出层需要 4 个偏置参数，最终需要 40 个网络参数。在图 4-30 中，卷积计算需要的网络参数数量仅仅是全连接前馈神经网络需要的网络参数数量的 1/8。

在手写数字识别问题中，使用的卷积神经网络和全连接前馈神经网络分别如图 4-31(a)和图 4-31(b)所示。

在图 4-31(a)所示的卷积神经网络中，卷积层使用 1 个形状为 5×5 的卷积核，输出层使用了 10 个神经元。在此卷积神经网络中，卷积层的网络参数包括 25 个卷积核的系数和 1 个偏置参数，所以卷积层有 26 个网络参数；池化层不需要网络参数；输出层的网络参数包括 1440(144×10)个权值参数和 10 个偏置参数，所以输出层有 1450 个网络参数。卷积神经网络全部网络参数的数量为 1466(26＋1440)个。在图 4-31(b)所示的全连接前馈神经网络中，隐藏层使用了 100 个神经元，输出层使用了 10 个神经元。在此全连接前馈神经网络中，隐藏层的网络参数包括 78 400(784×100)个权值参数和 100 个偏置参数，所以隐藏层有 78 500 个网络参数；输出层的网络参数包括 1000(100×10)个权值参数和 10 个偏置参数，所以输出层有 1010 个网络参数。全连接前馈神经网络全部网络参数的数量为 79 510(78 500＋1010)个。和卷积神经网络的网络参数数量相比，全连接前馈神经网络的网络参数数量是它的 54.23 倍。

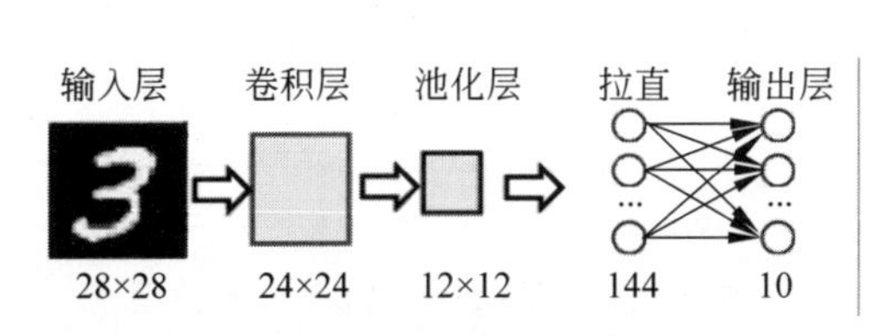

(a) 卷积神经网络

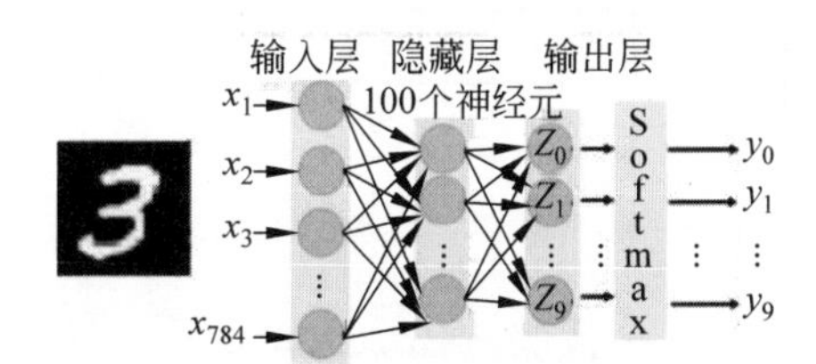

(b) 全连接前馈神经网络

图 4-31　处理手写数字识别问题的两种网络

4.3 池化计算

在卷积层中完成卷积计算之后，为了降低卷积结果的尺寸，经常在池化层中使用池化(Pooling)计算。在池化计算中，把池化层输入张量中某个小区域内部的所有元素进行统计处理，并把统计处理的结果作为这个小区域的输出值，从而得到池化层的输出张量，其尺寸明显小于池化层输入张量的尺寸。也可以认为，在池化计算中，对输入张量中某个小区域内的元素值进行采样，把有代表性的元素值作为采样的结果。池化层通常位于卷积层的后面，例如在图4-31(a)中，卷积神经网络包括一个卷积层和一个池化层，池化层在卷积层的后面。池化层不需要网络参数，卷积层需要网络参数。在卷积层中，卷积核的系数是未知参数，需要在训练过程中得到。所以，和卷积计算相比，池化计算相对简单。

在进行池化计算时，通常把使用的某个小区域称为池化窗口。池化窗口的尺寸一般比较小，如3×3、2×2等。在池化窗口的内部，可以使用不同的统计处理方法。按照统计处理方法的不同，池化计算可以分为两种类型：最大值池化(Max Pooling)和平均值池化(Average Pooling)。在实际使用时，经常使用最大值池化，平均值池化用得比较少。在最大值池化中，计算池化窗口内部全部元素的最大值，把最大值作为池化的结果。在平均值池化中，计算池化窗口内部全部元素的平均值，把平均值作为池化的结果。按照池化窗口移动范围的不同，池化计算也可以分为另外两种类型：Valid池化和Same池化。其中，Valid池化用得比较多，Same池化用得比较少。

4.3.1 Valid 池化

在Valid池化中，池化窗口只在池化层输入张量的内部移动，不能超出池化层输入张量的范围。

1. 二维张量的Valid池化过程

例如，池化层的输入张量 $\boldsymbol{X}_i$ 为二维张量，其形状为4×4，如图4-32所示。在该示例中，对 $\boldsymbol{X}_i$ 进行Valid最大值池化，并且池化窗口的形状设置为2×2。

Valid池化的过程包括3个步骤。

(1) 首先，把池化窗口放置在输入张量 $\boldsymbol{X}_i$ 的左上角。池化窗口会覆盖输入张量 $\boldsymbol{X}_i$ 左上角的4个元素，计算这4个元素的最大值，把最大值“40”作为池化层输出张量第1行第1列的元素值，如图4-33所示。

0	−2	−1	5
40	30	20	30
40	30	17	24
0	10	20	10

图4-32 池化层的输入张量 $\boldsymbol{X}_i$

池化层的输入张量 $\boldsymbol{X}_i$

0	−2	−1	5
40	30	20	30
40	30	17	24
0	10	20	10

最大值池化 → 池化窗口2×2

池化层的输出张量

40		

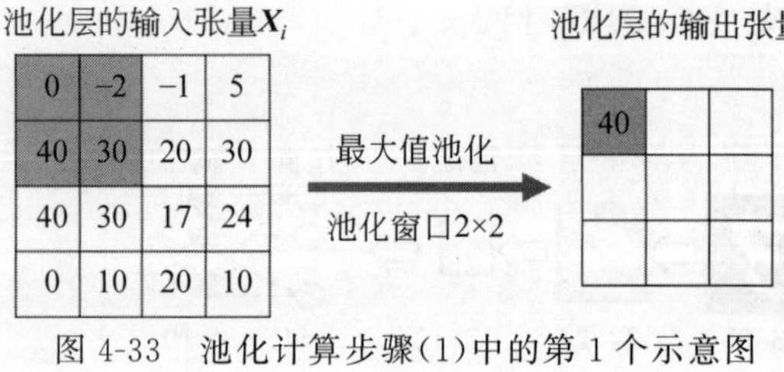

图4-33 池化计算步骤(1)中的第1个示意图

然后，把池化窗口向右移动，每次移动一个元素。在池化窗口移动之后，其不能覆盖输入张量 $\boldsymbol{X}_i$ 的外部区域。池化窗口每向右移动一次，都会覆盖输入张量 $\boldsymbol{X}_i$ 的4个元素，计算这 4 个元素的最大值，把最大值作为池化层输出张量第 1 行的元素值。池化窗口的最后位置如图 4-34 所示，计算池化窗口覆盖的 4 个元素的最大值，把最大值“30”作为输出张量第 1 行最后一列的元素。

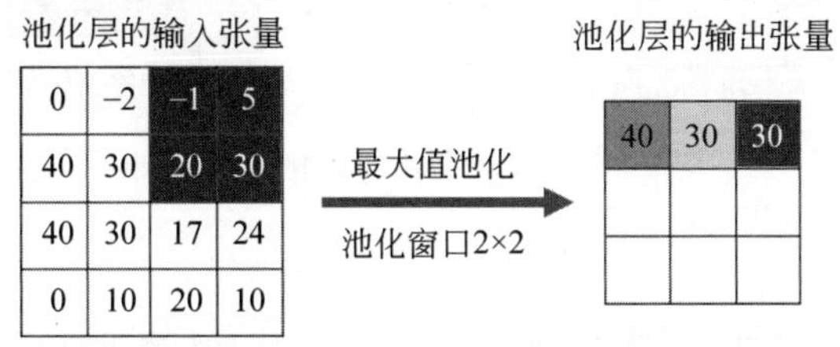

图 4-34　池化计算步骤(1)中的第 2 个示意图

(2) 把池化窗口向下移动一个元素，并把池化窗口放置在输入张量 $\boldsymbol{X}_i$ 的最左侧，如图 4-35 所示。计算池化窗口覆盖的 4 个元素的最大值，把最大值“40”作为池化层输出张量第 2 行第 1 个元素值。继续向右移动池化窗口，每次移动一个元素，并且保证池化窗口不能覆盖输入张量 $\boldsymbol{X}_i$ 的外部区域。在每一次移动完成之后，计算池化窗口覆盖的 4 个元素的最大值，把最大值作为池化层输出张量第 2 行的元素值。

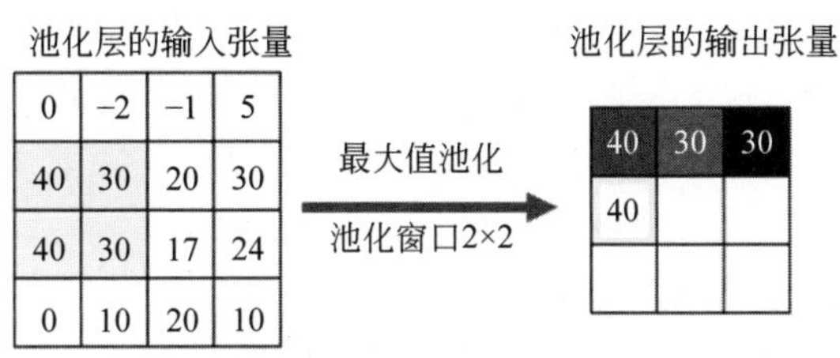

图 4-35　池化计算步骤(2)的示意图

(3) 把池化窗口分别向下和向右移动，每次移动一个元素。在移动完成之后，计算池化窗口覆盖的 4 个元素的最大值，把最大值作为池化层输出张量的元素值。在最后一次移动完成之后，池化窗口会覆盖输入张量 $\boldsymbol{X}_i$ 右下角的 4 个元素，如图 4-36 所示。计算此时池化窗口覆盖的 4 个元素的最大值，把最大值“24”作为池化层输出张量最后一行最后一列的元素值。

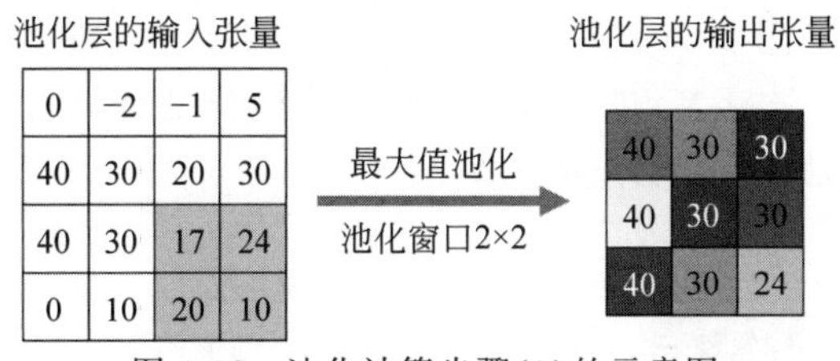

图 4-36　池化计算步骤(3)的示意图

在上面的示例中，计算了输入张量的 Valid 最大值池化。如果计算输入张量的 Valid 平均值池化，则计算池化窗口覆盖的 4 个元素的平均值，把平均值作为池化层输出张量的元素值，如图 4-37 所示。

在上面的示例中，池化窗口在水平方向和竖直方向每次移动了 1 个元素，也就是说移动步长为 1。如果池化窗口在水平方向和竖直方向的移动步长都为 2，那么池化层输出张量的尺寸为输入张量尺寸的 1/4，如图 4-38 所示。在卷积神经网络模型中，池化窗口的移动步长

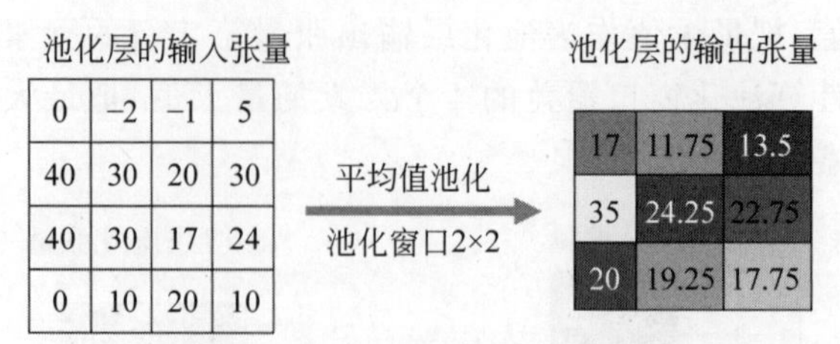

图 4-37　Valid 平均值池化的示意图

经常设置为 2。

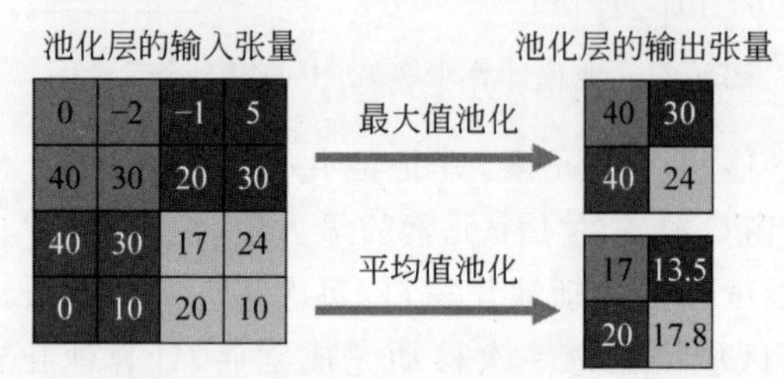

图 4-38　池化窗口的移动步长为 2

设输入张量 $\boldsymbol{X}_i$ 的形状为 $P\times Q$，池化窗口的形状为 $m\times n$，池化窗口在水平方向和竖直方向的移动步长分别为 S_h 和 S_v，则池化结果的形状为 $M\times N$，M 和 N 的计算方法分别为

$$M=f_2[(P-m+1)/S_h] \tag{4-20}$$

$$N=f_2[(Q-n+1)/S_v] \tag{4-21}$$

其中，f_2 表示向上计算最小整数的函数。

例如，输入张量 $\boldsymbol{X}_i$ 的形状为 11×11，池化窗口的形状为 3×3，池化窗口在水平方向和竖直方向的移动步长都是 2，则池化结果的形状为

$$\begin{aligned} M\times N &= f_2[(11-3+1)/2]\times f_2[(11-3+1)/2] \\ &= f_2[4.5]\times f_2[4.5] \\ &= 5\times 5 \end{aligned} \tag{4-22}$$

2. 三维张量的 Valid 池化过程

三维张量 Valid 池化的计算过程与二维张量 Valid 池化的计算过程类似。例如，输入张量 $\boldsymbol{X}_i$ 是一个三维张量，其形状为 3×3×2，如图 4-39(a)所示，池化窗口的形状为 2×2×2，如图 4-39(b)所示。输入张量 $\boldsymbol{X}_i$ 进行 Valid 最大值池化的计算过程如图 4-40 所示，池化窗口每次移动一个元素，即它的移动步长为 1。

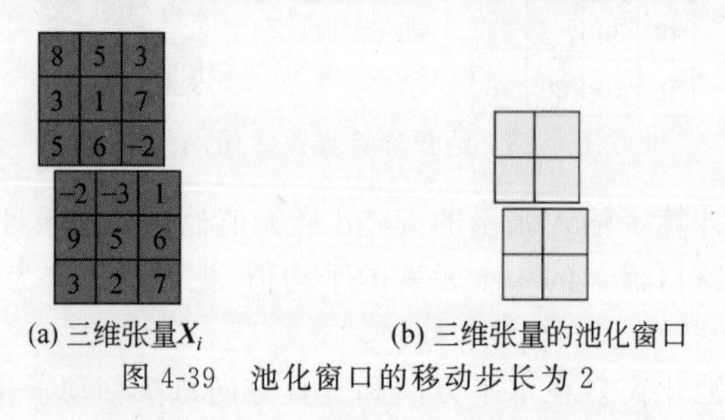

(a) 三维张量$\boldsymbol{X}_i$　　(b) 三维张量的池化窗口

图 4-39　池化窗口的移动步长为 2

假设池化层输入张量 $\boldsymbol{X}_i$ 的形状为 $P\times Q\times k$，池化窗口的形状为 $m\times n\times k$，池化窗口

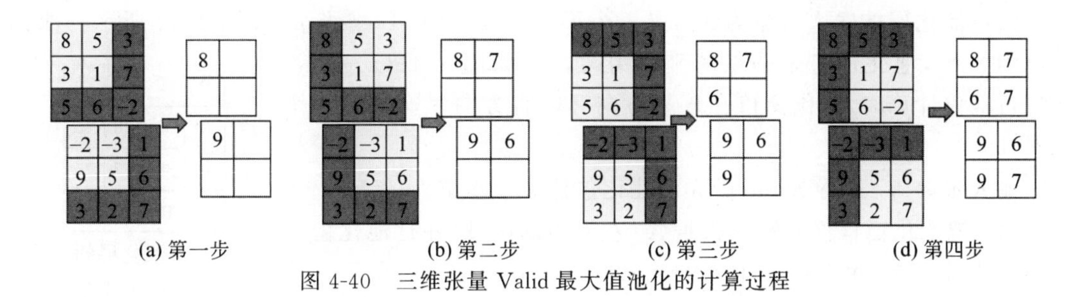

(a) 第一步　　(b) 第二步　　(c) 第三步　　(d) 第四步

图 4-40　三维张量 Valid 最大值池化的计算过程

在水平方向和竖直方向的移动步长分别为 S_h 和 S_v，Valid 池化结果的形状为 $M\times N\times k$，则 M 和 N 的计算方法分别为

$$M=f_2[(P-m+1)/S_h] \tag{4-23}$$

$$N=f_2[(Q-n+1)/S_v] \tag{4-24}$$

其中，f_2 表示向上计算最小整数的函数。

4.3.2　Same 池化

和 Valid 池化类似，Same 池化也有两种池化方式：最大值池化和平均值池化。Same 池化和 Valid 池化在计算过程中有很大的区别。在进行 Valid 池化时，池化窗口只能在输入张量的内部移动，不能超出输入张量覆盖的区域；在进行 Same 池化时，池化窗口除了能够在输入张量的内部移动，还能够覆盖输入张量的外部区域。

在进行 Same 池化时，首先计算池化窗口中锚点的坐标。然后，在输入张量中把池化窗口按照先上后下、先左后右的顺序移动。在池化窗口移动到一个新的位置之后，必须保证池化窗口的锚点能够覆盖输入张量中的一个元素，此锚点不能覆盖输入张量的外部区域。最后，计算池化窗口覆盖的所有元素的最大值或平均值。在计算最大值或平均值时，如果池化窗口覆盖了输入张量的外部区域，那么外部区域的元素取值为 0。

在池化窗口，锚点为此窗口的一个位置，锚点坐标的计算方法和 Same 卷积中卷积核 K 锚点坐标的计算方法相同。池化窗口中锚点坐标的计算方法如表 4-2 所示。在表 4-2 中，池化窗口的形状为 $m\times n$，m 和 n 分别表示池化窗口中行和列的数量。例如，如果池化窗口的形状为 3×3，则锚点的坐标为[1,1]，如图 4-41(a)所示。在池化窗口中，元素的坐标从 0 开始，不是从 1 开始。如果池化窗口的形状为 2×2，则锚点元素的坐标为[0,0]，如图 4-41(b)所示。

表 4-2　池化窗口中锚点坐标的计算方法

池化窗口的行数 m	奇数	偶数	奇数	偶数
池化窗口的列数 n	奇数	偶数	偶数	奇数
锚点的坐标	$[(m-1)/2, n-1)/2]$	$[(m-2)/2, n-2)/2]$	$[(m-1)/2, (n-2)/2]$	$[(m-2)/2, (n-1)/2]$

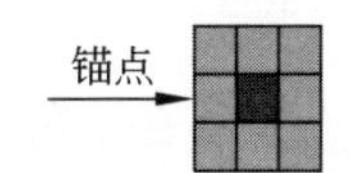

(a) 池化窗口的形状为3×3

(b) 池化窗口的形状为2×2

图 4-41　池化窗口中锚点坐标的计算方法

假设池化层的输入张量为 $\boldsymbol{X}_i$，是一个形状为 4×4 的二维张量，如图 4-42 所示。池化窗口为 3×3，池化窗口中锚点的坐标为[1,1]，如图 4-41(a)所示。在进行池化计算时，池化窗口在水平方向和竖直方向每次移动一个元素。

0	−2	−1	5
40	30	20	30
40	30	17	24
0	10	20	10

图 4-42　池化层的二维输入张量 $\boldsymbol{X}_i$

输入张量 $\boldsymbol{X}_i$ 进行 Same 最大值池化包括 3 个步骤。

(1) 把池化窗口覆盖输入张量 $\boldsymbol{X}_i$ 左上角的区域，并且池化窗口的锚点覆盖了 $\boldsymbol{X}_i$ 第 1 行第 1 列的元素“0”，如图 4-43(a)所示。此时池化窗口覆盖了输入张量 $\boldsymbol{X}_i$ 外部区域的部分元素，这些元素的值设置为 0。计算此时池化窗口覆盖的全部元素的最大值，把得到的最大值“40”作为池化结果第 1 行的第 1 个元素。然后，把池化窗口向右移动一个元素，此时池化窗口的锚点覆盖了输入张量 $\boldsymbol{X}_i$ 第 1 行第 2 列的元素“−2”，如图 4-43(b)所示。计算此时池化窗口覆盖的全部元素的最大值，把得到的最大值“40”作为池化结果第 1 行的第 2 个元素。最后，继续向右移动池化窗口，每次移动一个元素。在每次移动之后，都要计算池化窗口覆盖的全部元素的最大值，把此最大值作为池化结果第一行的元素值。池化窗口最后所在的位置如图 4-43(c)所示。计算此时池化窗口覆盖的全部元素的最大值，把得到的最大值“30”作为池化结果第 1 行最后一列的元素。

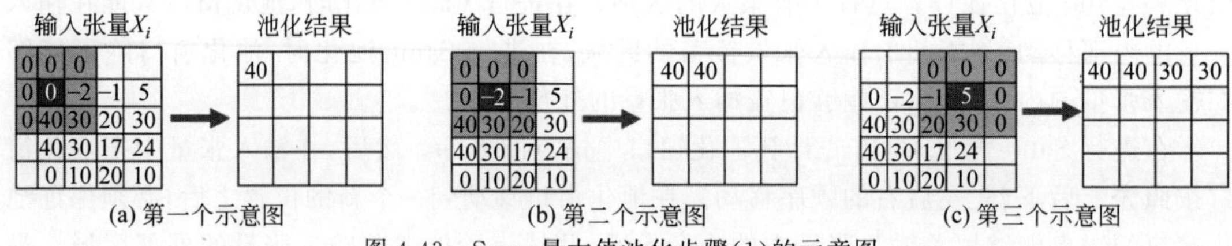

(a) 第一个示意图　(b) 第二个示意图　(c) 第三个示意图

图 4-43　Same 最大值池化步骤(1)的示意图

(2) 首先，把池化窗口向下移动一个元素，在左侧进行覆盖，并且池化窗口的锚点覆盖 $\boldsymbol{X}_i$ 第 2 行第 1 列的元素“40”，如图 4-44(a)所示。计算此时池化窗口覆盖的全部元素的最大值，把得到的最大值“40”作为池化结果第 2 行的第 1 个元素。然后，继续向右移动池化窗口，每次移动一个元素。在每次移动之后，都要计算池化窗口覆盖的全部元素的最大值，把此最大值作为池化结果第 2 行的元素值。池化窗口最后所在的位置如图 4-44(b)所示。计算此时池化窗口覆盖的全部元素的最大值，把得到的最大值“30”作为池化结果第 2 行最后一列的元素。

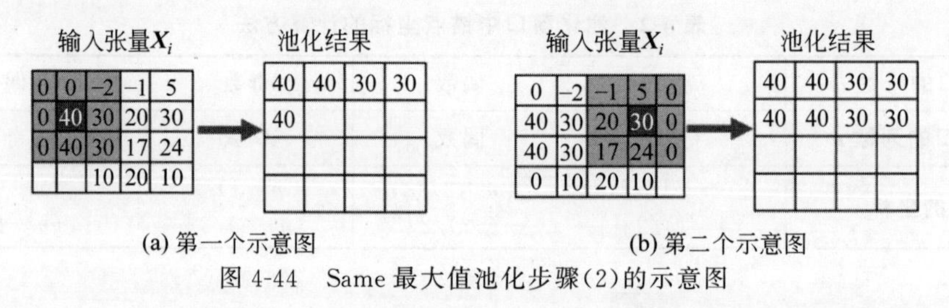

(a) 第一个示意图　(b) 第二个示意图

图 4-44　Same 最大值池化步骤(2)的示意图

(3) 继续分别向下和向右移动池化窗口，每次移动一个元素。在每次移动之后，池化窗口的锚点都要覆盖 $\boldsymbol{X}_i$ 中的一个元素，并且计算池化窗口覆盖的全部元素的最大值，把此最大值作为池化结果中的元素值。池化窗口最后所在的位置如图 4-45 所示，此时池化窗口的

锚点覆盖了 $\boldsymbol{X}_i$ 中最后一行最后一列的元素值"10"。计算此时池化窗口覆盖的全部元素的最大值，把得到的最大值"24"作为池化结果最后一行最后一列的元素值。

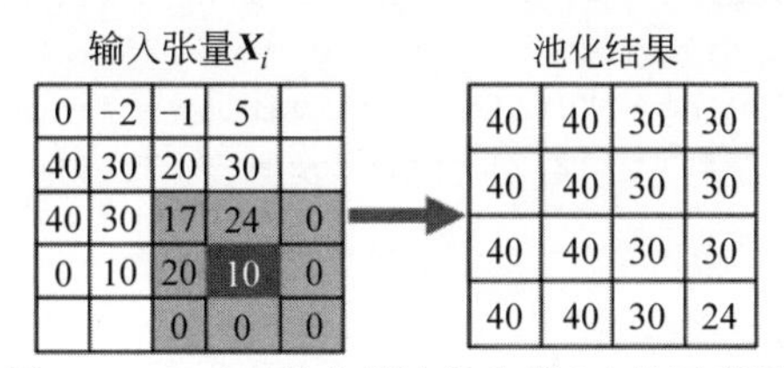

图 4-45　Same 最大值池化步骤(3)的示意图

以上步骤完成了二维张量 Same 最大值的池化计算。三维张量的 Same 池化过程类似于二维张量的 Same 池化过程，这里不再介绍。

4.4　基于 Keras 深度学习框架的卷积神经网络编程方法

本节包括两部分，第一部分介绍了使用卷积神经网络处理回归问题的编程方法，并使用食物图像评分问题作为案例；第二部分介绍了使用卷积神经网络处理分类问题的编程方法，并使用手写数字识别问题作为案例。

4.4.1　使用卷积神经网络处理回归问题的编程方法

本节使用食物图像评分问题作为案例，介绍使用卷积神经网络处理回归问题的编程方法。在卷积神经网络的程序中，使用了 Keras 深度学习框架。3.4.1 节已经介绍了食物图像数据集的特点，这里不再重复介绍。

3.4.1 节已经介绍了神经网络模型的编程具有 5 个步骤，分别是数据集的准备、神经网络模型的构建、神经网络模型的编译、神经网络模型的拟合和单个样本图像的预测。卷积神经网络属于神经网络的一个类型，所以它的编程也包括上述 5 个步骤。线性回归模型是一种特殊的神经网络，3.4.1 节已经详细介绍了使用它处理食物图像评分问题的程序。和线性回归模型的编程相比，卷积神经网络只有第二个步骤"神经网络模型的构建"的程序和线性回归模型不相同，所以，本节只介绍这个步骤的程序，其他步骤的程序参考 3.4.1 节。

在卷积神经网络编程的"神经网络模型的构建"步骤中，构建了一个卷积神经网络，如图 4-46 所示，此网络包括输入层、2 个卷积层、2 个池化层、拉直部分和输出层。

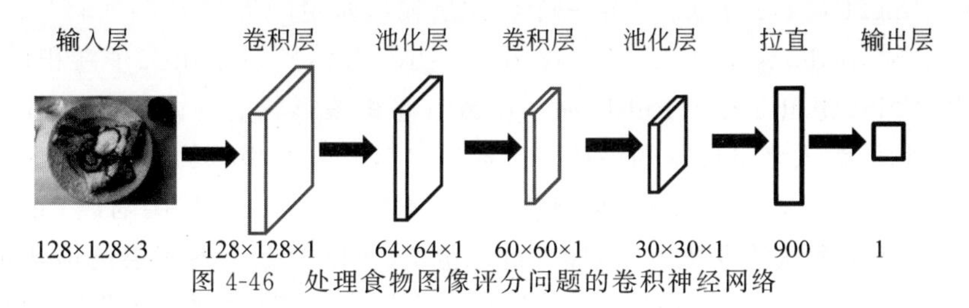

图 4-46　处理食物图像评分问题的卷积神经网络

"神经网络模型的构建"步骤的程序如下所示。

```
from keras.layers import Conv2D,MaxPooling2D,Activation,Dense, Flatten, Input
from keras import Model
```

```
input_layer=Input([IMSIZE,IMSIZE,3])
x=input_layer
x = Conv2D(1,[5,5],padding = "same", activation = 'relu',strides = [1,1])(x)
x = MaxPooling2D(pool_size = [2,2], strides = [2,2])(x)
x = Conv2D(1,[5,5],padding = "valid", activation = 'relu')(x)
x = MaxPooling2D(pool_size = [2,2], strides = [2,2])(x)
x = Flatten()(x)
x=Dense(1)(x)
x=Activation('sigmoid')(x)
output_layer=x
model=Model(input_layer,output_layer)
model.summary()
```

在上面的程序中,“from keras.layers import Conv2D,MaxPooling2D,Activation,Dense,Flatten,Input”语句表示从 Keras 库中加载 Conv2D 模块、MaxPooling2D 模块、Activation 模块、Dense 模块、Flatten 模块和 Input 模块,Conv2D 表示卷积层模块,MaxPooling2D 表示最大池化层模块,Activation 表示激活函数模块,Dense 表示全连接模块,Flatten 表示拉直模块,Input 表示输入层模块。“from keras import Model”语句表示从 Keras 库中加载神经网络模型 Model。语句“input_layer=Input([IMSIZE,IMSIZE,3])”表示输入层,输入张量的形状为 IMSIZE×IMSIZE×3,在前面编程步骤的程序中已经设置了 IMSIZE 的值为 128,所以输入张量的形状为 128×128×3。语句“x=Conv2D(1,[5,5],padding="same",activation='relu',strides=[1,1])(x)”表示第一个卷积层,参数“1”表示卷积层使用 1 个卷积核,参数“padding="same"”表示卷积层使用 Same 卷积方式,参数“activation='relu'”表示卷积层使用 ReLU 激活函数,参数“strides=[1,1]”表示卷积核在水平方向和竖直方向移动的步长都是 1,参数“[5,5]”表示卷积核形状的前两个数值都是 5。卷积核形状的最后一个数值和卷积层输入张量形状的最后一个数值相同,卷积层的输入张量也是输入层的输入张量,所以卷积核的形状为 5×5×3。第一个卷积层输出张量的形状为 128×128×1。语句“x=MaxPooling2D(pool_size=[2,2],strides=[2,2])(x)”使用了两次,表示池化层,参数“pool_size=[2,2]”表示池化窗口的尺寸为 2×2,参数“strides=[2,2]”表示卷积核在水平方向和竖直方向移动的步长都是 2。在语句“x=MaxPooling2D(pool_size=[2,2],strides=[2,2])(x)”中,可以省略“pool_size”;如果池化窗口在水平方向和竖直方向的池化步长都是 2,也可以省略“strides=[2,2]”。所以,该语句可以简化为“x= MaxPooling2D([2,2])(x)”。第一个池化层输出张量的形状为 64×64×1。语句“x=Conv2D(1,[5,5],padding="valid",activation ='relu')(x)”表示第二个卷积层,使用 1 个卷积核,使用 Valid 卷积方式和 ReLU 激活函数。卷积核形状的前两个数值都是 5,最后一个数值等于卷积层输入张量形状的最后一个数值“1”,所以卷积核的形状为 5×5×1。在该语句中没有设置卷积核移动的步长,那就使用默认值“1”。如果卷积层函数 Conv2D 中没有设置卷积方式,使用默认的卷积方式,即 Valid 卷积,所以第二个卷积层的语句可以修改为“x=Conv2D(1,[5,5], activation='relu')(x)”。语句“x=Flatten()(x)”表示拉直函数,把前面第二个池化层形状为 30×30×1 的输出张量转为一个列向量,此列向量有 900 个元素。语句“x=Dense(1)(x)”表示输出层,参数“1”表示输出层使用 1 个神经元。在食物图像评分问题中,只需要获得食物图像的评分值,所以输出层只有 1 个神经元,这个神经元的输出值表示食物图像的评分值。语句“x=Activation('sigmoid')(x)”表示输出层使用 Sigmoid 激活函数。“model.summary()”语句的运行结果如下所示。

```
Layer (type)                      Output Shape              Param #
=================================================================
input_2 (InputLayer)              (None, 128, 128, 3)       0
_________________________________________________________________
conv2d_3 (Conv2D)                 (None, 128, 128, 1)       76
_________________________________________________________________
max_pooling2d_3 (MaxPooling2D)    (None, 64, 64, 1)         0
_________________________________________________________________
conv2d_4 (Conv2D)                 (None, 60, 60, 1)         26
_________________________________________________________________
max_pooling2d_4 (MaxPooling2D)    (None, 30, 30, 1)         0
_________________________________________________________________
flatten_2 (Flatten)               (None, 900)               0
_________________________________________________________________
dense_2 (Dense)                   (None, 1)                 901
_________________________________________________________________
activation_2 (Activation)         (None, 1)                 0
=================================================================
Total params: 1,003
Trainable params: 1,003
Non-trainable params: 0
```

在上面的结果中，第 3 列表示卷积神经网络每个部分使用的网络参数数量。在第一个卷积层中，卷积核使用了 75(5×5×3)个系数，1 个偏置参数，所以第一个卷积层使用了 76 个网络参数。在第二个卷积层中，卷积核使用了 25(5×5×1)个系数，1 个偏置参数，所以第二个卷积层使用了 26 个网络参数。在输出层中，使用了 900 个权值参数和 1 个偏置参数，所以输出层有 901 个网络参数。池化层不使用网络参数，所以此卷积神经网络总共使用了 1003(76+26+901)个网络参数。

在第 4 个步骤“神经网络模型的拟合”中，得到的结果如下所示。

```
Train on 137 samples, validate on 59 samples
Epoch 1/50
137/137 [==============================] - 2s 18ms/step - loss: 0.0635 -
mean_squared_error: 0.0635 - val_loss: 0.0533 - val_mean_squared_error: 0.0533
Epoch 2/50
137/137 [==============================] - 2s 15ms/step - loss: 0.0622 -
mean_squared_error: 0.0622 - val_loss: 0.0528 - val_mean_squared_error: 0.0528
Epoch 3/50
137/137 [==============================] - 2s 15ms/step - loss: 0.0616 -
mean_squared_error: 0.0616 - val_loss: 0.0524 - val_mean_squared_error: 0.0524
...
Epoch 48/50
137/137 [==============================] - 2s 15ms/step - loss: 0.0461 -
mean_squared_error: 0.0461 - val_loss: 0.0396 - val_mean_squared_error: 0.0396
Epoch 49/50
137/137 [==============================] - 2s 15ms/step - loss: 0.0451 -
```

```
mean_squared_error: 0.0451 - val_loss: 0.0395 - val_mean_squared_error: 0.0395
Epoch 50/50
137/137 [==============================] - 2s 15ms/step - loss: 0.0445 -
mean_squared_error: 0.0445 - val_loss: 0.0401 - val_mean_squared_error: 0.0401
```

从上面的结果可以看出,图 4-46 中的卷积神经网络在测试集上的预测精度值(即 val_mean_squared_error)为 0.0401,它和 3.4 节线性回归模型、单层全连接前馈神经网络模型和多层全连接前馈神经网络模型的预测精度值之间的对比如表 4-3 所示。从表 4-3 中可以看出,与 3.4 节的 3 种网络模型相比,卷积神经网络在测试集上具有最小的预测精度值,说明其具有最好的预测性能。

表 4-3　卷积神经网络和其他网络在测试集上的预测精度值

网络类型	线性回归模型	单层神经网络	多层神经网络	卷积神经网络
预测精度值(val_mean_squared_error)	0.1412	0.2122	0.0449	0.0401

卷积神经网络在测试集和训练集上的预测精度值(即均方误差值)曲线如图 4-47 所示。图中,两条曲线分别表示在训练集和测试集上的均方误差值。从图 4-47 可以看出,随着训练轮数的增加,在训练集上的均方误差值减小,而在测试集上的均方误差值先减小然后逐渐增加。这说明卷积神经网络由于进行了过度训练,出现了过拟合现象。为了解决这个问题,需要使用提前停止方法,也就是说,当均方误差值在测试集上达到最小值时,就应该停止卷积神经网络的训练。

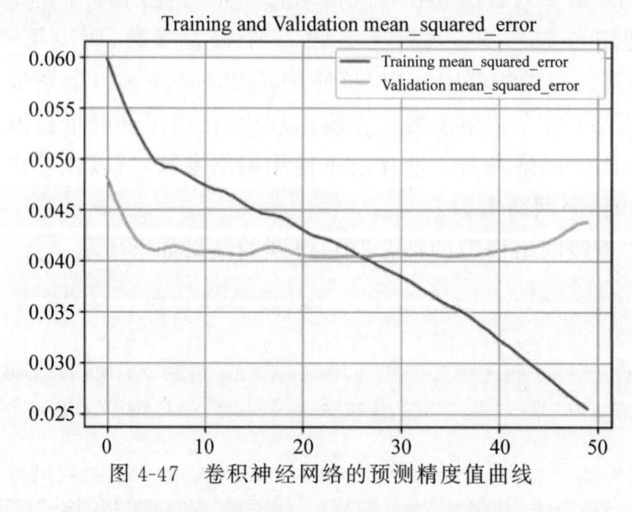

图 4-47　卷积神经网络的预测精度值曲线

使用语句"model.layers"能够查看卷积神经网络的各个部分,此语句的运行结果如下所示。

```
[<keras.engine.input_layer.InputLayer at 0x2518879e160>,
 <keras.layers.convolutional.Conv2D at 0x2518879e4a8>,
 <keras.layers.pooling.MaxPooling2D at 0x2518879e198>,
 <keras.layers.convolutional.Conv2D at 0x2518879e390>,
 <keras.layers.pooling.MaxPooling2D at 0x2518879e358>,
 <keras.layers.core.Flatten at 0x2518879e470>,
```

```
 <keras.layers.core.Dense at 0x2518b18a9b0>,
 <keras.layers.core.Activation at 0x2518b14db70>]
```

分别使用语句“model.layers[1].get_weights()[0].shape”和“model.layers[1]. get_weights()[1].shape”查看卷积神经网络第一个卷积层中卷积核系数的形状和偏置参数的形状,这两个语句的运行结果如下所示。

```
(5, 5, 3, 1)
(1,)
```

分别使用语句“print(model.layers[1].get_weights()[0])”和“print(model.layers[1]. get_weights()[1])”查看卷积神经网络第一个卷积层中卷积核系数的值和偏置参数的值,这两个语句的运行结果如下所示。

```
[[[[-0.23678033]
   [-0.03328128]
   [ 0.00114159]]
  [[ 0.04503279]
   [ 0.1450349 ]
   [-0.0881914 ]]
  [[ 0.00169815]
   [-0.0879666 ]
   [ 0.11406948]]
  [[-0.09116871]
   [ 0.00074135]
   [-0.07792956]]
  [[-0.04680271]
   [-0.02485846]
   [ 0.23683052]]]
 [[[-0.21429065]
   [ 0.0546426 ]
   [-0.23950389]]
  [[ 0.06306619]
   [-0.14896591]
   [-0.17189667]]
  [[ 0.01179378]
   [ 0.00552952]
   [ 0.21769862]]
  [[ 0.21831438]
   [ 0.00457385]
   [-0.10225726]]
  [[ 0.12359428]
   [-0.02163512]
   [-0.07138705]]]
 [[[-0.19221325]
   [ 0.18164785]
   [-0.23966262]]
  [[ 0.1092319 ]
   [ 0.07982398]
   [ 0.2099247 ]]
```

```
    [[-0.20972708]
     [-0.10868475]
     [ 0.17759566]]
    [[ 0.06592175]
     [-0.15531677]
     [ 0.20729692]]
    [[-0.00036591]
     [-0.06949019]
     [-0.17740354]]]
   [[[ 0.20020409]
     [ 0.16041255]
     [ 0.1986373 ]]
    [[-0.0317036 ]
     [ 0.25487533]
     [ 0.04042773]]
    [[-0.00963662]
     [ 0.05883442]
     [-0.22324744]]
    [[-0.11493556]
     [ 0.06692439]
     [ 0.21071875]]
    [[ 0.14523806]
     [ 0.14841802]
     [ 0.09817697]]]
   [[[ 0.07643371]
     [ 0.06806982]
     [-0.10343017]]
    [[-0.11545824]
     [ 0.22511607]
     [ 0.22178861]]
    [[ 0.06684416]
     [ 0.01088787]
     [-0.1013284 ]]
    [[-0.21490043]
     [ 0.0628137 ]
     [-0.12939692]]
    [[-0.15234746]
     [-0.15271993]
     [ 0.16764455]]]]
  [-0.00307897]
```

使用语句“model.layers[3].get_weights()”查看第二个卷积层中卷积核系数的数值和偏置参数的值，这个语句的运行结果如下所示。

```
[array([[[[-0.1654835 ]],
         [[-0.22991672]],
         [[-0.20028219]],
         [[-0.05366227]],
         [[ 0.20437151]]],
        [[[ 0.1095966 ]],
         [[ 0.12365197]],
```

```
        [[-0.04401965]],
        [[ 0.2757354 ]],
        [[-0.06421755]]],
       [[[ 0.10273143]],
        [[-0.21620911]],
        [[ 0.00176642]],
        [[ 0.29296297]],
        [[-0.13041042]]],
       [[[-0.27491966]],
        [[-0.16288367]],
        [[-0.16247782]],
        [[-0.2987131 ]],
        [[ 0.21471553]]],
       [[[ 0.29416302]],
        [[-0.10926171]],
        [[-0.09381534]],
        [[ 0.22439004]],
        [[-0.12329248]]]], dtype=float32), array([0.00792852], dtype=float32)]
```

在上面的运行结果中，最后一个值“array([0.00792852], dtype=float32)”表示第二个卷积层中偏置参数的值，其他值为第二个卷积层中卷积核系数的值。

使用语句“model.layers[6].get_weights()”查看输出层网络参数的值，此语句的运行结果如下所示。

```
[array([[ 3.70566882e-02],
       [ 9.24670100e-02],
       [-7.80317280e-03],
       …
       [ 6.53329641e-02],
       [-3.35451961e-02],
       [ 6.05437756e-02]], dtype=float32),array([0.02122159], dtype=float32)]
```

在上面的运行结果中，最后一个值“array([0.02122159], dtype=float32)”表示输出层中偏置参数的值，其他的900个值为输出层中权值参数的值。

4.4.2　使用卷积神经网络处理分类问题的编程方法

本节使用手写数字识别问题作为案例，介绍使用卷积神经网络处理分类问题的编程方法。在卷积神经网络的程序中，使用了Keras深度学习框架。在手写数字识别问题中，使用了3.4.1节用过的MNIST数据集，这里不再重复介绍。

在4.2.1节已经介绍了卷积神经网络的5个编程步骤，3.5.1节详细介绍了使用单层神经网络处理手写数字识别问题的编程步骤和程序。和单层神经网络的编程相比，卷积神经网络在处理手写数字识别问题时，只有第一个步骤“数据集的准备”和第二个步骤“神经网络模型的构建”的程序不相同，其他步骤的程序都相同。所以，这里只介绍这两个步骤的编程方法和程序，其他步骤的编程方法和程序参考3.5.1节。

在单层神经网络编程的第一个步骤“数据集的准备”中，训练集的样本图像数据X0和测试集的样本图像数据X1的形状为二维张量的形式，它们的形状分别为(55 000,784)和

(5000,784)。在卷积神经网络编程的第一个步骤“数据集的准备”中,需要把训练集的样本图像数据 X0 和测试集的样本图像数据 X1 的形状设置为四维张量的形式,它们的形状分别为(55 000,28,28,1)和(5000,28,28,1),程序如下所示。

```
from keras.utils import np_utils
N0=X0.shape[0];N1=X1.shape[0]
X0 = X0.reshape(N0,28,28,1)
X1 = X1.reshape(N1,28,28,1)
```

在上面的程序中,N0 和 N1 分别表示训练集的样本图像数据 X0 和测试集的样本图像数据 X1 中样本的数量,N0 和 N1 的数值分别为 55 000 和 5000。

在第一个步骤“数据集的准备”中,和单层神经网络编程的程序相比,卷积神经网络编程的程序只有上述不同,其他部分的程序都相同。

在第二个步骤“神经网络模型的构建”中,构建了一个卷积神经网络,如图 4-48 所示,此网络包括输入层、1 个卷积层、1 个池化层、拉直部分和输出层。

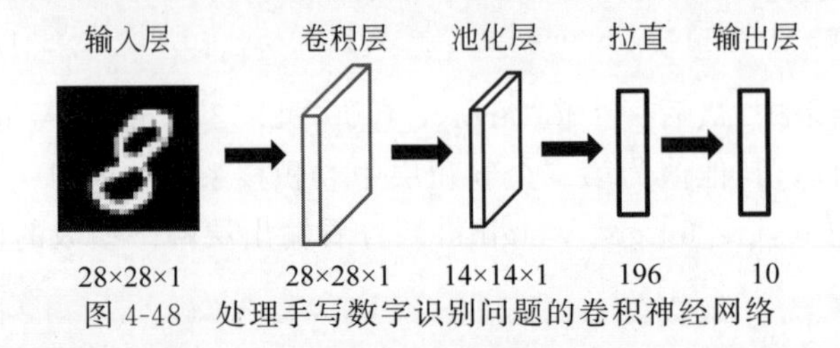

图 4-48 处理手写数字识别问题的卷积神经网络

第二个步骤“神经网络模型的构建”的程序如下所示。

```
from keras.layers import Conv2D,Dense,Flatten,Input,MaxPooling2D
from keras import Model
input_layer = Input([28,28,1])
x = input_layer
x = Conv2D(1,[5,5],padding = "same", activation = 'relu')(x)
x = MaxPooling2D(pool_size = [2,2], strides = [2,2])(x)
x = Flatten()(x)
x = Dense(10,activation = 'softmax')(x)
output_layer=x
model=Model(input_layer,output_layer)
model.summary()
```

在上面的程序中,语句“input_layer=Input([28,28,1])”表示输入层,输入张量的形状为 28×28×1。在单层神经网络的编程中,使用语句“input_layer=Input([784,])”把输入层中输入张量的形状设置为行向量的形式,即[784,]。语句“x=Conv2D(1,[5,5],padding="same",activation='relu')(x)”表示卷积层,参数“1”表示卷积层使用 1 个卷积核,参数“padding="same"”表示卷积层使用 Same 卷积方式,参数“activation='relu'”表示使用 ReLU 激活函数,参数“[5,5]”表示卷积核形状的前两个值都是 5。卷积核形状的最后一个值和卷积层输入张量形状的最后一个值相同,卷积层的输入张量也是输入层的输入张量,所以卷积核的形状为 5×5×1。在语句“x=Conv2D(1,[5,5],padding="same", activation='relu')(x)”中,没有设置卷积核在水平方向和竖直方向移动的步长,使用默认的步长“1”。

卷积层输出张量的形状为 28×28×1。语句"x=MaxPooling2D(pool_size=[2,2],strides=[2,2])(x)"表示池化层,参数"pool_size=[2,2]"表示池化窗口的尺寸为 2×2,参数"strides=[2,2]"表示卷积核在水平方向和竖直方向移动的步长都是 2。池化层输出张量的形状为 14×14×1。语句"x=Flatten()(x)"表示拉直函数,它把前面池化层形状为 14×14×1 的输出张量转换为一个列向量,此列向量有 196 个元素。语句"x=Dense(10,activation='softmax')(x)"表示输出层,参数"10"表示输出层使用 10 个神经元,参数"activation='softmax'"表示输出层使用 Softmax 激活函数。在手写数字识别问题中,每个输入的手写数字图像被判断为 10 个类别中的一个,所以输出层使用了 10 个神经元去获得 10 个概率值,这 10 个概率值分别表示输入的手写数字图像属于 10 个类别的概率。"model.summary()"语句的运行结果如下所示。

```
________________________________________________________________
Layer (type)                 Output Shape              Param #
================================================================
input_1 (InputLayer)         (None, 28, 28, 1)         0
________________________________________________________________
conv2d_1 (Conv2D)            (None, 28, 28, 1)         26
________________________________________________________________
max_pooling2d_1 (MaxPooling2D) (None, 14, 14, 1)       0
________________________________________________________________
flatten_1 (Flatten)          (None, 196)               0
________________________________________________________________
dense_1 (Dense)              (None, 10)                1970
================================================================
Total params: 1,996
Trainable params: 1,996
Non-trainable params: 0
```

在上面的结果中,第三列表示卷积神经网络每个部分使用的网络参数数量。在卷积层,卷积核使用了 25(5×5×1)个系数,1 个偏置参数,所以卷积层使用了 26 个网络参数。在输出层,使用了 1960(196×10)个权值参数和 10 个偏置参数,所以输出层有 1970 个网络参数。池化层不使用网络参数,所以此卷积神经网络总共使用了 1996(26+1970)个网络参数。

在第 4 个步骤"神经网络模型的拟合"中,得到的结果如下所示。

```
Train on 60000 samples, validate on 10000 samples
Epoch 1/100
60000/60000 [==============================] - 11s 186us/step - loss:
0.9383 - acc: 0.7246 - val_loss: 0.4109 - val_acc: 0.8844
Epoch 2/100
60000/60000 [==============================] - 11s 180us/step - loss:
0.3796 - acc: 0.8859 - val_loss: 0.3314 - val_acc: 0.9040
Epoch 3/100
60000/60000 [==============================] - 11s 177us/step - loss:
0.3319 - acc: 0.9021 - val_loss: 0.3065 - val_acc: 0.9117
…
Epoch 98/100
60000/60000 [==============================] - 11s 180us/step - loss:
```

```
0.2217 - acc: 0.9346 - val_loss: 0.2398 - val_acc: 0.9325
Epoch 99/100
60000/60000 [==============================] - 11s 181us/step - loss:
0.2215 - acc: 0.9351 - val_loss: 0.2417 - val_acc: 0.9327
Epoch 100/100
60000/60000 [==============================] - 11s 178us/step - loss:
0.2213 - acc: 0.9356 - val_loss: 0.2441 - val_acc: 0.9299
```

卷积神经网络在测试集和训练集上的预测精度值(即准确率值)曲线如图 4-49 所示，其中，两条曲线分别表示在训练集和测试集上的准确率值曲线。从图 4-49 可以看出，随着训练轮数的增加，在训练集和测试集上的准确率值一直在增加。

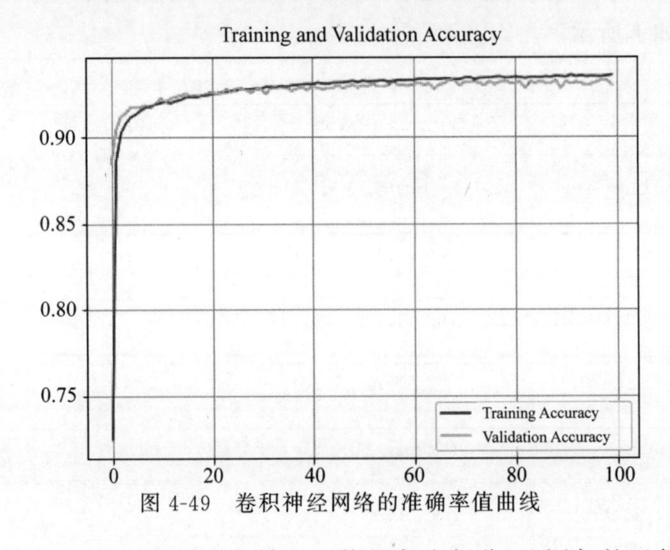

图 4-49　卷积神经网络的准确率值曲线

使用语句“model.layers”查看卷积神经网络的各个部分，此语句的运行结果如下所示。

```
[<keras.engine.input_layer.InputLayer at 0x1bdd06b4080>,
 <keras.layers.convolutional.Conv2D at 0x1bdd111d7f0>,
 <keras.layers.pooling.MaxPooling2D at 0x1bdd06b46a0>,
 <keras.layers.core.Flatten at 0x1bdd15b15c0>,
 <keras.layers.core.Dense at 0x1bdd0618978>]
```

分别使用语句“model.layers[1].get_weights()[0].shape”和“model.layers[1].get_weights()[1].shape”查看卷积神经网络卷积层中卷积核系数的形状和偏置参数的形状，这两个语句的运行结果为

```
(5, 5, 1, 1)
(1,)
```

分别使用语句“print(model.layers[1].get_weights()[0])”和“print(model.layers[1].get_weights()[1])”查看卷积神经网络卷积层中卷积核系数的值和偏置参数的值，这两个语句的运行结果如下所示。

```
[[[[-1.0831593 ]]
  [[-0.52439934]]
  [[-0.01533662]]
```

```
   [[ 0.6149998 ]]
   [[ 1.2937573 ]]]
 [[[ 0.3963375 ]]
   [[ 0.7102665 ]]
   [[ 0.9320853 ]]
   [[ 0.57266957]]
   [[-0.4559545 ]]]
 [[[ 1.0531815 ]]
   [[ 0.2426302 ]]
   [[-0.09587725]]
   [[ 1.1822213 ]]
   [[-0.7741486 ]]]
 [[[-0.1689759 ]]
   [[-0.6311023 ]]
   [[-0.61565155]]
   [[ 0.7310308 ]]
   [[ 0.94651294]]]
 [[[-1.1995959 ]]
   [[-0.26332352]]
   [[-0.609793   ]]
   [[-0.11524744]]
   [[ 1.1133835 ]]]]
[0.2866141]
```

分别使用语句“model.layers[4].get_weights()[0].shape”和“model.layers[4]. get_weights()[1].shape”查看卷积神经网络输出层中权值系数的形状和偏置参数的形状，这两个语句的运行结果如下所示。

```
(196, 10)
(10,)
```

分别使用语句“print(model.layers[4].get_weights()[0])”和“print(model.layers[4].get_weights()[1])”查看卷积神经网络输出层中权值系数的值和偏置参数的值，这两个语句的运行结果如下所示。

```
[[ 0.5610325   0.70771223 -0.23400536 ...  0.69031346 -0.743417 0.02280366]
 [ 0.19678092  0.7393479  -0.44514224 ...  0.41843686 -0.8011349 -0.02700598]
 [-0.03416572  0.516374   -0.13054699 ...  0.490707   -0.9500998 0.16120711]
 ...
 [ 0.02112645  0.22350311 -0.11666331 ...  0.63708353 -0.72406596 0.16187274]
 [ 0.4982489   0.57088304 -0.06330775 ...  0.4607948  -0.8827184 -0.21343525]
 [ 0.3917267   0.72956496 -0.50666493 ...  0.6456104  -0.8967861 0.09826996]]
[0.39584625  0.5716432  -0.36426413 -0.5686334   0.40468386  0.32838354
 -0.07891861  0.5047968  -0.72218853  0.04245013]
```

4.5　卷积神经网络的常用方法

本节介绍卷积神经网络的常用方法，包括卷积神经网络的宽结构模型和深结构模型、批归一化方法和数据增强方法。

4.5.1 卷积神经网络的宽结构模型及编程方法

在全连接前馈神经网络中,隐藏层可以使用多个神经元提取隐藏层输入信号中蕴含的特征信息。与之类似,在卷积神经网络中,卷积层也可以使用多个卷积核提取卷积层输入张量中包含的特征信息。如果卷积神经网络的卷积层中使用了多个卷积核,则把这种模型称为卷积神经网络宽结构模型。

下面以猫狗分类的二分类问题作为示例,介绍卷积神经网络宽结构模型的编程方法。在猫狗分类的二分类问题中,使用猫狗数据集,此数据集包括两部分:训练集和测试集。训练集有 15 000 个图像,包括 7500 个猫图像和 7500 个狗图像。测试集有 10 000 个图像,包括 5000 个猫图像和 5000 个狗图像。此数据集中的图像示例如图 4-50 所示。

(a) 猫图像

(b) 狗图像

图 4-50 猫狗数据集中的图像

在卷积神经网络编程的第一个步骤"数据集的准备"中,需要读取训练集和测试集中的数据。数据的读取有两种方法:一次性读取方法和分批读取方法。在一次性读取方法中,把训练集和测试集中的全部数据一次性读入 GPU 的显存或计算机的内存中。如果数据集中的数据量非常大,就需要非常大的显存容量或内存容量。对于数据量较大的数据集,一次性读取方法会占用大量的显存或内存,如果显存容量或内存容量比较小,就无法完成一次性读取。所以,这种方法适合数据量相对较小的数据集。在前面介绍的美食图像评分和手写数字识别这两个问题的编程方法中,使用了一次性读取方法。在美食图像评分问题中,首先一次性读取全部数据,然后把数据分割成训练集和测试集,程序如下所示。

```
from sklearn.cross_validation import train_test_split
ImageData0, ImageData1, LabelData0, LabelData1 = train _ test _ split ( ImageData,
LabelData,test_size=0.3,random_state=0)
```

在上述程序中,ImageData0 张量和 LabelData0 张量分别存放训练集中食物图像的像素数据和标签数据,ImageData1 张量和 LabelData1 张量分别存放测试集中食物图像的像素数据和标签数据。

在手写数字识别问题中,一次性读取训练集和测试集全部数据的程序如下所示。

```
import numpy as np
ImageData0=data.train.images
LabelData0=data.train.labels
ImageData1=data.validation.images
LabelData1=data.validation.labels
```

在上面的程序中,ImageData0 张量和 LabelData0 张量分别存放训练集中手写数字图像的像素数据和标签数据,ImageData1 张量和 LabelData1 张量分别存放测试集中手写数字图像的像素数据和标签数据。

在分批读取方法中，每次只读取训练集和测试集的一部分数据进行模型的训练和测试。所以，这种方法不需要较大的显存容量或内存容量，适合数据量较大的数据集。分批读取方法也有缺点，这种方法需要进行频繁的读取操作，会增加程序整体运行的时间。在猫狗分类问题中，猫狗数据集中的数据量比较大，如果使用一次性读取方法，就需要较大的显存容量或内存容量，所以必须使用分批读取方法。在 Keras 深度学习框架中，通常使用 ImageDataGenerator 模块实现数据的分批读取。

在处理猫狗分类问题的第一个步骤“数据集的准备”中，分批读取数据的程序如下所示。

```
from keras.preprocessing.image import ImageDataGenerator
IMSIZE=120
train_generator= ImageDataGenerator(rescale= 1./255).flow_from_directory('F:/
CatDog/train', target_size= (IMSIZE, IMSIZE), batch_size=190, class_mode=
'categorical')
validation_generator= ImageDataGenerator(rescale= 1./255).flow_from_directory
('F:/CatDog /test', target_size= (IMSIZE, IMSIZE), batch_size=190, class_mode=
'categorical')
```

在上面的程序中，语句“from keras.preprocessing.image import ImageData Generator”表示从 Keras 中加载数据生成器模块 ImageDataGenerator；“train_generator”表示训练集数据生成器，读取训练集的图像数据，并自动生成图像数据的标签值；“validation_generator”表示测试集数据生成器，读取测试集的图像数据，并自动生成图像数据的标签值；参数“rescale＝1./255”表示把训练集和测试集中图像的像素值进行归一化处理；参数“'F:/CatDog/train'”表示在计算机硬盘中训练集图像数据所在的目录；参数“'F:/CatDog/test'”表示在计算机硬盘中测试集图像数据所在的目录；参数“target_size＝(IMSIZE, IMSIZE)”表示把训练集和测试集中图像的尺寸调整为 IMSIZE×IMSIZE，即 120×120；参数“batch_size＝190”表示在读取训练集和测试集中的图像数据时，每批读取 190 个图像数据；参数“class_mode＝'categorical'”表示使用图像数据生成器模块 ImageDataGenerator 处理分类问题。上述程序的运行结果如下所示。

```
Found 15000 images belonging to 2 classes.
Found 10000 images belonging to 2 classes.
```

上述的运行结果表明训练集有两类图像，并且训练集中图像的全部数量为 15 000 个，测试集也有两类图像，并且测试集中图像的全部数量为 10 000 个。

在使用 Keras 深度学习框架的 ImageDataGenerator 模块时，必须保证在计算机硬盘中训练集的图像数据和测试集的图像数据具有相同的子目录名。在该示例中，在计算机硬盘的目录 F:\CatDog\train 中有两个子目录，即 cats 和 dogs，这两个子目录分别存放训练集中两个类别的图像数据，如图 4-51(a)所示；在计算机硬盘的目录 F:\CatDog\test 中也有两个相同的子目录，即 cats 和 dogs，这两个子目录分别存放测试集中两个类别的图像数据，如图 4-51(b)所示。

在读取完图像数据之后，显示部分图像和它们的标签值，程序如下所示。

```
import numpy as np
```

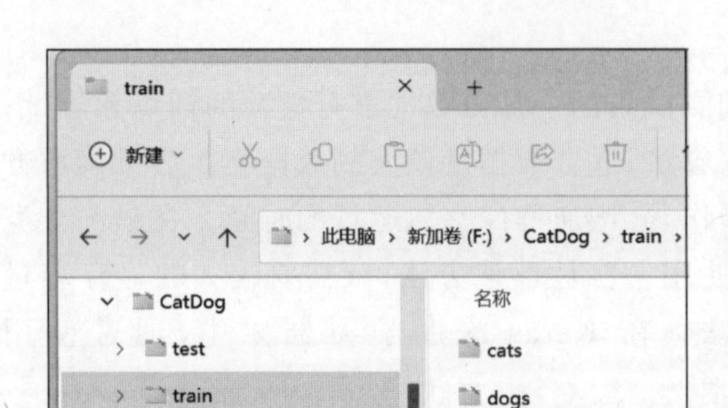

(a) 训练集图像数据所在的目录

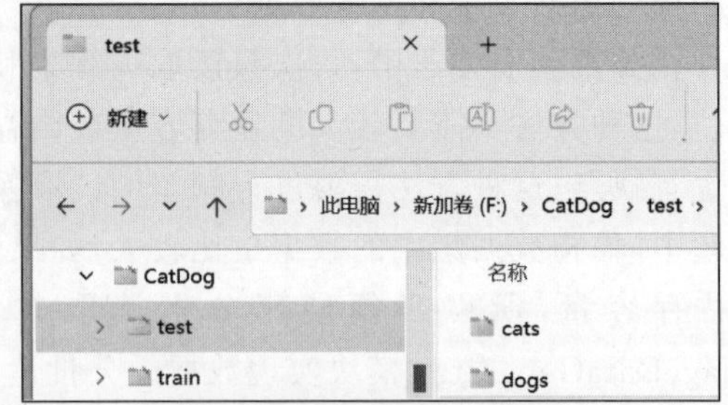

(b) 测试集图像数据所在的目录

图 4-51　训练集和测试集中图像数据所在的目录

```
X,Y=next(train_generator)
print(X.shape)
print(Y.shape)
print(Y[0:4,:])
from matplotlib import pyplot as plt
plt.figure()
fig,ax = plt.subplots(1,4)
ax=ax.flatten()
for i in range(4):
    ax[i].imshow(X[i,:,:,:])
```

在上面的程序中,语句"X,Y=next(train_generator)"表示把训练集数据生成器 train_generator 作为 next 函数的输入参数,以获得训练集的一批 190 个的图像数据,并自动生成图像数据的标签值;X 张量存放这 190 个图像的数据;Y 张量存放这 190 个图像的标签值。语句"print(X.shape)"和"print(Y.shape)"分别表示打印张量 X 和张量 Y 的形状。语句"print(Y[0:4,:])"表示打印张量 Y 中前 4 行元素的值,这 4 个值为张量 X 中前 4 个图像的标签值。for 循环的功能是显示张量 X 中的前 4 个图像,如图 4-52 所示。

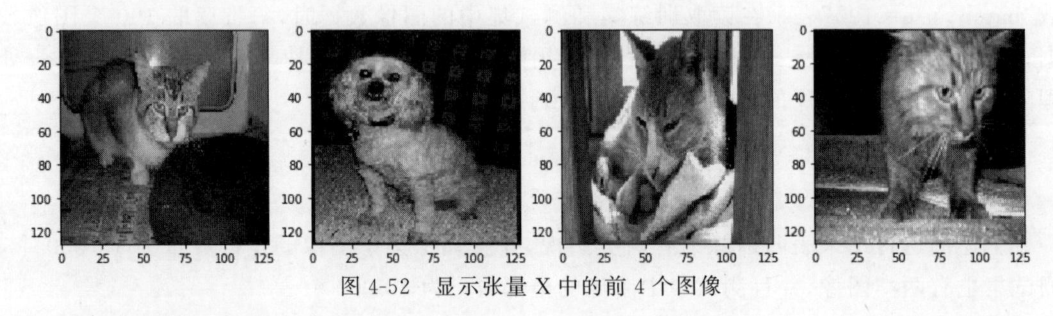

图 4-52　显示张量 X 中的前 4 个图像

上述程序的运行结果如下所示。

```
(190, 128, 128, 3)
(190, 2)
[[1. 0.]
 [0. 1.]
 [1. 0.]
 [1. 0.]]
```

从上述的运行结果来看,张量 X 的形状为 190×128×128×3,张量 Y 的形状为 190×

2，张量 Y 中前 4 个标签值分别为[1. 0.]、[0. 1.]、[1. 0.]和[1. 0.]。张量 Y 中的标签值为独热编码形式。从图 4-52 可以看出，在张量 X 的前 4 个图像中，第 1 个、第 3 个和第 4 个图像是猫图像，这对应着张量 Y 中第 1 个、第 3 个和第 4 个的标签值[1. 0.]；第 2 个图像是狗图像，这对应着张量 Y 中的第 2 个标签值[0. 1.]。

在第二个步骤"神经网络模型的构建"中，构建卷积神经网络宽结构模型的程序如下所示。

```
from keras.layers import Flatten,Input,Conv2D,MaxPooling2D,Dense
from keras import Model
input_layer=Input([IMSIZE,IMSIZE,3])
x=input_layer
x=Conv2D(90,[3,3],activation='relu')(x)
x=MaxPooling2D([15,15])(x)
x=Flatten()(x)
x=Dense(2,activation='softmax')(x)
output_layer=x
model=Model(input_layer,output_layer)
model.summary()
```

在上面的程序中构建了一个卷积神经网络，此网络包括输入层、1 个卷积层、1 个池化层和输出层。在卷积神经网络的卷积层中，同时使用了 90 个卷积核，这些卷积核的尺寸都是 3×3。此外，卷积层使用了默认的 Valid 卷积。在卷积神经网络宽结构模型的卷积层中，卷积核的数量和尺寸、卷积类型都是不确定的系数，可以调整这些不确定系数，以寻找最优的卷积神经网络结构。语句"model.summary()"的执行结果如下所示。

```
Layer (type)                 Output Shape              Param #
=================================================================
input_1 (InputLayer)         (None, 120, 120, 3)       0
_________________________________________________________________
conv2d_1 (Conv2D)            (None, 118, 118, 90)      2520
_________________________________________________________________
max_pooling2d_1 (MaxPooling2D) (None, 7, 7, 90)        0
_________________________________________________________________
flatten_1 (Flatten)          (None, 4410)              0
_________________________________________________________________
dense_1 (Dense)              (None, 2)                 8822
=================================================================
Total params: 11,342
Trainable params: 11,342
Non-trainable params: 0
```

第三个步骤"神经网络模型的编译"的程序如下所示。

```
from keras.optimizers import Adam
model.compile(loss='categorical_crossentropy',optimizer=Adam(lr=0.01),
metrics=['accuracy'])
```

第四个步骤"神经网络模型的拟合"的程序如下所示。

```
model.fit_generator(train_generator,epochs=5,validation_data=validation_
```

```
generator)
```

在上述程序中，使用 fit_generator 函数完成卷积神经网络宽结构模型的拟合，即卷积神经网络宽结构模型的训练和测试。fit_generator 函数使用了训练集数据生成器 train_generator 和测试集数据生成器 validation_generator 作为输入参数，这表明在卷积神经网络的训练中，使用训练集数据生成器 train_generator 获得每批的训练数据，使用测试集数据生成器 validation_generator 获得每批的测试数据。上述程序的运行结果如下所示。

```
Epoch 1/5
79/79 [==============================] - 118s 1s/step - loss: 0.7238 -
accuracy: 0.5791 - val_loss: 0.6352 - val_accuracy: 0.6517
Epoch 2/5
79/79 [==============================] - 105s 1s/step - loss: 0.6227 -
accuracy: 0.6498 - val_loss: 0.6199 - val_accuracy: 0.6540
Epoch 3/5
79/79 [==============================] - 106s 1s/step - loss: 0.5996 -
accuracy: 0.6820 - val_loss: 0.5991 - val_accuracy: 0.6732
Epoch 4/5
79/79 [==============================] - 105s 1s/step - loss: 0.5843 -
accuracy: 0.6918 - val_loss: 0.5781 - val_accuracy: 0.6932
Epoch 5/5
79/79 [==============================] - 105s 1s/step - loss: 0.5734 -
accuracy: 0.7013 - val_loss: 0.5714 - val_accuracy: 0.7039
```

从上面的运行结果中可以看出，经过 5 轮的训练之后，卷积神经网络的宽结构模型在测试集上的准确率为 70.39%。

4.5.2 卷积神经网络的深结构模型及编程方法

在全连接前馈神经网络中，可以使用多个隐藏层建立输入信号和输出信号之间的映射关系。与之类似，在卷积神经网络中，也可以使用多个卷积层和池化层建立输入信号和输出信号之间的映射关系。如果卷积神经网络使用了多个卷积层和池化层，则把这种模型称为卷积神经网络的深结构模型。

下面以猫狗分类的二分类问题作为示例，介绍卷积神经网络深结构模型的编程方法。和 4.5.1 节卷积神经网络宽结构模型的编程方法相比，卷积神经网络深结构模型只有第二个步骤“神经网络模型的构建”的编程方法和卷积神经网络宽结构模型不同，其他步骤的编程方法都相同。

在第二个步骤“神经网络模型的构建”中，构建卷积神经网络深结构模型的程序如下所示。

```
from keras. layers import Conv2D, MaxPooling2D, BatchNormalization, Input,
Flatten, Dense
from keras import Model
input_layer=Input([IMSIZE, IMSIZE, 3])
x=input_layer
for _ in range(6):
    x=Conv2D(15, [3,3], padding='same', activation='relu')(x)
```

```
    x=MaxPooling2D([2,2])(x)
x=Flatten()(x)
x=Dense(2,activation='softmax')(x)
output_layer=x
model=Model(input_layer,output_layer)
model.summary()
```

在上面的程序中，卷积神经网络使用了6个卷积层，这些卷积层都使用Same卷积类型，每个卷积层使用15个卷积核，每个卷积核的尺寸都是3×3。此外，此卷积神经网络还使用了6个池化层，这些池化层使用最大值池化类型，池化窗口的尺寸都是2×2。所以，算上输出层，此卷积神经网络使用了13个层。在卷积神经网络的深结构模型中，卷积层的数量、卷积核的尺寸、卷积的类型、池化层的数量、池化窗口的尺寸和池化类型都是不确定的参数，可以调整这些不确定的参数，得到不同深度的卷积神经网络，以寻找最优的卷积神经网络结构。语句“model. summary()”的运行结果如下所示。

```
Layer (type)                  Output Shape              Param #
================================================================
input_1 (InputLayer)          [(None, 120, 120, 3)]     0
________________________________________________________________
conv2d (Conv2D)               (None, 120, 120, 15)      420
________________________________________________________________
max_pooling2d (MaxPooling2D) (None, 60, 60, 15)         0
________________________________________________________________
conv2d_1 (Conv2D)             (None, 60, 60, 15)        2040
________________________________________________________________
max_pooling2d_1 (MaxPooling2D) (None, 30, 30, 15)       0
________________________________________________________________
conv2d_2 (Conv2D)             (None, 30, 30, 15)        2040
________________________________________________________________
max_pooling2d_2 (MaxPooling2D) (None, 15, 15, 15)       0
________________________________________________________________
conv2d_3 (Conv2D)             (None, 15, 15, 15)        2040
________________________________________________________________
max_pooling2d_3 (MaxPooling2D) (None, 7, 7, 15)         0
________________________________________________________________
conv2d_4 (Conv2D)             (None, 7, 7, 15)          2040
________________________________________________________________
max_pooling2d_4 (MaxPooling2D) (None, 3, 3, 15)         0
________________________________________________________________
conv2d_5 (Conv2D)             (None, 3, 3, 15)          2040
________________________________________________________________
max_pooling2d_5 (MaxPooling2D) (None, 1, 1, 15)         0
________________________________________________________________
flatten (Flatten)             (None, 15)                0
________________________________________________________________
dense (Dense)                 (None, 2)                 32
================================================================
Total params: 10,652
Trainable params: 10,652
```

```
Non-trainable params: 0
```

对该卷积神经网络进行拟合，运行结果如下所示。

```
Epoch 1/5
79/79 [==============================] - 120s 1s/step - loss: 0.6856 -
accuracy: 0.5419 - val_loss: 0.6770 - val_accuracy: 0.5654
Epoch 2/5
79/79 [==============================] - 105s 1s/step - loss: 0.6740 -
accuracy: 0.5756 - val_loss: 0.6731 - val_accuracy: 0.5785
Epoch 3/5
79/79 [==============================] - 105s 1s/step - loss: 0.6611 -
accuracy: 0.6053 - val_loss: 0.6523 - val_accuracy: 0.6202
Epoch 4/5
79/79 [==============================] - 105s 1s/step - loss: 0.6514 -
accuracy: 0.6215 - val_loss: 0.6450 - val_accuracy: 0.6346
Epoch 5/5
79/79 [==============================] - 105s 1s/step - loss: 0.6393 -
accuracy: 0.6369 - val_loss: 0.6315 - val_accuracy: 0.6556
```

在上面的运行结果中可以看出，经过 5 轮的训练之后，具有深结构的卷积神经网络在测试集上的准确率为 65.56%。

4.5.3 使用批归一化方法的卷积神经网络

在数据处理中，归一化方法是一种常用方法。本节先介绍在卷积神经网络中使用归一化方法的原理，然后介绍在不同类型的卷积神经网络中使用批归一化方法的编程方法和实验结果。

1. 批归一化方法的原理

在卷积神经网络的每次训练中，把一批(Batch)数据同时送入卷积神经网络的输入层。例如，如果训练集有 10 000 个样本，批量(Batch Size)设置为 200，那么就把这 10 000 个样本分成 50 批，每批有 200 个样本，在卷积神经网络的每次训练中同时送入 200 个样本的数据。卷积神经网络在处理每批的数据时，每个层的输入数据都是随机分布的。把卷积神经网络每层输入数据中每个通道的全部数据分别进行标准化处理，即把它们的均值转换为 0，同时使它们的标准差转换为 1，把这种数据处理方法称为批归一化(Batch Normalization，BN)方法。实验表明，在很多情况下，批归一化方法能够显著提高卷积神经网络的预测性能。

下面介绍批归一化方法的实现过程。假设卷积神经网络某层输入数据中的某个通道具有 N 个数据，即 x_1、x_2……x_N，首先计算这 N 个数据的均值 μ 和标准差 σ，如下所示。

$$\mu=\frac{1}{N}\sum_{k=1}^{N}x_k \tag{4-25}$$

$$\sigma=\sqrt{\frac{1}{N}\sum_{k=1}^{N}(x_k-\mu)^2} \tag{4-26}$$

然后，把这 N 个数据进行标准化处理，如下所示。

$$\hat{x}_k=\frac{x_k-\mu}{\sqrt{\sigma^2+\varepsilon}} \quad k=1,2,\cdots,N \tag{4-27}$$

其中，ε 表示一个小的常数。当标准差 $\sigma=0$ 时，为了防止式(4-27)的分母为 0，需要加上 ε。

最后，对 $\hat{x}_k$ 进行线性变换，如下所示。

$$x'_k=c_1\hat{x}_k+c_2 \tag{4-28}$$

在上面的处理中，批归一化方法使用了 4 个参数：均值 μ、标准差 σ、线性变换系数 c_1 和 c_2。在这 4 个参数中，均值 μ 和标准差 σ 能够根据每层输入数据中每个通道的全部数据

要使用卷积神经网络的训练获得；线性变换系数 c_1 和 c_2 需

得。

神经网络

，可以使用简单的单层全连接前馈神经网络处理，构建单层

如下所示。

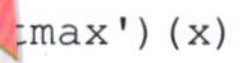

```
latten,Input,BatchNormalization,Dense

,IMSIZE,3])

max')(x)

tput_layer)
```

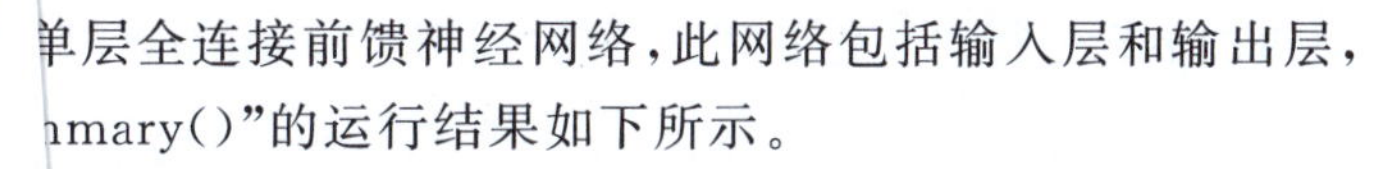

单层全连接前馈神经网络，此网络包括输入层和输出层，

mmary()”的运行结果如下所示。

```
_____________________________________________
utput Shape              Param #
=============================================
(None, 120, 120, 3)]     0
_____________________________________________
None, 43200)             0
_____________________________________________
None, 2)                 86402
=============================================

_____________________________________________
```


络模型进行拟合，运行结果如下所示。

```
Epoch 1/5
79/79 [==============================] - 107s 1s/step - loss: 17.4343 -
accuracy: 0.5209 - val_loss: 18.3643 - val_accuracy: 0.5000
Epoch 2/5
79/79 [==============================] - 105s 1s/step - loss: 14.5497 -
accuracy: 0.5305 - val_loss: 8.7791 - val_accuracy: 0.5299
Epoch 3/5
79/79 [==============================] - 105s 1s/step - loss: 13.6899 -
accuracy: 0.5357 - val_loss: 7.0175 - val_accuracy: 0.5767
```

```
Epoch 4/5
79/79 [==============================] - 105s 1s/step - loss: 11.2907 -
accuracy: 0.5333 - val_loss: 14.0293 - val_accuracy: 0.5103
Epoch 5/5
79/79 [==============================] - 105s 1s/step - loss: 7.4196 -
accuracy: 0.5617 - val_loss: 7.9383 - val_accuracy: 0.5086
```

从上面的运行结果中可以看出，经过 5 轮的训练之后，单层全连接前馈神经网络模型在测试集上的准确率为 50.86%。

在单层全连接前馈神经网络中加入批归一化方法，程序如下所示。

```
from keras.layers import Flatten,Input,BatchNormalization,Dense
from keras import Model
input_layer=Input([IMSIZE,IMSIZE,3])
x=input_layer
x=BatchNormalization()(x)
x=Flatten()(x)
x=Dense(2,activation='softmax')(x)
output_layer=x
model=Model(input_layer,output_layer)
model.summary()
```

在上面的程序中，语句“x＝BatchNormalization()(x)”表示使用批归一化方法对每个通道的数据进行归一化处理。语句“model.summary()”的运行结果如下所示。

```
_________________________________________________________________
Layer (type)                 Output Shape              Param #
=================================================================
input_1 (InputLayer)         [(None, 120, 120, 3)]     0
_________________________________________________________________
batch_normalization (BatchNo (None, 120, 120, 3)       12
_________________________________________________________________
flatten (Flatten)            (None, 43200)             0
_________________________________________________________________
dense (Dense)                (None, 2)                 86402
=================================================================
Total params: 86,414
Trainable params: 86,408
Non-trainable params: 6
```

从上面的运行结果可以看出，批归一化方法使用了 12 个网络参数，其中有 6 个网络参数不需要进行训练。在这里，批归一化方法的输入张量有 3 个通道，每个通道使用了 4 个批归一化方法的网络参数，所以批归一化方法共使用了 12 个网络参数。在批归一化方法输入张量每个通道使用的 4 个网络参数中，有 2 个网络参数不需要训练，所以批归一化方法共有 6 个网络参数不需要训练。

对上面使用批归一化方法的单层全连接前馈神经网络模型进行拟合，运行结果如下所示。

```
Epoch 1/5
```

```
79/79 [==================================] - 109s 1s/step - loss: 13.0228 -
accuracy: 0.5384 - val_loss: 2.4609 - val_accuracy: 0.5769
Epoch 2/5
79/79 [==================================] - 105s 1s/step - loss: 2.5482 -
accuracy: 0.6000 - val_loss: 1.6060 - val_accuracy: 0.5284
Epoch 3/5
79/79 [==================================] - 107s 1s/step - loss: 0.9749 -
accuracy: 0.6432 - val_loss: 0.7613 - val_accuracy: 0.5787
Epoch 4/5
79/79 [==================================] - 105s 1s/step - loss: 0.6282 -
accuracy: 0.6853 - val_loss: 0.7675 - val_accuracy: 0.5677
Epoch 5/5
79/79 [==================================] - 105s 1s/step - loss: 0.5861 -
accuracy: 0.6937 - val_loss: 0.7081 - val_accuracy: 0.5847
```

从上面的运行结果可以看出，经过5轮训练之后，使用批归一化方法的单层全连接前馈神经网络模型在测试集上的准确率为58.47%。对于单层全连接前馈神经网络，不使用批归一化方法和使用批归一化方法在测试集上的预测准确率对比如表4-4所示。从表4-4可以看出，和不使用批归一化方法的单层全连接前馈神经网络相比，使用批归一化方法的单层全连接前馈神经网络在测试集上的预测准确率提高了7.61%。

表4-4 使用/不使用批归一化方法的单层全连接前馈神经网络在测试集上的预测准确率对比

神经网络的类型	预测准确率
不使用批归一化方法的单层全连接前馈神经网络	50.86%
使用批归一化方法的单层全连接前馈神经网络	58.47%

3. 使用批归一化方法的卷积神经网络宽结构模型

在4.5.1节中，对于猫狗分类的二分类问题，已经给出了卷积神经网络宽结构模型的编程方法。在卷积神经网络宽结构模型中加入批归一化方法的程序如下所示。

```
from keras.layers import Flatten,Input,Conv2D,MaxPooling2D,Dense
from keras import Model
input_layer=Input([IMSIZE,IMSIZE,3])
x=input_layer
x=BatchNormalization()(x)
x=Conv2D(90,[3,3],activation='relu')(x)
x=MaxPooling2D([15,15])(x)
x=Flatten()(x)
x=Dense(2,activation='softmax')(x)
output_layer=x
model=Model(input_layer,output_layer)
model.summary()
```

在上面的程序中，语句“model.summary()”的运行结果如下所示。

```
_________________________________________________________________
Layer (type)                 Output Shape              Param #
=================================================================
```

```
input_2 (InputLayer)           (None, 120, 120, 3)      0
_________________________________________________________________
batch_normalization_1 (Batch)  (None, 120, 120, 3)      12
_________________________________________________________________
conv2d_2 (Conv2D)              (None, 118, 118, 90)     2520
_________________________________________________________________
max_pooling2d_2 (MaxPooling2D) (None, 7, 7, 90)         0
_________________________________________________________________
flatten_2 (Flatten)            (None, 4410)             0
_________________________________________________________________
dense_2 (Dense)                (None, 2)                8822
=================================================================
Total params: 11,354
Trainable params: 11,348
Non-trainable params: 6
```

对上面使用批归一化方法的卷积神经网络宽结构模型进行拟合，运行结果如下所示。

```
Epoch 1/5
79/79 [==============================] - 119s 1s/step - loss: 1.1010 -
accuracy: 0.6219 - val_loss: 0.6617 - val_accuracy: 0.5941
Epoch 2/5
79/79 [==============================] - 105s 1s/step - loss: 0.5033 -
accuracy: 0.7569 - val_loss: 0.5645 - val_accuracy: 0.7132
Epoch 3/5
79/79 [==============================] - 105s 1s/step - loss: 0.4610 -
accuracy: 0.7848 - val_loss: 0.4968 - val_accuracy: 0.7754
Epoch 4/5
79/79 [==============================] - 105s 1s/step - loss: 0.4544 -
accuracy: 0.7923 - val_loss: 0.4811 - val_accuracy: 0.7635
Epoch 5/5
79/79 [==============================] - 106s 1s/step - loss: 0.4590 -
accuracy: 0.7866 - val_loss: 0.4849 - val_accuracy: 0.7700
```

从上面的运行结果中可以看出，经过 5 轮训练之后，使用批归一化方法的卷积神经网络宽结构模型在测试集上的准确率为 77%。对于卷积神经网络宽结构模型，不使用批归一化方法和使用批归一化方法在测试集上的预测准确率的对比如表 4-5 所示。从表 4-5 可以看出，和不使用批归一化方法的卷积神经网络宽结构模型相比，使用批归一化方法的卷积神经网络宽结构模型在测试集上的预测准确率提高了 6.61%。

表 4-5　使用/不使用批归一化方法的卷积神经网络宽结构模型在测试集上的预测准确率

卷积神经网络的类型	预测准确率
不使用批归一化方法的卷积神经网络宽结构模型	70.39%
使用批归一化方法的卷积神经网络宽结构模型	77.0%

4. 使用一次批归一化方法的卷积神经网络深结构模型

在 4.5.2 节中，对于猫狗分类的二分类问题，给出了卷积神经网络深结构模型的编程方法。在卷积神经网络深结构模型中，只使用一次批归一化方法的程序如下所示。

```
from keras. layers import Conv2D, MaxPooling2D, BatchNormalization, Input,
Flatten,Dense
from keras import Model
input_layer=Input([IMSIZE,IMSIZE,3])
x=input_layer
x=BatchNormalization()(x)
for _ in range(6):
    x=Conv2D(15,[3,3],padding='same',activation='relu')(x)
    x=MaxPooling2D([2,2])(x)
x=Flatten()(x)
x=Dense(2,activation='softmax')(x)
output_layer=x
model=Model(input_layer,output_layer)
model.summary()
```

在上面的程序中，在所有的卷积层和池化层前面只使用了一次批归一化方法。语句“model.summary()”的运行结果如下所示。

```
_________________________________________________________________
Layer (type)                 Output Shape              Param #
=================================================================
input_2 (InputLayer)         [(None, 120, 120, 3)]     0
_________________________________________________________________
batch_normalization_1 (Batch) (None, 120, 120, 3)      12
_________________________________________________________________
conv2d_7 (Conv2D)            (None, 120, 120, 15)      420
_________________________________________________________________
max_pooling2d_7 (MaxPooling2 (None, 60, 60, 15)        0
_________________________________________________________________
conv2d_8 (Conv2D)            (None, 60, 60, 15)        2040
_________________________________________________________________
max_pooling2d_8 (MaxPooling2 (None, 30, 30, 15)        0
_________________________________________________________________
conv2d_9 (Conv2D)            (None, 30, 30, 15)        2040
_________________________________________________________________
max_pooling2d_9 (MaxPooling2 (None, 15, 15, 15)        0
_________________________________________________________________
conv2d_10 (Conv2D)           (None, 15, 15, 15)        2040
_________________________________________________________________
max_pooling2d_10 (MaxPooling (None, 7, 7, 15)          0
_________________________________________________________________
conv2d_11 (Conv2D)           (None, 7, 7, 15)          2040
_________________________________________________________________
max_pooling2d_11 (MaxPooling (None, 3, 3, 15)          0
_________________________________________________________________
conv2d_12 (Conv2D)           (None, 3, 3, 15)          2040
_________________________________________________________________
max_pooling2d_12 (MaxPooling (None, 1, 1, 15)          0
_________________________________________________________________
```

```
flatten (Flatten)            (None, 15)             0
_________________________________________________________________
dense (Dense)                (None, 2)              32
=================================================================
Total params: 10,664
Trainable params: 10,658
Non-trainable params: 6
_________________________________________________________________
```

对上面只使用一次批归一化方法的卷积神经网络深结构模型进行拟合，运行结果如下所示。

```
Epoch 1/5
79/79 [==============================] - 119s 1s/step - loss: 0.6841 -
accuracy: 0.5544 - val_loss: 0.6798 - val_accuracy: 0.6055
Epoch 2/5
79/79 [==============================] - 105s 1s/step - loss: 0.6329 -
accuracy: 0.6454 - val_loss: 0.6269 - val_accuracy: 0.6516
Epoch 3/5
79/79 [==============================] - 105s 1s/step - loss: 0.6089 -
accuracy: 0.6661 - val_loss: 0.6118 - val_accuracy: 0.6552
Epoch 4/5
79/79 [==============================] - 105s 1s/step - loss: 0.5828 -
accuracy: 0.6916 - val_loss: 0.5993 - val_accuracy: 0.6824
Epoch 5/5
79/79 [==============================] - 105s 1s/step - loss: 0.5680 -
accuracy: 0.6977 - val_loss: 0.5550 - val_accuracy: 0.7107
```

从上面的运行结果中可以看出，经过 5 轮训练之后，使用一次批归一化方法的卷积神经网络深结构模型在测试集上的准确率为 71.07%。对于卷积神经网络深结构模型，不使用批归一化方法和使用一次批归一化方法在测试集上的预测准确率的对比如表 4-6 所示。从表 4-6 可以看出，和不使用批归一化方法的卷积神经网络深结构模型相比，使用一次批归一化方法的卷积神经网络深结构模型在测试集上的预测准确率提高了 5.51%。

表 4-6　使用/不使用一次批归一化方法的卷积神经网络深结构模型在测试集上的预测准确率

卷积神经网络的类型	预测准确率
不使用批归一化方法的卷积神经网络深结构模型	65.56%
使用一次批归一化方法的卷积神经网络深结构模型	71.07%

5. 使用多次批归一化方法的卷积神经网络深结构模型

对于猫狗分类的二分类问题，在卷积神经网络深结构模型的每个卷积层前面都可以使用批归一化方法，程序如下所示。

```
from keras. layers import Conv2D, MaxPooling2D, BatchNormalization, Input,
Flatten,Dense
from keras import Model
input_layer=Input([IMSIZE,IMSIZE,3])
x=input_layer
```

```
for _ in range(6):
    x=BatchNormalization()(x)
    x=Conv2D(15,[3,3],padding='same',activation='relu')(x)
    x=MaxPooling2D([2,2])(x)
x=Flatten()(x)
x=Dense(2,activation='softmax')(x)
output_layer=x
model=Model(input_layer,output_layer)
model.summary()
```

在上面的程序中,语句“model.summary()”的运行结果如下所示。

```
_________________________________________________________________
Layer (type)                 Output Shape              Param #
=================================================================
input_1 (InputLayer)         [(None, 120, 120, 3)]     0
_________________________________________________________________
batch_normalization (BatchNo (None, 120, 120, 3)       12
_________________________________________________________________
conv2d (Conv2D)              (None, 120, 120, 15)      420
_________________________________________________________________
max_pooling2d (MaxPooling2D) (None, 60, 60, 15)        0
_________________________________________________________________
batch_normalization_1 (Batch (None, 60, 60, 15)        60
_________________________________________________________________
conv2d_1 (Conv2D)            (None, 60, 60, 15)        2040
_________________________________________________________________
max_pooling2d_1 (MaxPooling2 (None, 30, 30, 15)        0
_________________________________________________________________
batch_normalization_2 (Batch (None, 30, 30, 15)        60
_________________________________________________________________
conv2d_2 (Conv2D)            (None, 30, 30, 15)        2040
_________________________________________________________________
max_pooling2d_2 (MaxPooling2 (None, 15, 15, 15)        0
_________________________________________________________________
batch_normalization_3 (Batch (None, 15, 15, 15)        60
_________________________________________________________________
conv2d_3 (Conv2D)            (None, 15, 15, 15)        2040
_________________________________________________________________
max_pooling2d_3 (MaxPooling2 (None, 7, 7, 15)          0
_________________________________________________________________
batch_normalization_4 (Batch (None, 7, 7, 15)          60
_________________________________________________________________
conv2d_4 (Conv2D)            (None, 7, 7, 15)          2040
_________________________________________________________________
max_pooling2d_4 (MaxPooling2 (None, 3, 3, 15)          0
_________________________________________________________________
batch_normalization_5 (Batch (None, 3, 3, 15)          60
_________________________________________________________________
conv2d_5 (Conv2D)            (None, 3, 3, 15)          2040
_________________________________________________________________
```

```
max_pooling2d_5 (MaxPooling2    (None, 1, 1, 15)          0
_________________________________________________________________
flatten (Flatten)               (None, 15)                0
_________________________________________________________________
dense (Dense)                   (None, 2)                 32
=================================================================
Total params: 10,964
Trainable params: 10,808
Non-trainable params: 156
_________________________________________________________________
```

对上面使用多次批归一化方法的卷积神经网络深结构模型进行拟合，运行结果如下所示。

```
Epoch 1/5
79/79 [==============================] - 120s 1s/step - loss: 0.6305 -
accuracy: 0.6570 - val_loss: 0.6988 - val_accuracy: 0.5553
Epoch 2/5
79/79 [==============================] - 105s 1s/step - loss: 0.4934 -
accuracy: 0.7610 - val_loss: 0.5705 - val_accuracy: 0.7130
Epoch 3/5
79/79 [==============================] - 104s 1s/step - loss: 0.4125 -
accuracy: 0.8097 - val_loss: 0.6930 - val_accuracy: 0.6837
Epoch 4/5
79/79 [==============================] - 105s 1s/step - loss: 0.3623 -
accuracy: 0.8389 - val_loss: 0.4070 - val_accuracy: 0.8172
Epoch 5/5
79/79 [==============================] - 105s 1s/step - loss: 0.3187 -
accuracy: 0.8587 - val_loss: 0.3682 - val_accuracy: 0.8434
```

从上面的运行结果中可以看出，经过5轮训练之后，在每个卷积层前面都使用批归一化方法的卷积神经网络深结构模型在测试集上的准确率为84.34%。对于卷积神经网络深结构模型，不使用批归一化方法、使用一次批归一化方法和使用多次批归一化方法的对比如表4-7所示。从表4-7可以看出，与不使用批归一化方法、使用一次批归一化方法的卷积神经网络深结构模型相比，使用多次批归一化方法的卷积神经网络深结构模型在测试集上的预测准确率分别提高了18.78%和13.27%。

表4-7　使用多次批归一化方法的卷积神经网络深结构模型在测试集上的预测准确率

卷积神经网络的类型	预测准确率
不使用批归一化方法的卷积神经网络深结构模型	65.56%
使用一次批归一化方法的卷积神经网络深结构模型	71.07%
使用多次批归一化方法的卷积神经网络深结构模型	84.34%

4.5.4　使用数据增强方法的卷积神经网络

在使用深度学习模型处理问题时，必须事先准备好该问题的数据集。很多网站上都能够免费下载数据集，如百度公司的AI Studio网站，其网址为 https://aistudio.baidu.com/

datasetoverview，如图 4-53 所示。

图 4-53　百度公司 AI Studio 网站上的数据集

在使用深度学习模型进行训练时，经常出现训练集样本的数量比较少的情况，这是因为获得样本并对样本设置标签的成本比较高。此时，可以使用数据增强（Data Augmentation）方法增大训练集样本的数量。对数据集中原有的样本数据进行处理，从而人为地增加新的样本数据，就是数据增强。数据增强是增大训练集中样本的数量并提高深度学习模型预测性能的常用方法。

对于图像数据，数据增强方法包括翻转图像、旋转图像、增加噪声、裁剪图像、缩放和拉伸图像、图像的模糊、图像亮度和色彩的改变等。在图 4-54 中，(a)表示原始的鹦鹉图像，(b)表示水平翻转和垂直翻转后的鹦鹉图像，(c)表示增加噪声后的鹦鹉图像，(d)表示旋转

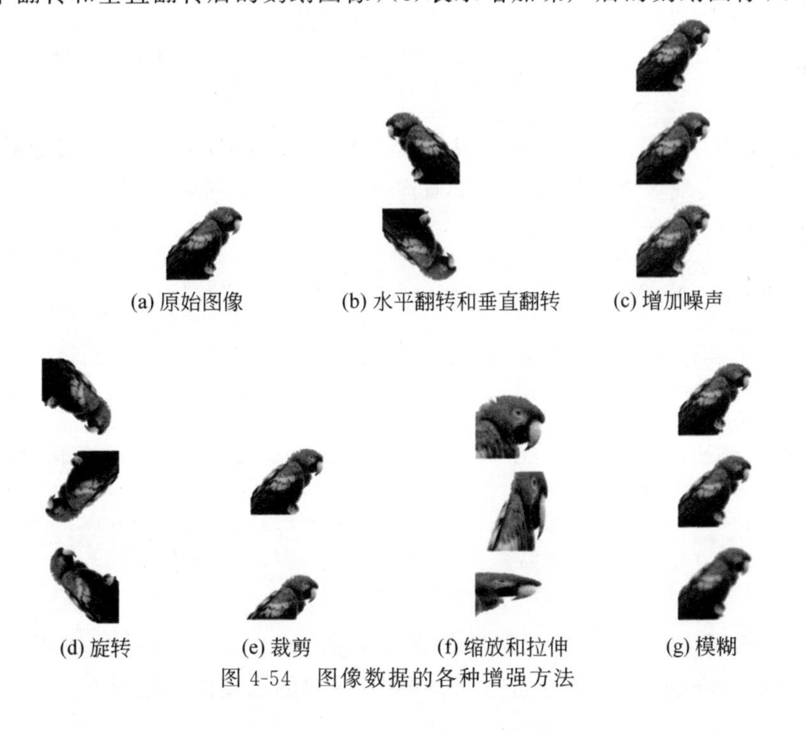

图 4-54　图像数据的各种增强方法

各种角度后的鹦鹉图像,(e)表示裁剪后的鹦鹉图像,(f)表示缩放和拉伸后的鹦鹉图像,(g)表示进行模糊处理之后的鹦鹉图像。在图 4-55 中,(a)表示原图,(b)表示增强亮度的结果图像。在图 4-56 中,(a)表示原图,(b)表示减小对比度的结果图像,(c)表示增大饱和度的结果图像。对于人的眼睛来说,图 4-54 中各种处理后的结果图像都是相同的目标,即都是鹦鹉图像。但是,对于计算机来说,各种处理后的图像具有不同的数据,所以认为它们是不同的目标。在进行数据增强之后,把对某原图处理得到的多个结果图像都设置为和原图相同的标签值。例如,在图 4-54 中,把各种处理后得到的结果图像设置为相同的标签值,即"鹦鹉"。数据增强的目的就是告诉深度学习网络模型,对某个原图处理后得到的多个结果图像都是相同的目标。

(a) 原图

(b) 亮度增强

图 4-55　改变图像的亮度

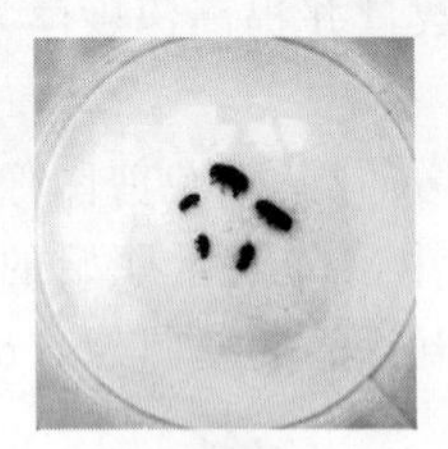
(a) 原图

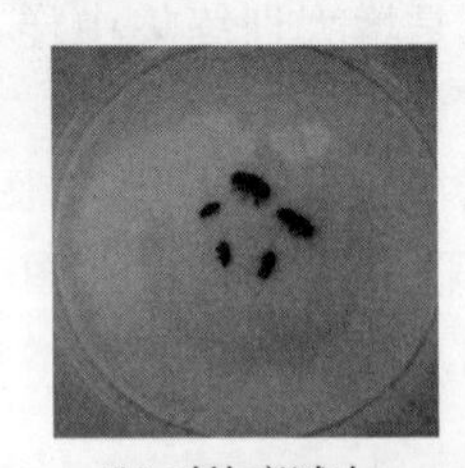
(b) 对比度减小

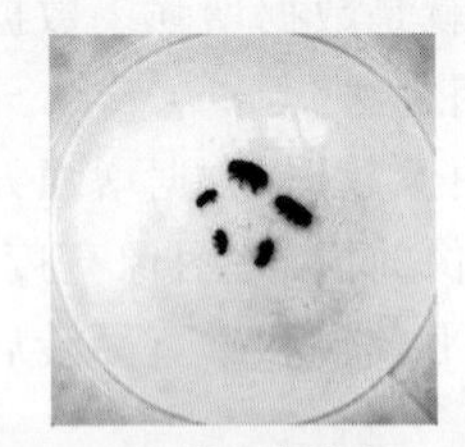
(c) 饱和度增大

图 4-56　改变图像的对比度和饱和度

在 Keras 深度学习框架中,数据生成器模块 ImageDataGenerator 不仅能够实现数据的分批读取,还能够实现数据的增强。对于猫狗分类的二分类问题,分批读取数据并进行数据增强的程序如下所示。

```
from keras.preprocessing.image import ImageDataGenerator
IMSIZE=120
validation_generator = ImageDataGenerator(rescale=1./255).flow_from_directory(
  'F:/CatDog/test',target_size=(IMSIZE, IMSIZE),batch_size=190,class_mode=
'categorical')
train_generator = ImageDataGenerator(rescale=1./255,shear_range=0.5,rotation_
range=30,
  zoom_range=0.2,width_shift_range=0.2,height_shift_range=0.2,horizontal_flip
=True).flow_from_directory('F:/CatDog/train',target_size=(IMSIZE, IMSIZE),
batch_size=190,class_mode= 'categorical')
```

在上面的程序中,在训练数据集的数据生成器 train_generator 中使用了数据增强方法。参数"shear_range=0.5"表示进行倾斜操作,倾斜的强度值不超过 0.5。参数"rotation_ range＝30”表示进行左右旋转的角度值不超过 30°。参数“zoom_range＝0.2”表示放大比例不超过 1.2、缩小比例不超过 0.8。参数“width_shift_range＝0.2”表示在水平方向平移的最大范围不超过原图像宽度的 0.2 倍。参数“height_shift_range＝0.2”表示在垂直方向平移的最大范围不超过原图像高度的 0.2 倍。参数“horizontal_flip＝True”表示允许进行水平方向的翻转操作。

显示增强后的部分结果图像的程序如下所示。

```
from matplotlib import pyplot as plt
plt.figure()
fig,ax = plt.subplots(1,3)
ax=ax.flatten()
X,Y=next(train_generator)
for i in range(3): ax[i].imshow(X[i,:,:,:])
```

上述程序运行的结果如图 4-57 所示，3 个图像为增强后的结果图像。

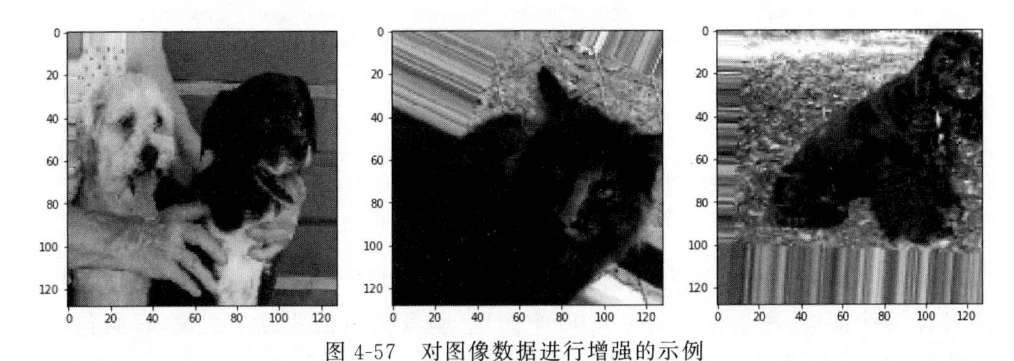

图 4-57　对图像数据进行增强的示例

在显示完增强后的图像数据之后，就需要进行深度学习模型的构建，并进行拟合，从而得到深度学习模型在预测集上的准确率。

4.6　经典的卷积神经网络模型

ImageNet 大规模视觉识别挑战赛（ImageNet Large Scale Visual Recognition Challenge，ILSVRC）是机器视觉领域非常重要的学术竞赛，代表着图像处理领域的最高水平，有人工智能“世界杯”的称号。竞赛的内容包括 4 个问题。

第 1 个问题是图像分类（Classification）与目标定位（Object Localization）。在图像分类中，判断某个图像的类别，图像共有 1000 个类别。在目标定位中，识别图像中目标物体所在的位置，并把物体的形状用方框包围起来。

第 2 个问题是目标检测问题，判断图像中多个目标物体的类别（即目标物体的分类问题）和每个目标物体的位置（即目标物体的定位问题）。也就是说，目标检测问题包括两部分：目标物体的分类和目标物体的定位。例如，寻找一个图像中的所有物体，这些物体有 200 个类别，如人、汽车、勺子和水杯等。

第 3 个问题是视频的目标检测问题，即检测出视频每一帧图像包含的多个类别的物体。

第 4 个问题是场景分类问题，即识别图像中场景的类别，并进行场景和物体的分割。场景有多个类别，如森林、剧场、会议室和商店等。在进行图像分割时，把图像分割成不同的区域，如天空、道路、人和桌子等。

ILSVRC 竞赛使用 ImageNet 数据集测试各种算法的性能，所以也称为 ImageNet 竞赛。ImageNet 数据集包含 1400 多万个图像，网址为 http://image-net.org，如图 4-58 所示。

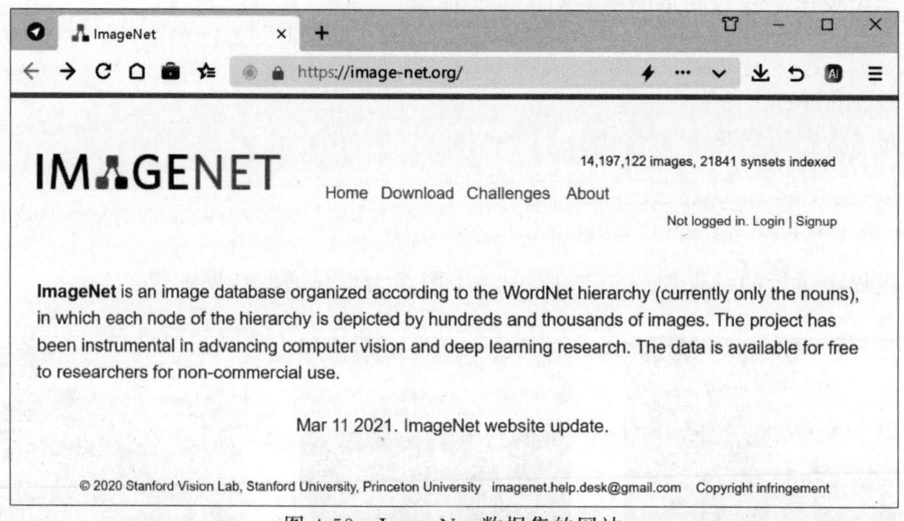

图 4-58 ImageNet 数据集的网站

在 ImageNet 数据集中，用于处理分类问题的子数据集图像有 1000 个类别，其中训练集包括 128 万个图像，每类包括大约 1300 个图像；验证集包括 5 万个图像，每类包括 50 个图像；测试集包括 10 万个图像，每类包括 1000 个图像（本书的深度学习实验中，没有使用验证集，只使用了测试集）。在使用 ImageNet 数据集处理分类任务时，对于某个图像的类别，深度学习模型会得到 1000 个概率值，每个概率值表示此图像属于一个类别的概率值。在 ILSVRC 竞赛的分类任务中，评价深度学习模型预测性能的指标包括 Top-1 准确率、Top-1 错误率、Top-5 准确率和 Top-5 错误率。在 Top-1 准确率和 Top-1 错误率中，如果最大概率值对应的类别和人工标注的类别相同，就认为预测正确，否则认为预测错误。所以，Top-1 准确率就是衡量模型的性能指标准确率（Accuracy）。在 Top-5 准确率和 Top-5 错误率中，在前 5 个较大概率值所对应的 5 个类别中，只要有一个类别和人工标注的类别相同，就认为预测正确，否则认为预测错误。

1998 年，研究人员提出了最早的卷积神经网络模型 LeNet-5，成功地用于数字的识别。该模型使用 MNIST 数据集，其层数为 7 层。2012 年，AlexNet 模型获得了 ILSVRC 竞赛分类问题的冠军，其层数为 11 层。2014 年，VGG 模型获得 ILSVRC 竞赛分类问题的第二名和定位问题的第一名，其层数为 19 层。同年，GoogLeNet 模型中的 Inception V1 版本获得了 ILSVRC 竞赛分类问题的第一名，其层数为 22 层。2015 年，ResNet 模型获得了 ILSVRC 竞赛分类问题的第一名，其层数为 152 层。2017 年，DenseNet 模型在 ILSVRC 竞赛分类问题中进一步提高了分类的准确率，其层数为 264 层。

在 ILSVRC 竞赛的分类问题中，有代表性的卷积神经网络模型如表 4-8 所示，随着卷积神经网络模型层数的增加，Top-5 错误率在逐渐减小。2017 年，SENet 模型的 Top-5 错误率已经降低到2.3%，这已经远远低于人类的Top-5错误率5.1%。

表4-8　卷积神经网络模型的特点

时　　间	模型名称	Top-5错误率	层　　数
2012年	AlexNet	15.3%	11
2013年	OverFeat	13.6%	11
2014年	VGG	7.3%	19
2014年	GoogLeNet	6.7%	22
2015年	ResNet	3.6%	152
2016年	ResNeXt	3%	152
2017年	SENet	2.3%	152

常见的经典卷积神经网络模型在ImageNet数据集上的Top-1分类准确率如表4-9所示。

表4-9　常见的卷积神经网络模型的Top-1分类准确率

模型名称	层　　数	Top-1分类准确率
AlexNet	11	57.2%
VGG-16	16	71.5%
VGG-19	19	74.5%
Inception V3	159	82.7%
ResNet-152	152	80.6%
DenseNet-264	264	79.2%
MobileNet-224	224	70.6%

4.6.1　LeNet-5模型

对于手写数字的识别问题，卷积神经网络的结构中有很多不确定的因素，包括卷积层的数量、每个卷积层中卷积核的数量和尺寸、卷积的类型、池化层的数量、每个池化层中池化窗口的尺寸、池化的类型、全连接层的数量和每个全连接层中神经元的数量。为了能够获得更高的识别准确率，需要验证各种不确定性因素产生的效果，从而获得卷积神经网络最优的结构。

1998年，科学家Yann LeCun提出了LeNet-5模型。LeNet-5是一种经典的卷积神经网络模型，是第一个成功应用于数字识别问题的卷积神经网络模型，它在MNIST数据集上的Top-1准确率能够达到99.2%。LeNet-5已经成功应用于银行领域，识别支票中手写的数字。

1. LeNet-5模型的结构

LeNet-5模型的结构如图4-59所示，为7层的卷积神经网络，包括卷积层C1、池化层

P1、卷积层 C2、池化层 P2、全连接层 F1 和 F2、输出层，卷积层和池化层产生的特征图如图 4-60 所示。

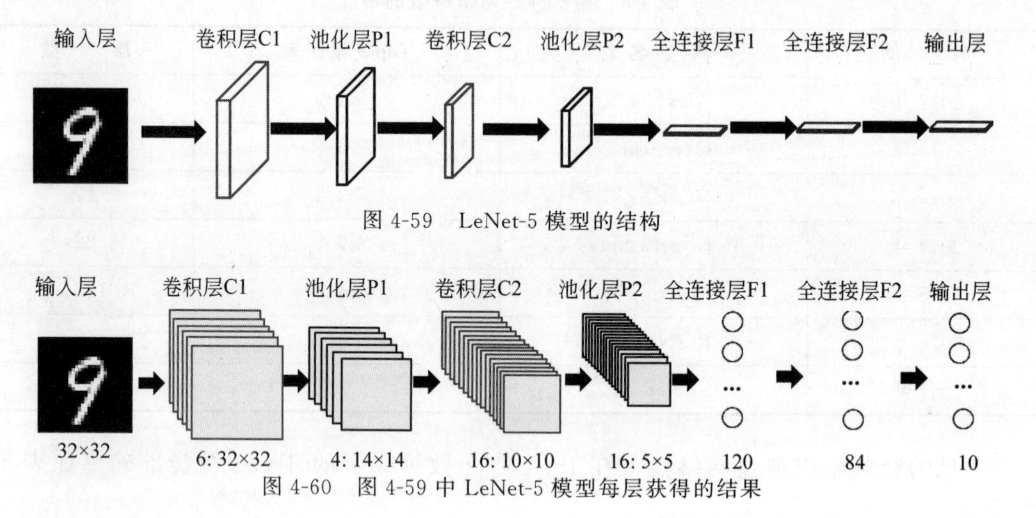

图 4-59 LeNet-5 模型的结构

图 4-60 图 4-59 中 LeNet-5 模型每层获得的结果

LeNet-5 模型每层的特点如表 4-10 所示。

表 4-10 LeNet-5 模型每层的特点

不同的层	特点	步长	类型	输出张量的形状	网络参数的数量
输入层				32×32×1	
卷积层 C1	6 个形状为 5×5×1 的卷积核	1	Valid 卷积	28×28×6	(5×5×1+1)×6
池化层 P1	形状为 2×2 池化窗口	2	Valid 最大值池化	14×14×6	
卷积层 C2	16 个形状为 5×5×6 的卷积核	1	Valid 卷积	10×10×16	(5×5×6+1)×16
池化层 P2	形状为 2×2 的池化窗口	2	Valid 最大值池化	5×5×16	
全连接层 F1	120 个神经元			120×1	400×120+120
全连接层 F2	84 个神经元			84×1	120×84+84
输出层	10 个神经元			10×1	84×10+10
总的网络参数数量					61 706

在输入层中，输入信号为灰度图像，使用形状为 32×32×1 的张量进行表示。在卷积层 C1 中，使用了 6 个形状为 5×5×1 的卷积核，卷积类型为 Valid 卷积，卷积核的移动步长为 1×1，输出的特征图(即卷积结果)形状为 28×28×6。在卷积层 C1 中，每个卷积核的参数为 25 个，并且每个卷积核使用 1 个偏置参数，则每个卷积核使用 26 个网络参数。因为卷积层 C1 使用了 6 个卷积核，所以该层网络参数为 156 个。在池化层 P1 中，对卷积层 C1 输出的形状为 28×28×6 的特征图进行 Valid 最大值池化操作，池化窗口的尺寸为 2×2，池化窗口的移动步长为 2×2，输出的特征图(即池化结果)形状为 14×14×6，此层没有使用网络参数。在卷积层 C2 中，对池化层 P1 输出的形状为 14×14×6 的特征图进行卷积操作，使用

16 个形状为 5×5×6 的卷积核，卷积类型为 Valid 卷积，输出的特征图（即卷积结果）形状为 10×10×16。在卷积层 C2 中，每个卷积核的参数为 150 个，并且每个卷积核使用 1 个偏置参数，则每个卷积核使用 151 个网络参数。因为卷积层 C2 使用了 16 个卷积核，所以该层网络参数为 2416 个。在池化层 P2 中，对卷积层 C2 层输出的形状为 10×10×16 的特征图进行池化操作，池化类型为 Valid 池化，池化窗口的尺寸为 2×2，池化窗口的移动步长为 2×2，输出的特征图（即池化结果）形状为 5×5×16，此层没有使用网络参数。在全连接层 F1 中，首先把池化层 P2 输出的形状为 5×5×16 特征图拉直为一维向量，其形状为 400×1；然后，使用 120 个神经元进行全连接，输出结果的形状为 120×1。在全连接层 F1 中，每个神经元使用 400 个权值参数和 1 个偏置参数，因为此层有 120 个神经元，所以该层使用的网络参数为 48 120 个。在全连接层 F2 中，使用了 84 个神经元，连接方式为全连接，输出结果的形状为 84×1。在全连接层 F2 中，每个神经元使用 120 个权值参数和 1 个偏置参数，因为此层有 84 个神经元，所以该层使用的网络参数为 10 164 个。在输出层中，因为手写的数字有 10 个类别，所以输出层使用了 10 个神经元和全连接层 F2 中的 84 个神经元进行连接，连接方式为全连接。在输出层，每个神经元使用 84 个权值参数和 1 个偏置参数，因为此层有 10 个神经元，所以该层使用的网络参数为 850 个。输出层产生的结果为 10 个概率值，每个概率值对应一个手写的数字类别。计算这 10 个概率值中的最大值，此卷积神经网络输入的手写数字图像被预测的数字类别就是最大概率值所对应的数字类别。

2. LeNet-5 模型的编程方法

4.4.2 节详细介绍了使用卷积神经网络处理手写数字识别问题的编程方法。与之相比，LeNet-5 模型的编程方法只有第二个步骤“神经网络模型的构建”的程序不相同，其他步骤的程序都相同。

在第二个步骤“神经网络模型的构建”，LeNet-5 模型的构建程序如下所示。

```
from keras.layers import Conv2D,Dense,Flatten,Input,MaxPooling2D
from keras import Model
input_layer = Input([28,28,1])
x = input_layer
x = Conv2D(6,[5,5],padding = "same", activation = 'relu')(x)
x = MaxPooling2D(pool_size = [2,2], strides = [2,2])(x)
x = Conv2D(16,[5,5],padding = "valid", activation = 'relu')(x)
x = MaxPooling2D(pool_size = [2,2], strides = [2,2])(x)
x = Flatten()(x)
x = Dense(120,activation = 'relu')(x)
x = Dense(84,activation = 'relu')(x)
x = Dense(10,activation = 'softmax')(x)
output_layer=x
model=Model(input_layer,output_layer)
model.summary()
```

在上面的程序中，语句“input_layer = Input([28,28,1])”和“x = input_layer”表示输入层，输入层输入张量的形状为 28×28×1。语句“x = Conv2D(6, [5,5], padding = "same", activation = 'relu')(x)”表示卷积层 C1，使用 6 个卷积核，卷积核的前 2 个尺寸为 5×5，卷积核的移动步长使用默认值 1×1，卷积类型为 Same 卷积，使用 ReLU 激活函数。

在前面介绍 LeNet-5 模型的输入层时，输入张量的形状是 32×32×1，卷积类型为 Valid 卷积。由于 MNIST 数据集图像的尺寸是 28×28，这里使用了 Same 卷积，因此功能不变。语句"x = MaxPooling2D(pool_size = [2,2], strides = [2,2])(x)"表示池化层 P1，池化方式为最大值池化，池化类型为默认的 Valid 类型，池化窗口的尺寸为 2×2，池化窗口的移动步长为 2×2。语句"x = Conv2D(16,[5,5],padding = "valid", activation = 'relu')(x)"表示卷积层 C2，使用 16 个卷积核，卷积核的前 2 个尺寸为 5×5，卷积类型为 Valid 卷积，使用 ReLU 激活函数。语句"x = MaxPooling2D(pool_size = [2,2], strides = [2,2])(x)"表示池化层 P2，池化方式为最大值池化，池化类型为默认的 Valid 类型，池化窗口的尺寸为 2×2，池化窗口的移动步长为 2×2。语句"x = Flatten()(x)"表示把池化层 P2 输出的形状为 5×5×16 的特征图拉直为一维列向量，其形状为 400×1。语句"x = Dense(120, activation = 'relu')(x)"表示全连接层 F1，使用 120 个神经元和 ReLU 激活函数，连接方式为全连接。语句"x = Dense(84,activation = 'relu')(x)"表示全连接层 F2，使用 84 个神经元和 ReLU 激活函数，连接方式为全连接。语句"x = Dense(10,activation = 'softmax')(x)"表示输出层，使用 10 个神经元和 Softmax 激活函数。"model.summary()"语句的运行结果如下所示。

```
_________________________________________________________________
Layer (type)                 Output Shape              Param #
=================================================================
input_1 (InputLayer)         (None, 28, 28, 1)         0
_________________________________________________________________
conv2d_1 (Conv2D)            (None, 28, 28, 6)         156
_________________________________________________________________
max_pooling2d_1 (MaxPooling2 (None, 14, 14, 6)         0
_________________________________________________________________
conv2d_2 (Conv2D)            (None, 10, 10, 16)        2416
_________________________________________________________________
max_pooling2d_2 (MaxPooling2 (None, 5, 5, 16)          0
_________________________________________________________________
flatten_1 (Flatten)          (None, 400)               0
_________________________________________________________________
dense_1 (Dense)              (None, 120)               48120
_________________________________________________________________
dense_2 (Dense)              (None, 84)                10164
_________________________________________________________________
dense_3 (Dense)              (None, 10)                850
=================================================================
Total params: 61,706
Trainable params: 61,706
Non-trainable params: 0
_________________________________________________________________
```

在上面的运行结果中，"input_1(InputLayer)"表示输入层，"conv2d_1 (Conv2D)"表示卷积层 C1，"max_pooling2d_1"表示池化层 P1，"conv2d_2 (Conv2D)"表示卷积层 C2，"max_pooling2d_2"表示池化层 P2，"flatten_1(Flatten)"表示拉直操作，"dense_1(Dense)"表示全连接层 F1，"dense_2(Dense)"表示全连接层 F2，"dense_3(Dense)"表示输出层。

对上面的 LeNet-5 模型进行编译和拟合，运行结果如下所示。

```
Train on 60000 samples, validate on 10000 samples
Epoch 1/8
60000/60000 [==============================] - 3s 51us/step - loss: 0.3388
- accuracy: 0.9011 - val_loss: 0.1024 - val_accuracy: 0.9683
Epoch 2/8
60000/60000 [==============================] - 1s 20us/step - loss: 0.0927
- accuracy: 0.9719 - val_loss: 0.0630 - val_accuracy: 0.9802
Epoch 3/8
60000/60000 [==============================] - 1s 20us/step - loss: 0.0674
- accuracy: 0.9797 - val_loss: 0.0510 - val_accuracy: 0.9843
Epoch 4/8
60000/60000 [==============================] - 1s 20us/step - loss: 0.0530
- accuracy: 0.9838 - val_loss: 0.0393 - val_accuracy: 0.9868
Epoch 5/8
60000/60000 [==============================] - 1s 20us/step - loss: 0.0438
- accuracy: 0.9865 - val_loss: 0.0328 - val_accuracy: 0.9888
Epoch 6/8
60000/60000 [==============================] - 1s 20us/step - loss: 0.0374
- accuracy: 0.9884 - val_loss: 0.0358 - val_accuracy: 0.9879
Epoch 7/8
60000/60000 [==============================] - 1s 21us/step - loss: 0.0328
- accuracy: 0.9894 - val_loss: 0.0316 - val_accuracy: 0.9895
Epoch 8/8
60000/60000 [==============================] - 1s 20us/step - loss: 0.0288
- accuracy: 0.9906 - val_loss: 0.0312 - val_accuracy: 0.9900
```

从上面的运行结果可以看出，LeNet-5 模型在第 8 代训练结束之后，在测试集上的准确率为 99.0%。随着训练轮数的增加，LeNet-5 模型在测试集上的准确率还会继续增加。

4.6.2 AlexNet 模型

2012 年，科学家 Hinton 和 Krizhevsky 设计了卷积神经网络 AlexNet 模型，此模型获得 ImageNet 竞赛的冠军，它的分类 Top-1 准确率为 63%。AlexNet 模型的网络结构如图 4-61 所示。AlexNet 模型有 11 层，包括 5 个卷积层、3 个池化层、2 个全连接层和输出层，它使用的网络参数数量为 6000 万个。

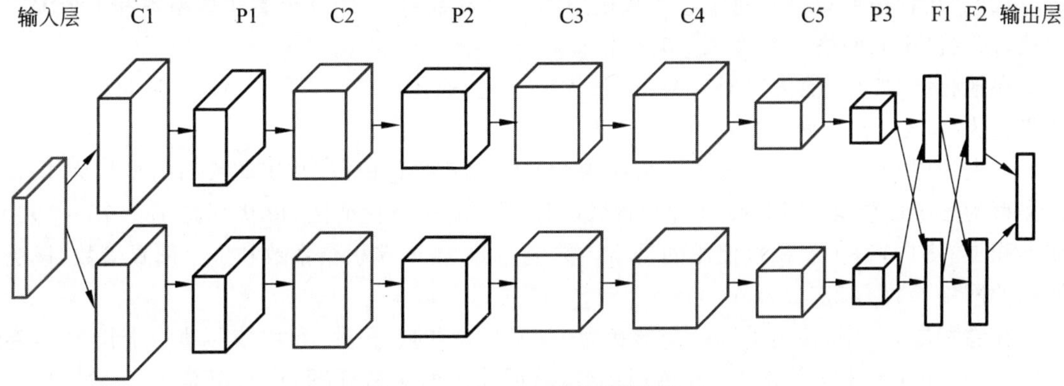

图 4-61　AlexNet 模型的网络结构

AlexNet 模型包括上下两部分，使用了 2 个 GPU(NVIDIA GRX 580,1GB 显存)进行训练，它的特点如表 4-11 所示。

表 4-11 AlexNet 模型每层的特点

层 的 类 型	输出结果的形状	网络参数的数量
输入层	224×224×3	0
卷积层 C1	55×55×96	(11×11×3+1)×96=34 944
池化层 P1	27×27×96	0
卷积层 C2	27×27×256	(5×5×48+1)×128×2=614 656
池化层 P2	13×13×256	0
卷积层 C3	13×13×384	(3×3×256+1)×384=885 120
卷积层 C4	13×13×384	(3×3×192+1)×192×2=1 327 488
卷积层 C5	13×13×256	(3×3×192+1)×128×2=884 992
池化层 P3	6×6×256	0
全连接层 F1	4096	(6×6×128×2+1)×4096=37 752 832
全连接层 F2	4096	(4096+1)×4096=16 781 312
输出层	1000	(4096+1)×1000=4 097 000
网络参数的总数量	6000 万个，卷积层参数占 3.8%，全连接层参数占 96.2%，65 万个神经元	

在输入层中，输入信号是形状为 227×227×3 的彩色图像。

在卷积层 C1 中，使用了 96 个形状为 11×11×3 的卷积核，卷积核移动的步长为 4，卷积类型为 Valid 卷积，使用了 ReLU 激活函数，该层输出两个特征图，形状都是 55×55×48。在卷积层 C1 中，每个卷积核使用的网络参数包括 363 个卷积核系数和 1 个偏置参数，该层使用的网络参数为 34 944 个。

在池化层 P1 中，池化类型为 Valid 最大值池化，池化窗口的尺寸为 3×3，池化窗口移动的步长为 2，该层输出两个特征图，形状都是 27×27×48。

在卷积层 C2 中，使用了 256 个形状为 5×5×96 的卷积核，卷积核移动的步长为 2，卷积类型为 Same 卷积，使用 ReLU 激活函数，该层输出 2 个特征图，它们的形状都是 27×27×128。在卷积层 C2 中，每个卷积核使用的网络参数包括 2400 个卷积核系数和 1 个偏置参数，该层使用的网络参数为 614 656 个。

在池化层 P2 中，池化类型为 Valid 最大值池化，池化窗口的形状为 3×3，池化窗口移动的步长为 2，该层输出两个特征图，形状都是 13×13×128。

在卷积层 C3 中，使用了 384 个形状为 3×3×256 的卷积核，卷积核移动的步长为 1，卷积类型为 Same 卷积，使用 ReLU 激活函数，该层输出两个特征图，形状都是 13×13×192。在卷积层 C3 中，每个卷积核使用的网络参数包括 2304 个卷积核系数和 1 个偏置参数，该层使用的网络参数为 885 120 个。

在卷积层 C4 中，使用了 384 个形状为 3×3×384 的卷积核，卷积核移动的步长为 1，卷积类型为 Same 卷积，使用 ReLU 激活函数，该层输出两个特征图，形状都是 13×13×192。

在卷积层C4中，每个卷积核使用的网络参数包括3456个卷积核系数和1个偏置参数，该层使用的网络参数为1 327 488个。

在卷积层C5中，使用了256个形状为3×3×384的卷积核，卷积核移动的步长为1，卷积类型为Same卷积，使用ReLU激活函数，该层输出两个特征图，形状都是13×13×128。在卷积层C5中，每个卷积核使用的网络参数包括3456个卷积核系数和1个偏置参数，该层使用的网络参数为884 992个。

在池化层P3中，池化类型为Valid最大值池化，池化窗口的形状为3×3，池化窗口移动的步长为2，该层输出2个特征图，形状都是6×6×128。

在全连接层F1中，首先把前一层输出的两个形状为6×6×128的特征图分别进行拉直操作，得到两个一维列向量，它们的形状都是4608×1；然后，每个列向量分别使用2048个神经元进行全连接。全连接层F1输出两个特征图，形状都是2048×1。在全连接层F1中，每个神经元使用9216个权值参数和1个偏置参数，该层使用的网络参数为37 752 832个。在这个全连接层中，使用了丢弃方法，会随机停止使用一半的神经元，目的是防止出现过拟合现象。

在全连接层F2中，使用了2048个神经元进行全连接。全连接层F2输出两个特征图，形状都是2048×1。在全连接层F2中，每个神经元使用4096个权值参数和1个偏置参数，该层使用的网络参数为16 781 312(4097×4096)个。在全连接层F2中，也使用了丢弃方法，会随机停止使用一半的神经元。

在输出层中，因为AlexNet模型处理的ImageNet数据集图像有1000个类别，所以输出层使用了1000个神经元和Softmax激活函数。在输出层中，每个神经元使用4096个权值参数和1个偏置参数，该层使用的网络参数为4 097 000个。

在AlexNet模型中，使用了ReLU函数作为卷积层的激活函数。如果使用Sigmoid函数或Tanh函数作为卷积层的激活函数，当卷积层的输入值较大或较小时，容易出现梯度值接近0的梯度消失现象。由于AlexNet模型使用ReLU函数，因此不会出现梯度消失现象。AlexNet模型的构建程序如下所示。

```
from keras.layers import Activation,Conv2D, BatchNormalization, Dense
from keras.layers import Dropout, Flatten, Input, MaxPooling2D, ZeroPadding2D
from keras import Model
IMSIZE = 227
input_layer = Input([IMSIZE,IMSIZE,3])
x = input_layer
x = Conv2D(96,[11,11],strides = [4,4], activation = 'relu')(x)
x = MaxPooling2D([3,3], strides = [2,2])(x)
x = Conv2D(256,[5,5],padding = "same", activation = 'relu')(x)
x = MaxPooling2D([3,3], strides = [2,2])(x)
x = Conv2D(384,[3,3],padding = "same", activation = 'relu')(x)
x = Conv2D(384,[3,3],padding = "same", activation = 'relu')(x)
x = Conv2D(256,[3,3],padding = "same", activation = 'relu')(x)
x = MaxPooling2D([3,3], strides = [2,2])(x)
x = Flatten()(x)
x = Dense(4096,activation = 'relu')(x)
x = Dropout(0.5)(x)
```

```
x = Dense(4096,activation = 'relu')(x)
x = Dropout(0.5)(x)
x = Dense(1000,activation = 'softmax')(x)
output_layer=x
model=Model(input_layer,output_layer)
model.summary()
```

在上面的程序中,语句“x=Dropout(0.5)(x)”表示使用丢弃操作,会随机停止使用全连接层中4096个神经元中的一半。语句“x=Dense(1000, activation= 'softmax')(x)”表示输出层,它使用了1000神经元。如果该模型处理 N 个类别的分类问题,那么输出层就应该使用 N 个神经元。例如,如果使用该模型处理猫狗分类的二分类问题,输出层的语句就应该修改为“x=Dense(2,activation= 'softmax')(x)”。语句“model.summary()”的运行结果如下所示。

```
_________________________________________________________________
Layer (type)                 Output Shape              Param #
=================================================================
input_1 (InputLayer)         [(None, 227, 227, 3)]     0
_________________________________________________________________
conv2d (Conv2D)              (None, 55, 55, 96)        34944
_________________________________________________________________
max_pooling2d (MaxPooling2D) (None, 27, 27, 96)        0
_________________________________________________________________
conv2d_1 (Conv2D)            (None, 27, 27, 256)       614656
_________________________________________________________________
max_pooling2d_1 (MaxPooling2 (None, 13, 13, 256)       0
_________________________________________________________________
conv2d_2 (Conv2D)            (None, 13, 13, 384)       885120
_________________________________________________________________
conv2d_3 (Conv2D)            (None, 13, 13, 384)       1327488
_________________________________________________________________
conv2d_4 (Conv2D)            (None, 13, 13, 256)       884992
_________________________________________________________________
max_pooling2d_2 (MaxPooling2 (None, 6, 6, 256)         0
_________________________________________________________________
flatten (Flatten)            (None, 9216)              0
_________________________________________________________________
dense (Dense)                (None, 4096)              37752832
_________________________________________________________________
dropout (Dropout)            (None, 4096)              0
_________________________________________________________________
dense_1 (Dense)              (None, 4096)              16781312
_________________________________________________________________
dropout_1 (Dropout)          (None, 4096)              0
_________________________________________________________________
dense_2 (Dense)              (None, 1000)              4097000
=================================================================
Total params: 62,378,344
Trainable params: 62,378,344
Non-trainable params: 0
_________________________________________________________________
```

在上面的运行结果中,“dropout(Dropout)”和“dropout_1(Dropout)”分别表示在全连接层 F1 和 F2 中使用丢弃操作。

4.6.3 VGG 模型

VGG 模型由牛津大学计算机视觉组和 DeepMind 公司共同设计,该模型在 2014 年的 ILSVRC 竞赛中获得分类问题的第 2 名和目标定位问题的第 1 名。在 ImageNet 数据集中,VGG-16 模型的分类 Top-1 准确率为 74%。在 VGG 模型中,除了使用形状较小的卷积核以外,还增加了卷积神经网络的深度。

VGG 模型有 6 个不同的版本,包括 A 版本、A-LRN 版本、B 版本、C 版本、D 版本和 E 版本,如表 4-12 所示。其中,比较著名的是 D 版本和 E 版本。D 版本也称为 VGG-16 模型,包括 13 个卷积层和 3 个全连接层。E 版本也称为 VGG-19 模型,包括 16 个卷积层和 3 个全连接层。在 VGG 模型的每个版本中,都包含 5 组卷积操作。在表 4-12 中,“Conv*k*-*M*”表示该卷积层有 M 个卷积核,每个卷积核的前 2 个尺寸是 $k\times k$。例如,“Conv3-64”表示该卷积层有 64 个卷积核,每个卷积核的前 2 个尺寸是 3×3。在每组卷积层的后面,都使用了一个最大池化层。在 VGG 模型的最后部分,使用了 3 个全连接(Full Connection,FC)层,它们使用的神经元数量分别为 4096、4096 和 1000。

表 4-12 VGG 模型的 6 个版本

<table>
<tr><th>A</th><th>A-LRN</th><th>B</th><th>C</th><th>D</th><th>E</th></tr>
<tr><td colspan="6">输入层(输入张量的形状为 224×224)</td></tr>
<tr><td>Conv3-64</td><td>Conv3-64
LRN</td><td>Conv3-64
Conv3-64</td><td>Conv3-64
Conv3-64</td><td>Conv3-64
Conv3-64</td><td>Conv3-64
Conv3-64</td></tr>
<tr><td colspan="6">最大池化层</td></tr>
<tr><td>Conv3-128</td><td>Conv3-128</td><td>Conv3-128
Conv3-128</td><td>Conv3-128
Conv3-128</td><td>Conv3-128
Conv3-128</td><td>Conv3-128
Conv3-128</td></tr>
<tr><td colspan="6">最大池化层</td></tr>
<tr><td>Conv3-256
Conv3-256</td><td>Conv3-256
Conv3-256</td><td>Conv3-256
Conv3-256</td><td>Conv3-256
Conv3-256
Conv1-256</td><td>Conv3-256
Conv3-256
Conv3-256</td><td>Conv3-256
Conv3-256
Conv3-256
Conv3-256</td></tr>
<tr><td colspan="6">最大池化层</td></tr>
<tr><td>Conv3-512
Conv3-512</td><td>Conv3-512
Conv3-512</td><td>Conv3-512
Conv3-512</td><td>Conv3-512
Conv3-512
Conv1-512</td><td>Conv3-512
Conv3-512
Conv3-512</td><td>Conv3-512
Conv3-512
Conv3-512
Conv3-512</td></tr>
<tr><td colspan="6">最大池化层</td></tr>
<tr><td>Conv3-512
Conv3-512</td><td>Conv3-512
Conv3-512</td><td>Conv3-512
Conv3-512</td><td>Conv3-512
Conv3-512
Conv1-512</td><td>Conv3-512
Conv3-512
Conv3-512</td><td>Conv3-512
Conv3-512
Conv3-512
Conv3-512</td></tr>
</table>

续表

A	A-LRN	B	C	D	E
最大池化层					
全连接层(4096 个神经元,使用 ReLU 激活函数)					
全连接层(4096 个神经元,使用 ReLU 激活函数)					
输出层(即全连接层,1000 个神经元,使用 Softmax 激活函数)					

VGG 模型每个版本的网络参数数量如表 4-13 所示。

表 4-13 VGG 模型不同版本网络参数的数量

版本的类型	A	A-LRN	B	C	D	E
网络参数的数量/亿	1.33	1.33	1.33	1.34	1.38	1.44

VGG-16 模型的结构如图 4-62 所示。VGG-16 模型包括 5 组卷积层、5 个池化层和 3 个全连接层。

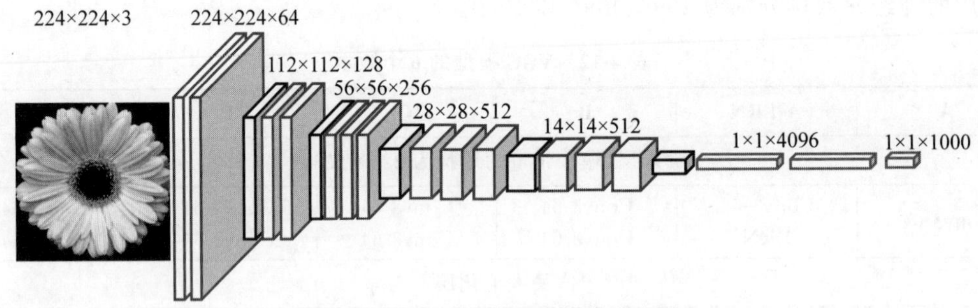

图 4-62 VGG-16 模型的结构示意图

在输入层中,输入张量为彩色图像,其形状为 224×224×3。

在第一组卷积层中,使用了 2 个卷积层,这两个卷积层都使用 64 个卷积核,卷积核的前 2 个尺寸是 3×3,卷积核的步长为 1,卷积类型为 Same 卷积,使用 ReLU 激活函数,这两个卷积层输出特征图的形状都是 224×224×64。

在第 1 个池化层中,池化类型为最大值 Valid 池化,池化窗口的尺寸为 2×2,池化窗口移动的步长是 2,输出特征图的形状为 112×112×64。

在第 2 组卷积层中,使用了 2 个卷积层,这两个卷积层都使用 128 个卷积核,卷积核的前 2 个尺寸是 3×3,卷积核移动的步长为 1,卷积类型为 Same 卷积,使用 ReLU 激活函数,这两个卷积层输出特征图的形状都是 112×112×128。

在第 2 个池化层中,使用最大值 Valid 池化,池化窗口的尺寸为 2×2,池化窗口移动的步长是 2,输出特征图的形状为 56×56×128。

在第 3 组卷积层中,使用了 3 个卷积层,这 3 个卷积层都使用了 256 个卷积核,卷积核的前 2 个尺寸是 3×3,卷积核移动的步长为 1,卷积类型为 Same 卷积,使用 ReLU 激活函数,这 3 个卷积层输出特征图的形状都是 56×56×256。

在第 3 个池化层中,使用最大值 Valid 池化,池化窗口的尺寸为 2×2,池化窗口移动的步长是 2,输出特征图的形状为 28×28×256。

在第 4 组卷积层中,使用了 3 个卷积层,这 3 个卷积层都使用了 512 个卷积核,卷积核的前 2 个尺寸是 3×3,卷积核移动的步长为 1,卷积类型为 Same 卷积,使用 ReLU 激活函数,这 3 个卷积层输出特征图的形状都是 28×28×512。

在第 4 个池化层中,使用最大值 Valid 池化,池化窗口的尺寸为 2×2,池化窗口移动的步长是 2,输出特征图的形状为 14×14×512。

在第 5 组卷积层中,使用了 3 个卷积层,这 3 个卷积层都使用了 512 个卷积核,卷积核的前 2 个尺寸是 3×3,卷积核移动的步长为 1,卷积类型为 Same 卷积,使用 ReLU 激活函数,这 3 个卷积层输出特征图的形状都是 14×14×512。

在第 5 个池化层中,使用最大值 Valid 池化,池化窗口的尺寸为 2×2,池化窗口移动的步长是 2,输出特征图的形状为 7×7×512。在第 1 个全连接层中,首先把此层的输入张量拉直为一维向量,其形状为 25 088×1;然后,使用 4096 个神经元进行连接,连接方式为全连接。在第 2 个全连接层中,使用了 4096 个神经元和第一个全连接层中的 4096 个神经元进行连接,连接方式为全连接。

在输出层中,使用了 1000 个神经元和 Softmax 激活函数。因为最初设计 VGG 模型的目的是处理 ImageNet 竞赛具有 1000 类别的分类问题,所以输出层使用了 1000 个神经元,能够获得 1000 个概率值,每个概率值是 VGG 模型的输入图像属于一个类别的概率值。

在 VGG 模型中,在每个卷积层前面可以加上批归一化操作,能够提高模型的预测准确率。使用批归一化操作的 VGG-16 模型的程序如下所示。

```
from keras.layers import Conv2D, BatchNormalization, MaxPooling2D
from keras.layers import Flatten, Dense, Input, Activation
from keras import Model
from keras.layers import GlobalAveragePooling2D

IMSIZE = 224
input_shape = (IMSIZE, IMSIZE, 3)
input_layer = Input(input_shape)
x = input_layer

x = BatchNormalization(axis=3)(x)
x = Conv2D(64, [3, 3], padding='same', activation='relu')(x)
x = BatchNormalization(axis=3)(x)
x = Conv2D(64, [3, 3], padding='same', activation='relu')(x)
x = MaxPooling2D((2, 2),strides=[2,2])(x)

x = BatchNormalization(axis=3)(x)
x = Conv2D(128, [3, 3], padding='same', activation='relu')(x)
x = BatchNormalization(axis=3)(x)
x = Conv2D(128, [3, 3], padding='same', activation='relu')(x)
x = MaxPooling2D((2, 2),strides=[2,2])(x)

x = BatchNormalization(axis=3)(x)
x = Conv2D(256, [3, 3], padding='same', activation='relu')(x)
x = BatchNormalization(axis=3)(x)
```

```
x = Conv2D(256, [3, 3], padding='same', activation='relu')(x)
x = BatchNormalization(axis=3)(x)
x = Conv2D(256, [3, 3], padding='same', activation='relu')(x)
x = MaxPooling2D((2, 2),strides=[2,2])(x)

x = BatchNormalization(axis=3)(x)
x = Conv2D(512, [3, 3], padding='same', activation='relu')(x)
x = BatchNormalization(axis=3)(x)
x = Conv2D(512, [3, 3], padding='same', activation='relu')(x)
x = BatchNormalization(axis=3)(x)
x = Conv2D(512, [3, 3], padding='same', activation='relu')(x)
x = MaxPooling2D((2, 2),strides=[2,2])(x)

x = BatchNormalization(axis=3)(x)
x = Conv2D(512, [3, 3], padding='same', activation='relu')(x)
x = BatchNormalization(axis=3)(x)
x = Conv2D(512, [3, 3], padding='same', activation='relu')(x)
x = BatchNormalization(axis=3)(x)
x = Conv2D(512, [3, 3], padding='same', activation='relu')(x)
x = MaxPooling2D(strides=[2,2])(x)

x = Flatten()(x)
x = Dense(4096, activation = "relu")(x)
x = Dense(4096, activation = "relu")(x)
x = Dense(1000, activation = "softmax")(x)
output_layer = x
model_vgg16= Model(input_layer, output_layer)
model_vgg16.summary()
```

在上面的程序中,语句“x=Dense(1000,activation="softmax")(x)”表示输出层,它使用了1000神经元。如果该模型处理 N 个类别的分类问题,那么输出层就应该使用 N 个神经元。例如,如果使用该模型处理猫狗分类的二分类问题,输出层的语句修改为“x=Dense(2,activation="softmax")(x)”。

4.6.4 其他经典卷积神经网络模型

1. Inception(GoogLeNet)网络

2014年,谷歌公司提出了Inception网络,也称为GoogLeNet网络。Inception网络有4个版本:V1、V2、V3和V4。Inception V1和Inception V2都有22层。在Inception V1的基础上,Inception V2增加了批归一化操作,并使用2个尺寸为3×3的卷积核代替了Inception V1中单个的尺寸为5×5的卷积核。Inception V3和Inception V4都有42层。在Inception V3的基础上,Inception V4增加了残差结构。在这4个版本中,Inception V3的性能最好,是代表性的版本。2014年,Inception V1版本获得ImageNet竞赛分类问题的冠军。

AlexNet网络和VGG网络只是增加了网络的深度,即它们的层数比较多。与AlexNet网络和VGG网络相比,Inception网络不仅增加了网络的深度,而且增加网络的宽度,即每层使用了较多的通道。Inception网络的基本结构是Inception模块,Inception模块的结构如图 4-63 所示。每个 Inception 模块包括 4 个分支,把这 4 个分支的结果值组合起来作为此模块的输出结果值。在 Inception 模块中,第一个分支使用尺寸为 1×1 的卷积核进行卷积计算;第 2 个分支首先使用尺寸为 1×1 的卷积核进行卷积计算,然后使用尺寸为 3×3 的卷积核进行卷积计算;第 3 个分支首先使用尺寸为 1×1 的卷积核进行卷积计算,然后使用尺寸为 5×5 的卷积核进行卷积计算;第 4 个分支首先使用尺寸为 3×3 池化窗口进行最大值池化,然后使用尺寸为 1×1 的卷积核进行卷积计算。

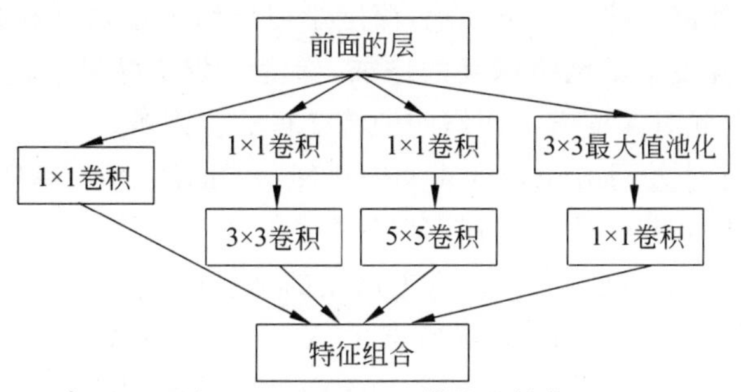

图 4-63　Inception 模块的结构

Inception 模块有两个特点。首先,在 Inception 模块的同一层中,使用了多个具有不同尺寸的卷积核,其目的是能够提取不同视野中更加丰富的特征。在图 4-62 中,使用 3 种不同尺寸的卷积核,其尺寸分别为 1×1、3×3 和 5×5。在 AlexNet 模型和 VGG 模型中,一个卷积层中只使用了具有相同尺寸的卷积核。其次,在 Inception 模块中,大量使用了尺寸为 1×1 的卷积核,其目的是极大降低网络参数的数量。例如,某卷积层输入张量的形状是 28×28×100,使用 Same 卷积方式,如果直接使用 128 个卷积核,卷积核尺寸的前两个数值为 3×3,则输出张量的形状为 28×28×128,使用的网络参数数量为

$$(3\times 3\times 100+1)\times 128=115\ 328 \tag{4-29}$$

如果此卷积层首先使用 48 个卷积核,卷积核尺寸的前两个数值为 1×1,则输出张量的形状为 28×28×48;然后使用 128 个卷积核,卷积核尺寸的前两个数值为 3×3,则输出张量的形状为 28×28×128,使用的网络参数数量为

$$(1\times 1\times 100+1)\times 48+(3\times 3\times 48+1)\times 128=60\ 272 \tag{4-30}$$

显然,和没有使用尺寸为 1×1 的卷积核相比,使用了尺寸为 1×1 的卷积核能够减少大约一半的网络参数。

下面介绍 Inception V1 的特点。在 Inception V1 中,除了输入层以外,还包括 5 部分。在输入层中,输入图像的尺寸为 224×224×3。第 1 部分包括一个卷积层和一个池化层,卷积层使用 64 个尺寸为 7×7 的卷积核,卷积方式为 Same 卷积,卷积核移动的步长为 2;池化层使用尺寸为 3×3 的池化窗口,池化窗口移动的步长为 2,池化方式为最大值池化。第 2 部分包括两个卷积层和一个池化层,首先在第 1 个卷积层使用尺寸为 1×1 的卷积核,然后在第 2 个卷积层使用尺寸为 3×3 的卷积核,接着进行归一化处理,最后使用尺寸为 3×3 的池化窗口进行最大值池化,池化窗口移动的步长为 2。第 3 部分包括两个 Inception 模块,每个 Inception 模块包括 4 个分支,把这 4 个分支的结果值组合起来作为此模块的输出结果值。在 Inception 模块中,第 1 个分支使用 64 个尺寸为 1×1 的卷积核进行卷积计算;第 2 个分支首先使用 96 个尺寸为 1×1 的卷积核进行卷积计算,然后使用 128 个尺寸为 3×3 的

卷积核进行卷积计算；第3个分支首先使用16个尺寸为1×1的卷积核进行卷积计算，然后使用32个尺寸为5×5的卷积核进行卷积计算；第4个分支首先使用尺寸为3×3池化窗口进行最大值池化，然后使用32个尺寸为1×1的卷积核进行卷积计算。第4部分包括5个Inception模块，第5部分包括两个Inception模块。

2. 残差网络(ResNet)

一般来说，深度学习网络越深，即层数越多，具有更强的表达能力，提取的特征越多，因此会具有更好的预测性能。研究人员发现，深度学习网络的层数在超过20层之后，分类性能会逐渐下降。随着深度学习网络深度的增加，梯度值会变得很小，甚至接近于0，即出现了梯度消失现象，所以此时深度学习网络的训练变得非常困难。

微软研究院提出了残差网络(Residual Neural Network，ResNet)模型，该模型在2015年获得ImageNet竞赛分类问题的冠军。在一般的深度学习网络中，通常具有如图4-64(a)所示的结构，建立X到Y之间的映射关系。残差网络的结构如图4-64(b)所示，首先对$f(X)$和X求和，然后使用激活函数得到Y值，通常把$f(X)$称为X和Y之间的残差。所以，残差网络实质上是进行残差$f(X)$的学习。从图4-64中可以看出，和原来的深度学习网络相比，残差网络增加了旁路线，能够把输入的X直接送到输出端。残差网络在一定程度上解决了梯度消失问题，它的结构能够做到152层。

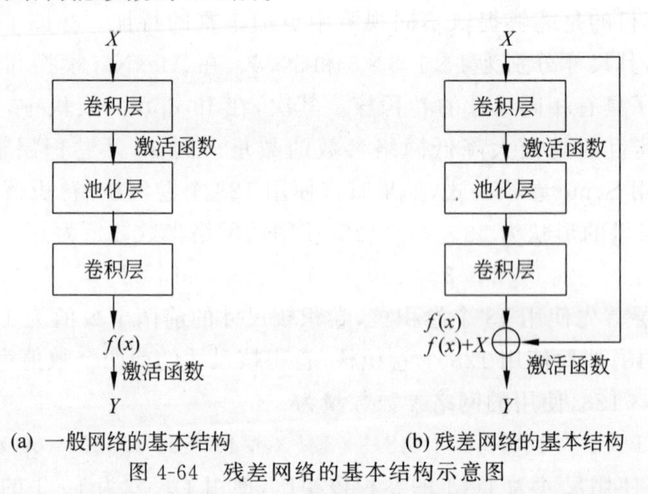

图4-64　残差网络的基本结构示意图

在ResNet模型中，经常使用两个残差基本模块，如图4-65所示。在图4-65(a)中，使用了两个卷积层，这两个卷积层都使用64个尺寸为3×3的卷积核。在图4-65(b)中，第1个卷积层使用了64个尺寸为1×1的卷积核，第2个卷积层使用了64个尺寸为3×3的卷积核，第3个卷积层使用了256个尺寸为1×1的卷积核。

ResNet模型有多个不同的版本，分别为ResNet-18、ResNet-34、ResNet-50、ResNet-101和ResNet-152，它们的层数分别为18层、34层、50层、101层和152层。在实际应用中，ResNet-50是经常使用的版本。ResNet-50包括6部分，第1部分的卷积层使用64个尺寸为7×7的卷积核，卷积核移动的步长为2；第2部分首先使用尺寸为3×3的池化窗口进行最大值池化操作，然后连续使用3个残差基本模块；第3部分连续使用4个残差基本模块；第4部分连续使用6个残差基本模块；第5部分连续使用3个残差基本模块；第6部分首先在池化层进行平均值池化操作，然后使用具有1000个神经元的全连接层和Softmax激活函数。

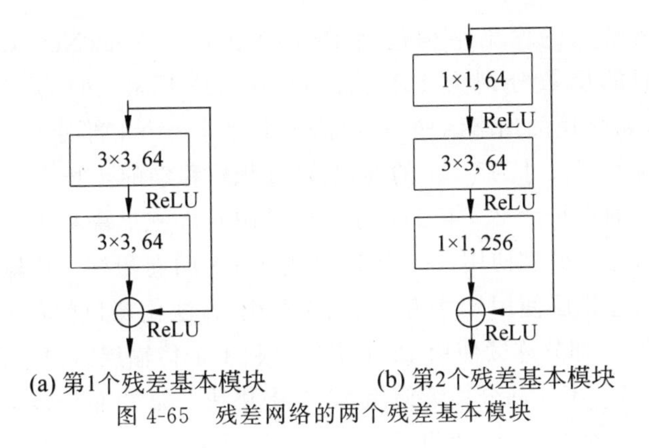

(a) 第1个残差基本模块　(b) 第2个残差基本模块

图 4-65　残差网络的两个残差基本模块

3. 密集网络(DenseNet)

为了进一步提高残差网络的预测性能，科学家提出了密集网络(DenseNet)，该网络是残差网络的改进版本。2017 年，DenseNet 获得 CVPR 的最佳论文奖。

卷积神经网络和残差网络的基本结构分别如图 4-66 和 4-67 所示。在 DenseNet 中，使用密集块(Dense Block)作为基本的网络单元，密集块的基本结构如图 4-68 所示。

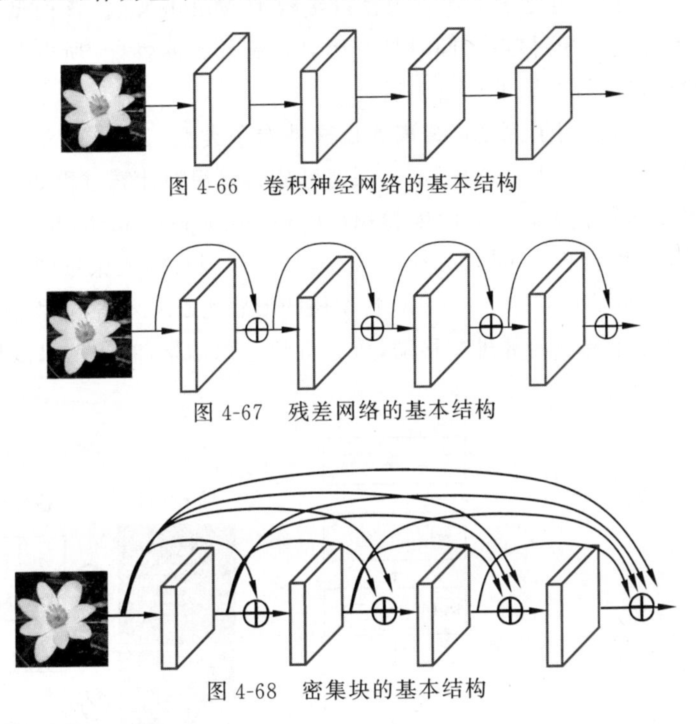

图 4-66　卷积神经网络的基本结构

图 4-67　残差网络的基本结构

图 4-68　密集块的基本结构

在密集块的内部，各个部分紧密地连接在一起，在不同密集块的外部，没有进行紧密连接。密集块具有以下 5 个性质。第一，在密集块的内部，每层学习到的特征都送给后面的所有层，这极大缓解了梯度消失现象。第二，密集块的这种密集连接方式增加了特征的传播途径，其目的是鼓励重复利用前面层提取到的特征。第三，在密集块中，需要使用的网络参数比较少。第四，密集块的紧密连接方式具有正则化的效果，即使在较少的训练集上，也可以减少过拟合的现象。第五，使用密集块作为基本单位的 DenseNet 网络使用的存储空间比较大。

DenseNet 网络常用的网络结构包括 DenseNet-121、DenseNet-169、DenseNet-201 和 DenseNet-264,它们的层数分别为 121 层、169 层、201 层和 264 层。在实际的应用中,DenseNet-121 是经常使用的网络结构,它包括 6 个部分。第 1 部分使用 1 个卷积层和 1 个最大池化层,卷积层使用尺寸为 7×7 的卷积核,卷积核移动的步长为 2,池化窗口的尺寸为 3×3,池化窗口移动的步长为 2。第 2 部分连续使用 6 次密集块和 1 个传输层。每个密集块包括两个卷积层,它们分别使用尺寸为 1×1 和 3×3 的卷积核。传输层使用一个卷积层和一个平均池化层,卷积层使用尺寸为 1×1 的卷积核,池化窗口的尺寸为 2×2,池化窗口移动的步长为 2。第 3 部分连续使用 12 个密集块和 1 个传输层。第 4 部分连续使用 24 个密集块和 1 个传输层。第 5 部分连续使用 16 个密集块。第 6 部分包括全局池化层和输出层。输出层包括 1000 个神经元,使用了 Softmax 激活函数。

4. 移动网络(MobileNet)

前面已经介绍了 LeNet-5 网络、AlexNet 网络、VGG 网络、GoogLeNet 网络、ResNet 网络和 DenseNet,它们的结构越来越复杂,预测性能也越来越好。但是,这些网络需要的计算量越来越多,运行时需要的存储空间也越来越大,这就需要性能更好的 GPU 对这些模型进行训练。2017 年,谷歌公司提出了高效的轻量级模型 MobileNet。该模型运行时需要的存储空间比较小,计算量也相对较小,同时具有相对较高的预测性能,所以此模型能够在移动设备和嵌入式设备等资源受限的设备中运行。

在 MobileNet 中,使用了深度可分离卷积这种卷积类型。把以前介绍的卷积操作称为标准卷积,其计算过程如图 4-69(a)所示。深度可分离卷积的计算过程如图 4-69(b)所示。

深度可分离卷积包括两部分:深度卷积(Depthwise Convolution)和逐点卷积(Pointwise Convolution)。在深度卷积中,使用多个二维卷积核,分别对输入张量的每个通道计算卷积结果。例如,输入张量的形状为 3×3×3,卷积核的形状为 2×2×3,卷积核的每个二维平面分别在输入张量的每个通道内部进行移动,从而得到卷积结果,卷积结果的形状为 2×2×3,计算过程如图 4-70 所示。

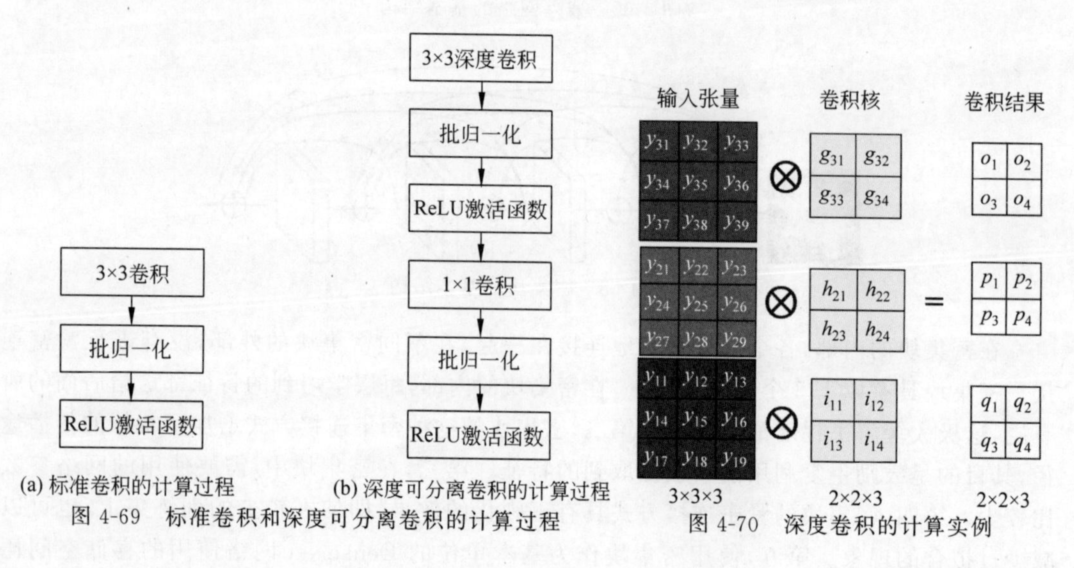

(a) 标准卷积的计算过程　(b) 深度可分离卷积的计算过程

图 4-69　标准卷积和深度可分离卷积的计算过程

图 4-70　深度卷积的计算实例

在卷积结果的第一个平面中,每个元素值的计算方程如下所示。

$$o_1 = g_{31} \times y_{31} + g_{32} \times y_{32} + g_{33} \times y_{34} + g_{34} \times y_{35} \tag{4-31}$$

$$o_2 = g_{31} \times y_{32} + g_{32} \times y_{33} + g_{33} \times y_{35} + g_{34} \times y_{36} \tag{4-32}$$

$$o_3 = g_{31} \times y_{34} + g_{32} \times y_{35} + g_{33} \times y_{37} + g_{34} \times y_{38} \tag{4-33}$$

$$o_4 = g_{31} \times y_{35} + g_{32} \times y_{36} + g_{33} \times y_{38} + g_{34} \times y_{39} \tag{4-34}$$

同理,可以得到卷积核第二个平面和第三个平面的元素值 p_1、p_2、p_3、p_4、q_1、q_2、q_3 和 q_4。

逐点卷积指使用形状为 1×1 的卷积核进行标准卷积计算。例如,输入张量的形状为 2×2×3,使用 5 个形状为 1×1×3 的卷积核进行标准卷积,卷积结果的形状为 2×2×5。

和标准卷积相比,深度可分离卷积需要的网络参数非常少。例如,输入张量的形状为 3×3×3,使用 5 个形状为 2×2×3 的卷积核进行标准卷积计算,卷积结果的形状为 2×2×5,需要的网络参数数量为

$$(2 \times 2 \times 3) \times 5 = 60 \tag{4-35}$$

如果此输入张量进行深度可分离卷积计算,首先计算深度卷积,再计算逐点卷积。使用形状为 2×2×3 的卷积核进行深度卷积计算,输出张量的形状为 2×2×3,需要的网络参数数量为

$$(2 \times 2) \times 3 = 12 \tag{4-36}$$

在计算逐点卷积时,输入张量为深度卷积的输出张量,它的形状为 2×2×3,使用 5 个形状为 1×1×3 的卷积核进行标准卷积计算,输出结果的形状为 2×2×5,需要的网络参数数量为

$$(1 \times 1 \times 3) \times 5 = 15 \tag{4-37}$$

深度可分离卷积需要的网络参数总数量是深度卷积的网络参数数量加标准卷积的网络参数数量,其值为 27。所以,深度可分离卷积的网络参数数量几乎是标准卷积网络参数数量的 1/2。

4.7 迁移学习方法

4.7.1 迁移学习的原理

深度学习网络模型存在以下两个问题。首先,对于某个具体的问题,在深度学习模型中,卷积层、池化层和批归一化处理操作有无穷多的组合方式,每种组合方式都会构成深度学习网络的一种结构,从而能够得到深度学习网络的无穷多个结构。在这些网络结构中,哪种网络结构具有最优的预测性能?科学家已经发现了多种经典的深度学习网络结构,它们具有很好的预测性能,如 LeNet-5、AlexNet、VGG、Inception、ResNet 和 DenseNet 等。在处理某个问题时,显然希望能够利用这些经典的深度学习模型。其次,获得具有良好预测性能的深度学习模型非常困难。为了获得具有高预测性能的深度学习模型,需要具备两个条件。第一,在对深度学习模型进行训练时,需要使用具有较高计算能力的 GPU,以节省训练时间。第二,由于深度学习模型的网络参数非常多,因此需要非常大的训练集对深度学习模型进行充分的训练。

为了解决深度学习网络模型的这两个问题,可以使用迁移学习(Transfer Learning)。把某个问题上学习到的规律,应用到不同但相关的问题中,即为迁移学习。某个问题具有大

数据集,处理此问题的某个深度学习模型在大数据集上已经进行了充分的训练,为了处理其他具有小数据集的问题,可以使用相同的深度学习模型,并且把在大数据集上获得的最佳网络参数值作为网络参数的初始值。此深度学习模型在小数据集上进行很少次数的训练,就能够获得很好的预测效果,这种操作方式就是迁移学习。

例如,有两个问题,第一个问题使用的数据集非常大,已经使用了深度学习模型已经完成了第一个问题的处理,在处理时使用了性能较高的 GPU 进行了训练。在 ILSVRC 竞赛中,具有 1000 个类别的分类问题使用了包含 128 万个图像的 ImageNet 数据集。可以认为此问题是第一个问题的一个实例,假设已经使用 Inception V3 深度学习模型完成了此问题的处理。第二个问题相对比较简单,使用的数据集比较小,只有几千或几万个图像。具有两个类别的猫狗二分类问题,使用的数据集有 2000 个图像,可以认为此问题是第二个问题的一个实例。对于第二个问题,由于使用了小数据集,在对深度学习模型进行训练时的计算量会比较小,但是小数据集无法对复杂的深度学习模型进行合理充分的训练。在迁移学习中,就可以把在 ImageNet 数据集上已经训练好的 Inception V3 模型的结构和网络参数,直接应用到猫狗分类问题中。

在使用迁移学习处理问题时,要注意第一个问题和第二个问题可能具有不同的类别。例如,在 ILSVRC 竞赛中,处理的分类问题具有 1000 个类别,但是在猫狗分类问题中,只有两个类别。为了解决这个问题,当使用已经在 ImageNet 数据集上训练好的 Inception V3 模型时,要把此模型输出层的 1000 个神经元修改为 2 个神经元,才能够处理猫狗分类问题。

4.7.2 迁移学习的编程方法

在迁移学习中,需要使用两部分内容,第一部分为在其他任务上已经训练好的深度学习网络结构,第二部分为在其他任务上已经训练好的网络参数。

在 Keras 深度学习框架中,提供了多个已经使用 ImageNet 数据集完成训练的深度学习模型,这些模型包括 Xception、VGG-16、VGG-19、ResNet、ResNet V2、ConvNeXt、Inception V3、InceptionResNet V2、MobileNet、MobileNet V2 和 DenseNet 等。能够下载并直接使用这些模型的网络结构和网络参数,详细的说明请参考网址 https://keras.io/api。

下面介绍使用 Inception V3 迁移学习模型处理猫狗分类问题的编程方法。和 4.5.1 节使用卷积神经网络宽模型的编程方法相比,迁移学习的编程方法只有第一个步骤和第二个步骤的程序不同,其他步骤的程序都相同。

在第一个步骤“数据集的准备”中,需要把数据按照 Inception V3 模型的要求进行预处理。程序如下所示。

```
from keras.applications.inception_v3 import preprocess_input
from keras.preprocessing.image import ImageDataGenerator
IMSIZE=224
train_generator = ImageDataGenerator(
    preprocessing_function=preprocess_input).flow_from_directory(
    'D:/CatDog/train', target_size=(IMSIZE, IMSIZE),
    batch_size=200, class_mode='categorical')
validation_generator = ImageDataGenerator(
```

```
    preprocessing_function=preprocess_input).flow_from_directory(
    'D:/CatDog/test', target_size=(IMSIZE, IMSIZE),
    batch_size=100, class_mode='categorical')
```

在上面的程序中，语句“from keras.applications.inception_v3 import preprocess_input”表示加载 InceptionV3 的专用预处理函数 preprocess_input；参数“preprocessing_function=preprocess_input”表示使用 InceptionV3 的专用预处理函数 preprocess_input 对数据进行预处理。上述程序的运行结果如下所示。

```
Found 15000 images belonging to 2 classes.
Found 10000 images belonging to 2 classes.
```

在第二个步骤“神经网络模型的构建”中，构建卷积神经网络模型的程序如下所示。

```
from keras.applications.inception_v3 import Inception V3
from keras.layers import GlobalAveragePooling2D, Dense, Activation
from keras import Model
base_model = InceptionV3(weights='imagenet', include_top=False)
x = base_model.output
x = GlobalAveragePooling2D()(x)
predictions = Dense(2,activation='softmax')(x)
model=Model(inputs=base_model.input, outputs=predictions)
for layer in base_model.layers:
    layer.trainable = False
model.summary()
```

在上面的程序中，语句“from keras.applications.inception_v3 import InceptionV3”表示从 Keras 库中加载 Inception V3 模块；语句“from keras.layers import GlobalAveragePooling2D, Dense, Activation”表示从 Keras 库中加载全局平均池化模块 GlobalAveragePooling2D、全连接层 Dense 和激活函数 Activation；语句“base_model＝Inception V3(weights＝'imagenet',include_top＝False)”表示设置 base_model 为 Inception V3 模型，参数“weights＝'imagenet'”表示使用根据 ImageNet 数据集已经训练完成得到的网络参数，参数“include_top＝False”表示 base_model 没有使用 Inception V3 模型的输出层部分；语句“x＝base_model.output”表示设置 x 为 base_model 模型的输出值；语句“x＝GlobalAveragePooling2D()(x)”表示使用全局平均池化函数 GlobalAveragePooling2D。

对于形状为 H×W×C 的三维张量，当对此张量计算全局平均池化函数 GlobalAveragePooling2D 时，会计算此张量每个通道平面内部全部元素的平均值，输出结果为列向量，其形状为 C×1。例如，形状为 3×3×3 的三维张量，有 3 个通道，每个通道是 3×3 的二维平面，如图 4-71 所示。此张量使用全局平均池化函数 GlobalAveragePooling2D 进行处理，结果的形状为 3×1，此结果内的 3 个元素分别为 3 个二维平面内部全部元素的平均值 m_1、m_2 和 m_3。

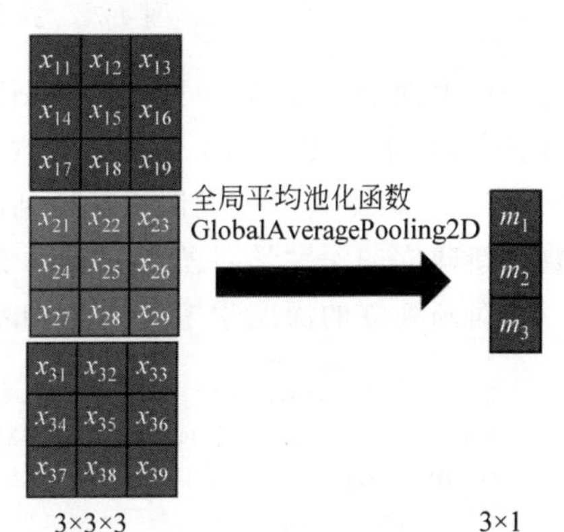

图 4-71　全局平均池化函数的示例

在上面的程序中，语句“predictions＝Dense(2, activation='softmax')(x)”表示设置输出层有 2 个神

经元，并且使用 Softmax 激活函数。语句“model＝ Model（inputs＝base_model.input，outputs＝ predictions）表示建立新的深度学习模型 model。模型 model 中，没有使用 InceptionV3 模型的输出层，而是使用了“predictions”作为模型 model 的输出层。语句“for layer in base_model.layers：layer.trainable ＝ False”表示从 InceptionV3 模型中迁移过来的 base_model 模型的网络参数不需要训练，而直接使用根据 ImageNet 数据集训练好的网络参数。第一次执行语句“for layer in base_model.layers：layer.trainable ＝ False”时，会自动下载大约 78MB 的网络参数数据，以后再次执行此语句时，就不需要重新下载网络参数了。执行语句“model.summary()”会显示网络结构，如图 4-72 所示。

```
Model: "model"
__________________________________________________________________________________________________
Layer (type)                    Output Shape         Param #     Connected to
==================================================================================================
input_1 (InputLayer)            [(None, None, None,  0
__________________________________________________________________________________________________
conv2d (Conv2D)                 (None, None, None, 3 864         input_1[0][0]
__________________________________________________________________________________________________
batch_normalization (BatchNorma (None, None, None, 3 96          conv2d[0][0]
__________________________________________________________________________________________________
activation (Activation)         (None, None, None, 3 0           batch_normalization[0][0]
__________________________________________________________________________________________________
conv2d_1 (Conv2D)               (None, None, None, 3 9216        activation[0][0]
__________________________________________________________________________________________________
batch_normalization_1 (BatchNor (None, None, None, 3 96          conv2d_1[0][0]
__________________________________________________________________________________________________

concatenate_1 (Concatenate)     (None, None, None, 7 0           activation_91[0][0]
                                                                 activation_92[0][0]
__________________________________________________________________________________________________
activation_93 (Activation)      (None, None, None, 1 0           batch_normalization_93[0][0]
__________________________________________________________________________________________________
mixed10 (Concatenate)           (None, None, None, 2 0           activation_85[0][0]
                                                                 mixed9_1[0][0]
                                                                 concatenate_1[0][0]
                                                                 activation_93[0][0]
__________________________________________________________________________________________________
global_average_pooling2d (Globa (None, 2048)         0           mixed10[0][0]
__________________________________________________________________________________________________
dense (Dense)                   (None, 2)            4098        global_average_pooling2d[0][0]
==================================================================================================
Total params: 21,806,882
Trainable params: 4,098
Non-trainable params: 21,802,784
```

图 4-72　执行语句“model.summary()”的输出

从上面的运行结果可以看出，新建立的深度学习模型 model 总共使用 21 806 882 个网络参数，其中 21 802 784 个网络参数不需要进行训练，这些网络参数是 Inception V3 模型在 ImageNet 数据集上完成训练后得到的网络参数值；4098 个网络参数需要进行训练，这些参数是新建立的深度学习模型 model 输出层的网络参数。

对新建立的深度学习模型 model 进行编译和拟合，程序如下所示。

```
from keras.optimizers import adam_v2
Adam = adam_v2.Adam(lr=0.0001, beta_1=0.9, beta_2=0.999, epsilon=1e-08)
model.compile(loss='categorical_crossentropy',optimizer=Adam,metrics=
['accuracy'])
```

```
model.fit_generator(train_generator,epochs=10,validation_data=validation_
generator)
```

运行上面的程序，得到的输出结果如图 4-73 所示。

```
Epoch 1/10
100/100 [==============================] - 341s 3s/step - loss: 0.0876 - accuracy: 0.9685 - val_loss: 0.0416 - val_accuracy: 0.9849
Epoch 2/10
100/100 [==============================] - 327s 3s/step - loss: 0.0586 - accuracy: 0.9773 - val_loss: 0.0352 - val_accuracy: 0.9875
Epoch 3/10
100/100 [==============================] - 312s 3s/step - loss: 0.0555 - accuracy: 0.9785 - val_loss: 0.0346 - val_accuracy: 0.9881
Epoch 4/10
100/100 [==============================] - 1914s 3s/step - loss: 0.0611 - accuracy: 0.9791 - val_loss: 0.0341 - val_accuracy: 0.9879
Epoch 5/10
100/100 [==============================] - 312s 3s/step - loss: 0.0536 - accuracy: 0.9795 - val_loss: 0.0342 - val_accuracy: 0.9873
Epoch 6/10
100/100 [==============================] - 312s 3s/step - loss: 0.0554 - accuracy: 0.9799 - val_loss: 0.0392 - val_accuracy: 0.9854
Epoch 7/10
100/100 [==============================] - 313s 3s/step - loss: 0.0510 - accuracy: 0.9809 - val_loss: 0.0372 - val_accuracy: 0.9867
Epoch 8/10
100/100 [==============================] - 314s 3s/step - loss: 0.0491 - accuracy: 0.9803 - val_loss: 0.0339 - val_accuracy: 0.9879
Epoch 9/10
100/100 [==============================] - 319s 3s/step - loss: 0.0509 - accuracy: 0.9823 - val_loss: 0.0343 - val_accuracy: 0.9877
Epoch 10/10
100/100 [==============================] - 312s 3s/step - loss: 0.0454 - accuracy: 0.9846 - val_loss: 0.0402 - val_accuracy: 0.9853
```

图 4-73　运行程序的输出

从上面的结果可以看出，在第一轮之后，新建立的深度学习模型 model 在测试集上的准确率达到了 98.49%；在第 10 轮之后，新建立的深度学习模型 model 在测试集上的准确率达到了 98.53%。如果没有使用迁移学习的方法，而直接使用 InceptionV3 模型处理猫狗分类问题，不会达到这么高的准确率。

思考练习

1. 处理具有 M 个类别的分类问题的卷积神经网络基本结构和处理回归问题的卷积神经网络的基本结构有什么区别？请画图说明。

2. 卷积运算的 3 个特性分别是什么？请画图说明。

3. 卷积和池化的区别与联系是什么？

4. 卷积层完成的功能是什么？卷积层的公式是什么，每个符号表示什么含义？画图说明二维张量 Valid 卷积类型的计算过程。Valid 卷积和 Same 卷积有什么区别？

5. 池化操作的原理和特点分别是什么？画图说明 Valid 最大值池化的过程。

6. 如果卷积层输入张量的形状为 224×224×3，使用 64 个尺寸为 3×3×3 的卷积核进行 Valid 卷积，卷积核在水平方向和竖直方向的移动步长都是 2，那么卷积层输出张量的形状是多少？如果把卷积层的输出张量作为池化层的输入张量，池化层进行最大值 Valid 池化，池化窗口在水平方向和竖直方向的移动步长都是 2，池化窗口的尺寸为 2×2，池化层输出张量的形状是多少？

7. 使用卷积神经网络处理手写数字识别问题，此网络使用两个卷积层和两个池化层。第 1 个卷积层使用 10 个尺寸为 3×3 的卷积核、Valid 卷积模式和 ReLU 激活函数。第 1 个池化层使用最大值池化方式，池化窗口的尺寸为 3×3，池化窗口移动的步长为 1×1。第 2 个卷积层使用 30 个尺寸为 5×5 的卷积核、Same 卷积模式和 ReLU 激活函数。第 2 个池化层使用最大值池化方式，池化窗口的尺寸为 2×2，池化步长为 2×2。写出构建此卷积神经网络模型的程序。

第5章 循环神经网络的原理和编程方法

深度学习网络在多个领域都展现出了强大的应用潜力，其中图像处理和自然语言处理是两个最为突出的领域。在图像处理领域，深度学习网络，特别是卷积神经网络，已经取得了显著的成功。通过学习和提取图像中的复杂特征，深度学习网络可以执行各种任务，如图像分类、目标检测和图像分割等。此外，生成对抗网络等模型还能够生成逼真的图像，进一步拓宽了深度学习网络在图像处理中的应用范围。在自然语言处理领域，深度学习网络也发挥了重要作用。循环神经网络能够处理序列数据，捕捉语言中的时序依赖关系，从而能够完成机器翻译、文本生成和情感分析等任务。近年来，随着基于 Transformer 的 BERT、ChatGPT 等模型的提出，深度学习网络在自然语言处理领域的应用得到了进一步的推动，实现了更高的性能和更广泛的应用。这些模型不仅可以理解文本的含义，还可以生成自然、流畅的文本，甚至参与到对话系统中，与人类进行交互。深度学习网络在自然语言处理领域中的应用，极大地推动了人工智能技术的发展，使机器能够更好地理解和处理人类语言。

本章介绍深度学习网络在自然语言处理领域的应用。首先，介绍循环神经网络的基本特点，包括序列数据的特点、循环神经网络的应用场合、简单循环神经网络的原理和特点、循环神经网络的其他结构等；然后，介绍词语嵌入编码的基本内容，包括语句的分词问题、词语的独热编码、词语的嵌入编码和编程方法；接着，介绍基于 Keras 深度学习框架的简单循环神经网络的编程方法；最后，介绍长短期记忆模型和门控循环单元网络的基本原理和特点，并介绍基于 Keras 深度学习框架的长短期记忆模型的编程方法。

5.1 循环神经网络

5.1.1 循环神经网络简介

深度学习网络可以分为 3 种类型：全连接多层前馈神经网络（也称为多层感知器）、卷积神经网络和循环神经网络。全连接多层前馈神经网络和卷积神经网络存在以下 3 个缺点。首先，这两种类型的网络只完成了信息的单向传递，网络的输出只和当前的输入有关系，和以前的输入没有关系，所以这两种类型的网络没有记忆功能。其次，在这两种类型的网络中，输入值之间相互独立，即当前的输入值和以前的输入值、未来的输入值没有关系。最后，这两种类型的网络不能处理序列数据。在进行数据的处理时，通常把沿着某一维存在很强相关性的数据称为序列数据，如聊天对话的序列数据、股票价格的序列数据等。“让风尘刻画你的样子”这句话中的每个词之间都具有相关性，把它们联系起来作为一个整体才能够表达完整的含义，所以这句话的数据就是序列数据。

为了解决这两种类型网络的缺点，研究人员提出了循环神经网络。循环神经网络具有短期的记忆能力，这种能力通过隐藏层的神经元实现，这些神经元不仅接收当前时刻输入的信息，还接收来自它们自身上一时刻的输出信息。循环神经网络的这种机制使其能够捕捉序列数据中的依赖关系，特别是那些相距较近的单元之间的依赖关系。所以，循环神经网络能够处理文本、时间序列等序列数据，能够对序列中的每个单元分别进行处理，并在处理过程中考虑之前的信息。在进行文本处理时，循环神经网络把句子拆分成词语或单词的序列，并依次处理每个单元。例如，当循环神经网络处理“让风尘刻画你的样子”这句话时，这句话被分成了“让”“风尘”“刻画”“你的”“样子”这些基本单元，循环神经网络会依次读取这些单元，并在处理每个单元时考虑之前的信息。全连接多层前馈神经网络和卷积神经网络是静态的网络，没有考虑输入信息之间的时间依赖关系或序列结构。相比之下，循环神经网络是动态的网络，能够处理可变长度的输入序列，并通过隐藏状态来捕获序列数据中的依赖关系，这使得循环神经网络在处理时间序列、文本等具有序列结构的数据时更加有效。此外，循环神经网络的结构更接近生物神经网络的结构特点。生物神经网络中的神经元之间具有复杂的连接关系，并且神经元之间具有动态的通信方式，能够随着时间和经验的积累而发生变化。循环神经网络使用隐藏层进行状态的传递和更新，从而模拟了生物神经网络动态和连续的信息处理过程。

循环神经网络在很多领域得到了大量应用，如语音识别、通过人脸进行年龄的判断和自然语言处理等。循环神经网络在语音识别领域的应用非常广泛，它能够处理音频信号中的时序依赖关系，将连续的音频流转换为文字。例如，一个基于循环神经网络的语音识别系统可以接收一段语音输入，然后将其转换为对应的文本输出。通过训练大量的语音数据，循环神经网络可以学习到语音信号与文本之间的映射关系，从而实现准确的语音识别。

循环神经网络也可以根据人脸进行年龄的判断，它接收人脸的图像作为输入信号，并分析图像中面部的皱纹分布、皮肤松弛度、头发的灰白程度、面部的表情、眼神状态等特征，以预测人的年龄。在根据人脸判断年龄时，首先使用卷积神经网络提取特征，然后使用循环神经网络处理这些特征并输出年龄的预测值。例如，使用循环神经网络对图 5-1 中的人脸图像预测人的年龄，得到的年龄数值为 44 岁。

图 5-1　使用人脸图像预测年龄的示例

循环神经网络在自然语言处理领域有非常多的应用，如看图说话、摘要自动生成、机器翻译和自动作诗等。在处理看图说话问题时，循环神经网络接收一张图片作为输入值，并生成一段描述该图片的文本作为输出值。在处理这个问题时，通常首先使用卷积神经网络进行图像特征的提取，然后使用循环神经网络把这些特征转换为文本的描述。例如，根据图 5-2(a)中的图片看图说话，得到的文本如图 5-2(b)所示。

在处理摘要的自动生成问题时，循环神经网络接收一段较长的文字作为输入值，并生成一个简洁的摘要作为输出值。在处理这个问题时，循环神经网络首先分析文本中的关键信息和结构，然后提取重要的内容并生成摘要。例如，输入文本为：近年来，随着科技的快速

(a) 图片

在这张深秋的图片中，一位女性背对着我们，身着白色长裙和宽边帽，优雅地伫立在金黄色的草地上。她的长发随风飘动，似乎在诉说着秋天的故事。周围的树木被秋天的魔法点染得五彩斑斓，红叶和橙叶在阳光下闪烁着耀眼的光芒，与蔚蓝的天空形成了鲜明的对比。

阳光透过云层，洒在草地上，形成斑驳的光影。那些淡淡的云彩在天空中悠然漂浮，仿佛是秋天的使者，带来了一阵阵凉爽的秋意。在这宁静而美丽的场景中，我们仿佛可以闻到秋天特有的气息，那是醉人的香味，深深染透了每一片秋叶。

图片的上方，黑色的中文字迹“深秋”显得格外醒目，它不仅是对这幅画面最贴切的描述，也唤起了我们对秋天的无限遐想。我们不禁开始思考，这吹来的是第几阵秋意？是初秋的清新，还是深秋的浓郁？

这张图片以其独特的视角和细腻的描绘，成功捕捉了秋天的精髓和魅力。它让我们感受到了秋天的宁静与美丽，也让我们对大自然的力量和神奇产生了深深的敬畏和赞叹。

(b) 看图说话得到的文本

图 5-2　看图说话问题的示例

发展，人工智能技术在各个领域得到了广泛应用。在自然语言处理领域，人工智能技术已经实现了机器翻译、语音识别、情感分析等多种功能。此外，在医疗、金融、教育等领域，人工智能技术也发挥着越来越重要的作用。通过深度学习和大数据分析，人工智能系统能够识别并处理大量数据，为人类提供更加精准、高效的服务。然而，人工智能技术的发展也面临着一些挑战，如数据隐私、算法公平性和可解释性等问题。未来，随着技术的不断进步和完善，人工智能技术有望在更多领域发挥更大的作用。对此文本生成摘要“人工智能技术在自然语言处理、医疗、金融、教育等领域得到广泛应用，通过深度学习和大数据分析提供精准服务。然而，技术发展也面临数据隐私、算法公平性和可解释性等挑战。未来，人工智能有望在更多领域发挥更大作用。”

循环神经网络在机器翻译（Machine Translation，MT）中扮演着重要角色，它使用计算机将源语言的文本作为输入信号，并生成目标语言的对应文本作为输出信号。使用大量的双语语料库进行训练，循环神经网络能够学习到不同语言之间的翻译规则和模式。例如，对英语文本“The rapid development of artificial intelligence technology has led to its widespread application in various fields, including machine translation, speech recognition, and sentiment analysis.”进行机器翻译，得到的中文文本为“人工智能技术的快速发展导致了其在包括机器翻译、语音识别和情感分析在内的各个领域的广泛应用。”

循环神经网络还能够用于自动作诗。通过训练大量的诗歌数据，循环神经网络能够学习到诗歌的韵律、格律和意境等要素，并根据给定的输入（如第一句、关键词或标题）生成完整的诗歌。例如，使用循环神经网络，生成一首以“人山人海”这 4 个字为藏头的诗歌：“人间烟火闹纷纭，山川湖海尽入眸，人海茫茫寻知己，海天一色共长流。”

总之，循环神经网络的应用范围还在不断地扩展和深化，为人工智能技术的发展提供了强大的支持。

5.1.2　简单循环神经网络的原理

循环神经网络有很多种类型，其中，简单循环神经网络（Simple Recurrent Neural

Network,SRNN)的结构相对比较简洁。SRNN 只有一个隐藏层,其结构如图 5-3(a)所示,图 5-3(b)为图 5-3(a)的简化图。具有一个隐藏层的全连接前馈神经网络的基本结构如图 5-4(a)所示,图 5-4(b)为图 5-4(a)的简化结构。

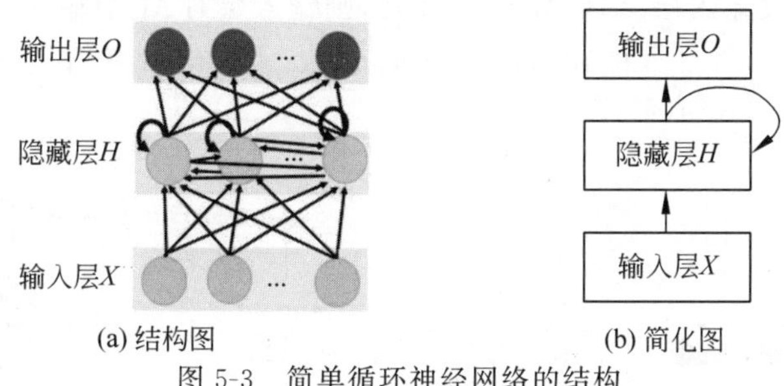

图 5-3　简单循环神经网络的结构

这两种类型的神经网络具有相同的基本结构:输入层、一个隐藏层和输出层。但是,这两种类型的神经网络有明显的区别。在全连接前馈神经网络的信号流动方面,信号从输入层流向隐藏层,然后从隐藏层流向输出层;在层与层之间,神经元是全连接的方式;在隐藏层的内部,神经元之间则没有连接关系。在 SRNN 的信号流动方面,隐藏层的神经元不仅接收来自输入层的信号,还接收来自自身上一个时刻的信号。

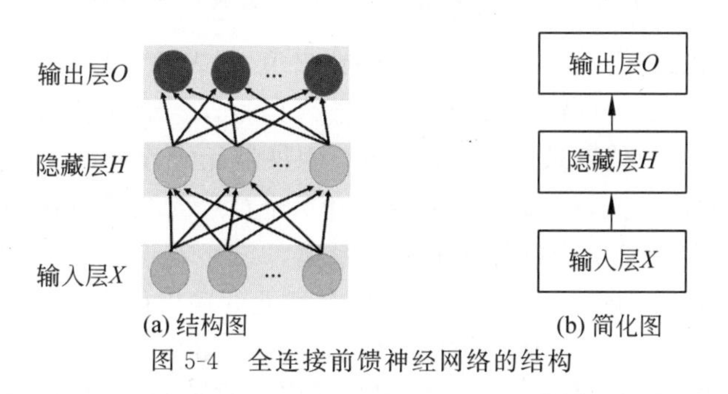

图 5-4　全连接前馈神经网络的结构

在全连接前馈神经网络中,某个时刻输出层神经元的输出信号只和当前时刻输入层中的输入信号有关系,和以前时刻输入层的输入信号没有关系。所以,全连接前馈神经网络主要用于处理输入信号和输出信号之间互相独立的问题,即输出信号只依赖于当前的输入信号,而不受历史输入信号的影响。和全连接前馈神经网络相比,SRNN 的运行机制更加复杂一些。在 SRNN 中,某个时刻输出层神经元的输出信号不仅仅和当前时刻输入层中的输入信号有关系,而且和以前时刻输入层神经元的输入信号有关系。所以,循环神经网络特别适用于处理具有时间依赖性的序列数据,如自然语言处理中的文本序列数据或时间序列数据,因为每个时刻的输出信号和之前所有时刻的输入信号都有关系。通过保存和传递内部的状态,循环神经网络能够捕捉序列数据中的长期依赖关系。也就是说,循环神经网络能够处理具有时间依赖性的数据,而全连接前馈神经网络则没有这个能力。循环神经网络使用隐藏层的自循环结构,能够记住并利用历史信息来影响当前的输出信号。在计算复杂度方面,由于循环神经网络需要处理序列数据,其计算通常比全连接前馈神经网络更复杂,尤其是在处理长序列数据时可能会遇到梯度消失或梯度爆炸的问题。

下面介绍 SRNN 的工作原理。按照序列数据中不同数据的先后顺序,使用 SRNN 处理序列数据的基本过程如图 5-5 所示。根据此图，可以看出隐藏层中的神经元在 t 时刻的输出信号 H_t 不仅仅和 t 时刻输入层中输入信号 X_t 有关系，而且和 $t-1$ 时刻隐藏层神经元的输出信号 H_{t-1} 有关系。

在图 5-5 中，假设输入层 X 有 M 个神经元，则输入层有 M 个输入信号 $x_0 \sim x_{M-1}$，隐藏层有 N 个神经元，每个神经元的输出信号为 $h_0 \sim h_{N-1}$，输出层有 K 个神经元，每个神经元的输出信号为 $o_0 \sim o_{K-1}$，如图 5-6 所示。

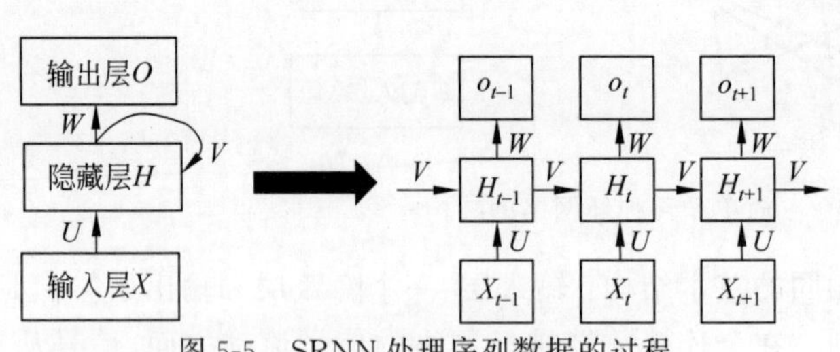

图 5-5　SRNN 处理序列数据的过程

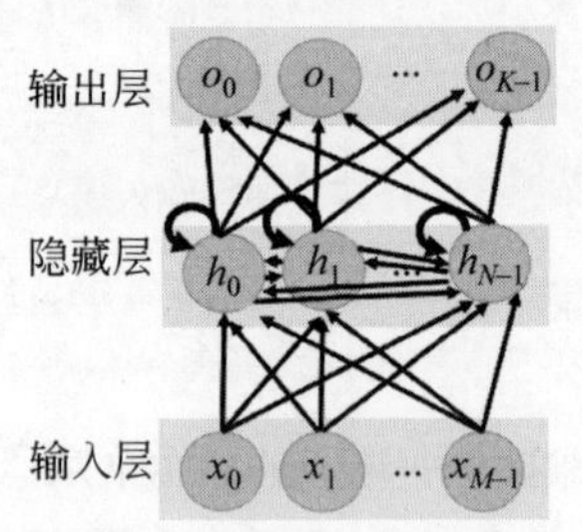

图 5-6　SRNN 中的神经元

在图 5-6 中，隐藏层神经元的输出值为

$$h_{t,j} = f\left(\sum_{i=0}^{M-1} x_{t,i}u_{i,j} + \sum_{i=0}^{N-1} h_{t-1,i}v_{i,j} + b_j\right) \tag{5-1}$$

其中，$h_{t,j}$ 表示 t 时刻隐藏层中第 j 个神经元的输出值，f 表示激活函数，M 表示输入层中输入信号的数量，$x_{t,i}$ 表示 t 时刻输入层的第 i 个输入信号，$u_{i,j}$ 表示输入层中第 i 个神经元到隐藏层第 j 个神经元的权值系数，N 表示隐藏层中神经元的数量，$h_{t-1,i}$ 表示 $t-1$ 时刻隐藏层中第 i 个神经元的输出值，$v_{i,j}$ 表示隐藏层中第 i 个神经元到隐藏层中第 j 个神经元的权值系数，b_j 表示隐藏层中第 j 个神经元的偏置系数。

把式(5-1)使用矩阵的形式表示，则隐藏层神经元的输出值为

$$\boldsymbol{H}_t = f(\boldsymbol{X}_t\boldsymbol{U} + \boldsymbol{H}_{t-1}\boldsymbol{V} + \boldsymbol{B}) \tag{5-2}$$

其中，$\boldsymbol{H}_t$ 和 $\boldsymbol{H}_{t-1}$ 分别表示 t 时刻、$t-1$ 时刻隐藏层所有神经元输出值组成的向量，它们的形状都是 $1\times N$，它们的表达式为

$$\boldsymbol{H}_t = [h_{t,0}\ h_{t,1}\ \cdots\ h_{t,N-1}] \tag{5-3}$$

$$\boldsymbol{H}_{t-1} = [h_{t-1,0}\ h_{t-1,1}\ \cdots\ h_{t-1,N-1}] \tag{5-4}$$

其中，$\boldsymbol{X}_t$ 表示 t 时刻输入层中 M 个输入信号组成的向量，其形状为 $1\times M$，它的表达式为

$$\boldsymbol{X}_t = [x_{t,0}\ x_{t,1}\ \cdots\ x_{t,M-1}] \tag{5-5}$$

$\boldsymbol{U}$ 表示输入层中的每个神经元到隐藏层中的每个神经元的权值系数矩阵，其形状为 $M\times N$，它的表达式为

$$\boldsymbol{U} = \begin{pmatrix} u_{0,0} & \cdots & u_{0,N-1} \\ \vdots & \ddots & \vdots \\ u_{M-1,0} & \cdots & u_{M-1,N-1} \end{pmatrix} \tag{5-6}$$

$\boldsymbol{V}$ 表示隐藏层中的全部神经元到自身的权值系数矩阵，其形状为 $N\times N$，它的表达式为

$$\boldsymbol{V} = \begin{pmatrix} v_{0,0} & \cdots & v_{0,N-1} \\ \vdots & \ddots & \vdots \\ v_{N-1,0} & \cdots & v_{N-1,N-1} \end{pmatrix} \tag{5-7}$$

$\boldsymbol{B}$ 表示隐藏层中每个神经元的偏置系数组成的向量,其形状为 $1\times N$,它的表达式为

$$\boldsymbol{B}=[b_0\ b_1\ \cdots\ b_{N-1}] \tag{5-8}$$

在图 5-6 中,输出层神经元的输出值为

$$o_{t,j}=f\left(\sum_{i=0}^{N-1}h_{t,i}w_{i,j}+c_j\right) \tag{5-9}$$

其中,$o_{t,j}$ 表示 t 时刻输出层中第 j 个神经元的输出值,f 表示激活函数,N 表示隐藏层中神经元的数量,$h_{t,i}$ 表示 t 时刻隐藏层中第 i 个神经元的输出值,$w_{i,j}$ 表示隐藏层中第 i 个神经元到输出层中第 j 个神经元的权值系数,c_j 表示输出层中第 j 个神经元的偏置系数。

把式(5-9)用矩阵的形式表示,则输出层神经元的输出值为

$$\boldsymbol{O}_t=\boldsymbol{H}_t\boldsymbol{W}+\boldsymbol{C} \tag{5-10}$$

其中,$\boldsymbol{O}_t$ 表示 t 时刻输出层中所有神经元输出值组成的向量,其形状为 $1\times K$,它的表达式为

$$\boldsymbol{O}_t=[o_{t,0}\ o_{t,1}\ \cdots\ o_{t,K-1}] \tag{5-11}$$

$\boldsymbol{H}_t$ 表示 t 时刻隐藏层所有神经元输出值组成的向量,其形状为 $1\times N$,它的表达式如式(5-3)所示。

$\boldsymbol{W}$ 表示隐藏层中的神经元到输出层神经元的偏置系数组成的矩阵,其形状为 $N\times K$,它的表达式为

$$\boldsymbol{W}=\begin{pmatrix} w_{0,0} & \cdots & w_{0,K-1} \\ \vdots & \ddots & \vdots \\ w_{N-1,0} & \cdots & w_{N-1,K-1} \end{pmatrix} \tag{5-12}$$

$\boldsymbol{C}$ 表示输出层中神经元的偏置系数组成的向量,其形状为 $1\times K$,它的表达式为

$$\boldsymbol{C}=[c_0\ c_1\ \cdots\ c_{K-1}] \tag{5-13}$$

SRNN 具有参数共享的特点。SRNN 的隐藏层和输出层在不同时刻具有相同的网络参数,也就是说,当按照序列数据中不同数据的先后顺序输入每个数据时,SRNN 的权值系数矩阵 $\boldsymbol{U}$、$\boldsymbol{V}$、$\boldsymbol{W}$ 和偏置系数向量 $\boldsymbol{B}$、$\boldsymbol{C}$ 的值都是不变的。这种特点能够减少 SRNN 的网络参数数量,并且能够提高此网络模型的泛化能力。循环神经网络和卷积神经网络类似,使用梯度下降法或其改进方法训练网络参数,从而获得网络最优的预测性能。

下面介绍使用 SRNN 输入序列数据的示例。在第一个示例中,序列数据为"I like you",分别给 SRNN 输入"I""like""you"的编码值,如图 5-7(a)所示。在第二个示例中,把歌曲《你的样子》的一句歌词"让风尘刻画你的样子"送入 SRNN,如图 5-7(b)所示。首先,对这句歌词进行分词处理,得到 5 个单元:"让""风尘""刻画""你的""样子";然后,按照数据的输入顺序,分别输入"让""风尘""刻画""你的""样子"的编码值。

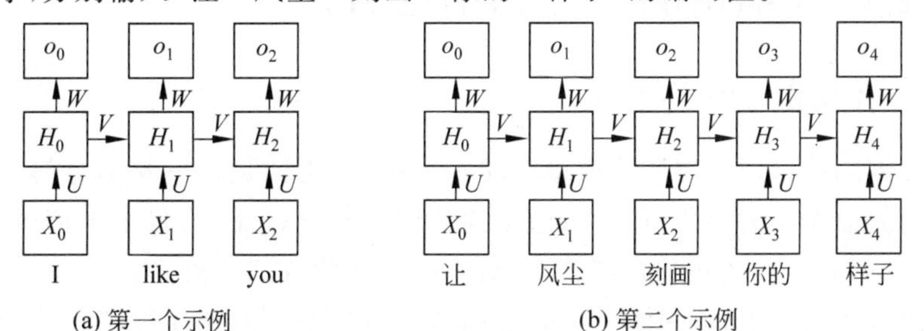

(a) 第一个示例　　(b) 第二个示例

图 5-7　简单循环神经网络处理序列数据的示例

5.1.3 循环神经网络的其他结构

除了 SRNN 之外，循环神经网络还有很多其他类型，如多输入单输出的循环神经网络、带有反馈的循环神经网络。每种类型的结构都不同，适合应用的场合也不同。

多输入单输出循环神经网络的结构如图 5-8 所示，这种网络只在最后一个时刻获得输出信号，在前面的时刻不会产生任何输出信号。在这种网络中，多个输入信号送入网络的内部单元，并更新网络的内部状态，最后才产生输出信号。多输入单输出循环神经网络适合处理序列数据到单一值的映射问题、文本情感分析问题等。例如，根据前 5 天的平均温度值预测今天的平均温度值，判断一句话是否有语法错误等，都属于序列数据到单一值的映射问题。在文本情感分析问题中，首先把文本的整体内容作为输入信号，然后获得单一的情感标签值，如热情、冷漠和平淡等。

带有反馈的循环神经网络的结构如图 5-9 所示。在每个时刻，这种网络都会产生输出信号，并把输出信号反馈到隐藏层。这种类型的网络能够处理序列数据到序列数据的映射问题，如机器翻译问题和文本生成问题等。在序列到序列的映射问题中，输入信号和输出信号都是序列数据。在机器翻译问题中，一种语言翻译成另外一种语言，把一种语言的句子作为输入序列，并在每个时刻输出另一种语言的部分词语，直到生成完整的句子。例如，把“I gave a talk in Beijing”翻译成“我在北京做了一个报告”。在文本生成问题中，根据给定的上下文生成新文本。首先，仔细阅读给定的上下文信息，并根据任务的要求确定要生成的文本类型（如产品推广文案、新闻稿等）和目标读者群体；然后，根据文本类型和目标读者的需求，构思文本的内容框架和要点，并按照构思的内容框架和要点撰写文本；接着，仔细检查文本，确保没有错误和疏漏，并根据需要进行修订和完善。使用以上步骤，根据给定的上下文就能够生成高质量、有吸引力的新文本。

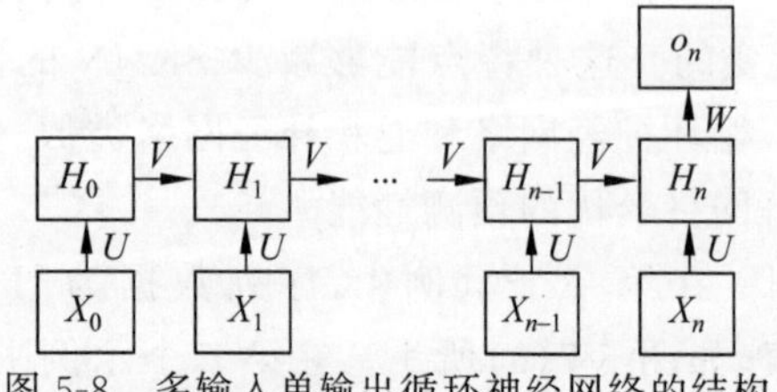

图 5-8 多输入单输出循环神经网络的结构

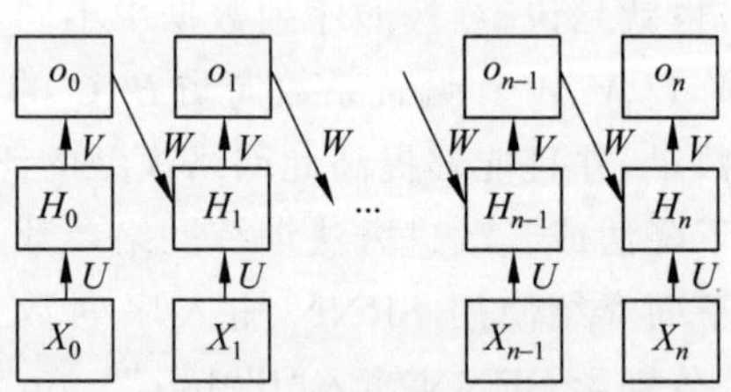

图 5-9 带有反馈的循环神经网络的结构

5.2 词语嵌入编码的原理和编程方法

5.2.1 语句的分词问题

语句的分词问题指把一句话分成最小的多个单元，也就是把一句话分解成多个孤立的词语。在使用英语作为语言的语句中，语句的分词问题比较简单，每个单词就是一个词语。例如，“I like you”这个英语语句包括 3 个单词，这句话的分词结果为“I / like / you”。在使用汉语作为语言的语句中，语句的分词问题相对比较复杂。对使用汉语作为语言的语句进行分词，得到的每个词语包括一个或多个汉字。汉语的分词可以分为两类：粗粒度分词和细粒度分词，分词的粒度可以根据具体任务的需求选择。例如，对于“我路过南京市长江大桥”这句话，如果进行粗粒度的分词，分词结果为“我 / 路过 / 南京市 / 长江大桥”；如果进行细粒度的分词，分词结果为“我 / 路过/ 南京 / 市 / 长江 / 大桥”。

汉语语句的分词问题是汉语语言处理系统的基础，它在自然语言处理领域中有着重要的意义。首先，汉语语句的分词工作是自然语言处理领域中最基本和最底层的任务，它是文本分析、信息抽取、情感分析、机器翻译、自然语言理解等高级自然语言处理任务的前提。如果没有准确的分词结果，这些高级任务很难取得理想的效果。然后，汉语语句的分词工作能够消除歧义。在汉语语句中，汉字和汉字之间没有明显的空格等分隔符，会产生很多歧义。例如，“南京市长江大桥”如果不进行分词处理，可能会被误解为“南京市长 / 江大桥”，而实际上是指“南京市 / 长江大桥”。因此，中文分词有助于消除这种歧义，准确理解文本的含义。其次，在信息检索系统中，用户输入的查询词往往需要进行分词处理，以便与文档中的词汇进行匹配。准确的分词结果可以提高检索的准确率和召回率，使用户能够更快地找到所需要的信息。最后，汉语语句的分词问题能够促进语言的理解。分词工作把连续的字符序列切分成有意义的词汇单元，这对于机器理解文本内容具有重要意义。通过分词，机器可以识别出文本中的关键词、短语和句子结构，从而更好地理解文本的主题、情感和意图。随着深度学习等技术的不断发展，汉语语句的分词技术也在不断进步。准确的分词结果可以为其他人工智能任务提供高质量的数据支持，推动人工智能技术的整体进步。

汉语语句的分词问题存在两个挑战：歧义切分和未登录词语的识别。歧义切分指一个文本序列切分成多种不同但同样合理的词语序列，其原因是汉语语句中的词语可能存在不明显的边界。例如，对“门把手弄坏了”这句话进行分词处理，能够得到两个完全不同的分词结果：“门把手 / 弄 / 坏 / 了”和“门 / 把 / 手 / 弄 / 坏 / 了”。虽然这两个分词结果的意义完全不相同，但是它们在语义上都非常合理。未登录词语指在分词系统的词典中不存在的词语，它们包括中外人名、中国地名、机构组织名、事件名、货币名、缩略语、派生词、各种专业术语和不断发展的一些新词语。出现未登录词语的原因很多，包括词典的不完整性、语言的动态性(如新出现的词语)、特定的文本领域(如专业术语)等。例如，“PMI 互信息”是一个未登录词，因为它可能不存在于一般的分词系统词典。

汉语语句的分词方法有以下的 3 个类别。第一类是基于规则的分词方法，其基本思想是按照一定策略，依靠预定义的而且词语数量非常大的词典和一定的策略，将待分词的文本与词典中的词条进行匹配，从而实现分词。这类方法简单易行，只需要定义好词典和匹配策略，就可以进行分词。但是，对于复杂的文本，特别是存在歧义的情况，这类方法很难使用简单的规则来准确分词。在这类方法中，代表性的方法包括最大匹配方法、逆向最大匹配方法、双向最佳匹配方法和逐词遍历方法。在最大匹配方法中，从待分词文本的一端开始，取最大长度的字符串与词典中的词条进行匹配，若匹配成功则分词；否则，缩短长度继续匹配。在逆向最大匹配方法中，与最大匹配方法相反，从待分词文本的另一端开始匹配。在双向最佳匹配方法中，同时从文本的两端开始匹配，选择两端匹配长度之和最大的分词结果。在逐词遍历方法中，将待分词文本中所有可能的子串与词典进行匹配，找出所有可能的分词结果。

第二类方法是基于统计的分词方法。在这类方法中，上下文中相邻的字同时出现的次数越多，就越有可能构成一个词，使用相邻字的出现概率来评估它们成词的可信度。这类方法需要非常多的语言知识和信息，并且需要大量的标注语料来训练统计模型。此外，这类方法使用了统计信息，能够更好地处理歧义。在这类方法中，代表性的方法包括 N 元文法模型方法、隐马尔可夫模型方法、最大熵模型方法和条件随机场模型方法等。N 元文法模型方法首先统计文本中连续 N 个字的出现频率，然后使用此概率评估其成词的可能性。隐马尔可夫模型方法将分词的过程看作一个隐马尔可夫过程，通过训练得到模型参数，并利用模型进行分词。最大熵模型方法利用最大熵原理建模，可以灵活地结合多种特征进行分词。条件随机场模型方法计算整个标签序列的联合概率分布，从而得到最可能的分词结果。

第三类方法是基于理解的分词方法，这类方法在分词的同时进行句法分析和语义分析，并利用句法信息和语义信息处理歧义现象，从而让计算机模拟人对句子的理解来进行分词。这类分词方法的效果依赖于训练语料的规模和质量，并且需要大规模的标注语料来训练复杂的分词模型。这类方法由于结合了句法、语义等深层信息，因此能够更加准确地处理分词中的歧义。在这类方法中，代表性的方法包括专家系统分词方法和神经网络分词方法。专家系统分词方法使用人工定义规则和专家知识进行分词。在神经网络分词方法中，首先使用神经网络模型来自动学习文本中的特征，然后使用特征进行分词。

在自然语言处理领域中，汉语语句的著名分词模型如表 5-1 所示。

表 5-1 汉语语句的著名分词模型

名　称	网　址
IKAnalyzer	http://www.oschina.net/p/ikanalyzer
SCWS 中文分词	http://www.xunsearch.com/scws/docs.php
jieba 分词	https://github.com/fxsjy/jieba
新浪云	http://www.sinacloud.com/doc/sae/python/segment.html
语言云	http://www.ltp-cloud.com/document

5.2.2 词语嵌入编码的原理

计算机处理的基本单元是数字，所以计算机不能直接处理词语，所以必须先对词语进行编码，即把词语使用数字表示。在词语的编码中，每个词语使用唯一的向量表示，不同词语的向量不同。词语的编码方法通常有两种：独热编码（One Hot Encoding）和嵌入编码（Embedding Encoding）。

1. 独热编码

对于词典中的每个词语，独热编码会创建一个向量，该向量的长度等于词典中词语的数量。在独热编码向量中，只有一个元素为 1，其余的元素都为 0。每个向量中的 1 都表示对应的词语在词典中的位置。例如，某中文词典只包括 5 个词语：让、风尘、刻画、你的、样子。这 5 个词语的索引值分别是 0、1、2、3 和 4，那么这 5 个词语的独热编码向量如表 5-2 所示，词语索引值所在位置的元素为 1，其他元素都为 0。例如，“你的”这个词语的索引值为 3，在其独热编码向量[0 0 0 1 0]中，索引值 3 所在位置的元素为 1，其他元素都为 0。再如，某英语词典中只有 5 个单词：he、she、it、cat 和 dog，这 5 个词的索引值分别是 0、1、2、3 和 4，它们的独热编码向量如表 5-3 所示。

表 5-2　独热编码的第一个示例

词　语	让	风尘	刻画	你的	样子
独热编码向量	[1 0 0 0 0]	[0 1 0 0 0]	[0 0 1 0 0]	[0 0 0 1 0]	[0 0 0 0 1]

表 5-3　独热编码的第二个示例

词　语	he	she	it	cat	dog
独热编码向量	[1 0 0 0 0]	[0 1 0 0 0]	[0 0 1 0 0]	[0 0 0 1 0]	[0 0 0 0 1]

词语的独热编码方法比较简单，但是这种方法有两个缺点。首先，在很多自然语言处理问题中，独热编码向量会变得非常稀疏，而且其维度通常非常大。在表 5-2 和表 5-3 这两个示例中，词典包含的词语数量比较少，由于独热编码向量中元素的数量等于词语的数量，因此独特编码向量的维度比较小。但是，在很多自然语言处理问题中，词典中词语的数量非常多，经常过万，此时独热编码向量中元素的数量也会非常大。也就是说，当词典中词语的数量很大时，独特编码向量的维度会非常高，从而导致"维度灾难"问题，带来非常大的计算量，使计算变得非常低效。例如，如果词典中有 10 000 个词语，那么每个词语的独热编码向量中就会有 10 000 个元素，此时独热编码向量的维度值为 10 000。在这种独热编码向量的 10 000 个元素中，只有一个元素为 1，其他元素都为 0。在这个词典中，如果"风尘"这个词语的索引值为 1，那么这个词语的独热编码值为"[0 1 0 … 0]"。在编码值"[0 1 0 … 0]"中，元素"1"的前面和后面分别有 1 个元素"0"和 9998 个元素"0"。

其次，独热编码无法描述词语和词语之间的关系，即词语之间的相似性。具体来说，独热编码会为每个唯一的词语创建一个维度，并在该维度上放置一个 1，其目的是表示该词语出现在该维度；而在其他所有维度上放置 0，其目的是表示其他词语没有出现在其他所有的维度上。这种编码方式将每个词语视为一个完全独立的实体，忽略了它们之间可能存在的任何关系或相似性。例如，如果词典只有 3 个词语：cat、dog 和 duck，cat、dog 和 duck 分别被编码为[1 0 0]、[0 1 0]和[0 0 1]。然而，这种编码方式无法表示出 cat、dog 和 duck 都具有动物属性这种特点，也无法表示它们之间的相似性。

2. 嵌入编码

为了克服独热编码的缺点，研究人员提出了嵌入编码。在嵌入编码中，把维数由所有词数量的高维空间转换到维数低得多的连续空间中，词典中每个词语映射到实数域中唯一的一个向量。与独热编码不同，嵌入编码不是简单地将每个词语使用一个由 0 和 1 组成的稀疏向量表示，而是将每个词语表示为一个密集向量，通过训练能够得到这些密集向量。嵌入编码向量的维度通常远远小于独热编码向量的维度，可以大大减少模型需要处理的特征数量，同时保留了足够的信息。词语的嵌入编码已经被广泛用于各种自然语言处理任务，如文本分类、情感分析和命名实体识别等。

与独热编码相比，词语的嵌入编码向量能够捕捉词语之间的相似性，并且它们的维度通常要小得多(如 100～300 维)。通常使用词语的相关性衡量词语之间的相似性。在两个语句中，如果把两个词语的位置互换，互换后的语句仍然是正常的语句，就认为这两个词语具有很强的相似性。例如，在两个语句"宿舍的环境优美"和"公寓楼的环境舒适"中，"宿舍"和"公寓楼"能够互换，"优美"和"舒适"能够互换，所以"宿舍"和"公寓楼"这两个词语具有很强的相关性，同时“优美”和“舒适”这两个词语具有很强的相关性。为了实现词语的嵌入编码，首先使用大量的文本数据进行学习，然后找到每个词语与低维空间的映射关系，使用编码值表示该词语在低维空间中的位置，即它的坐标。在词语嵌入编码的低维空间中，相似的词语距离很近，不相似的词语距离很远。

例如，某个词典总共有 5 个词语：“宿舍”“公寓楼”“寝室”“优美”“舒适”，它们的索引值分别是：0、1、2、3 和 4，它们的独热编码值如表 5-4 所示。使用二维空间的嵌入编码方法，如图 5-10 所示，5 个词语的嵌入编码向量值如表 5-4 所示。从图 5-10 可以看出，“宿舍”“公寓楼”“寝室”这 3 个词语的位置比较靠近，这是因为这 3 个词语具有很强的相似性；“优美”和“舒适”这两个词语的位置也比较靠近，也是因为这两个词语具有相似性。同时，从图 5-10 也能够可以看出，“宿舍”“公寓楼”“寝室”这组词语和“优美”和“舒适”这组词语之间的距离相对比较远，这是因为这两组词语之间的相似性比较弱。在这个示例中，词典只有 5 个词语。在实际的自然处理任务中，词典中词语的数量通常非常大，如 10 000 个，那么独热编码向量的维数也是 10 000；如果使用 200 维的低维空间进行嵌入编码，那么嵌入编码向量的维数是 200。显然，词语的嵌入编码方法能够极大减少自然语言处理任务的计算量。

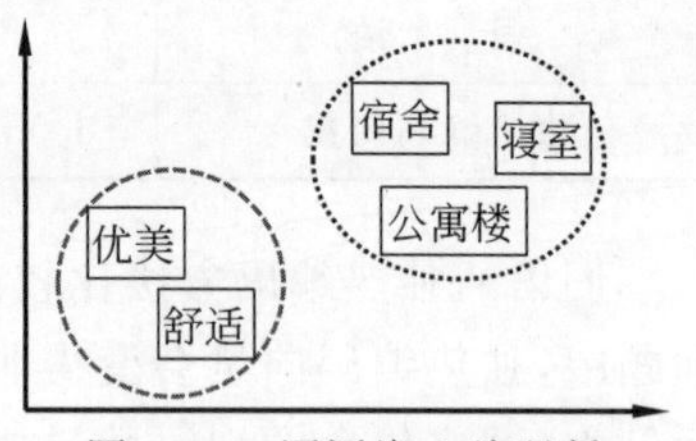

图 5-10 词语嵌入编码低维空间的示例

表 5-4 词语的独热编码和嵌入编码示例

词　语	宿舍	公寓楼	寝室	优美	舒适
独热编码值	[1 0 0 0 0]	[0 1 0 0 0]	[0 0 1 0 0]	[0 0 0 1 0]	[0 0 0 0 1]
二维的嵌入编码值	向量 V1=(3.0,3.6)	向量 V2 =(3.4,2.8)	向量 V3 =(3.6,3.0)	向量 V4 =(0.9,2.4)	向量 V5 =(1.4,1.1)

词语的嵌入编码方法有两种。第一种方法使用已经进行了预训练的嵌入编码模型，包括谷歌公司提出的 Word2Vec 模型和斯坦福大学提出的 GloVe 模型等。这些模型能够将词语映射到低维的、稠密的向量空间，并且这些向量能够描述词语与词语之间的语义关系。Word2Vec 模型在全连接神经网络的基础上，构造了两个复杂的模型：跳字(Skip-Gram)模型和连续词袋模型(Continuous Bag of Words，CBOW)。跳字模型的目标是根据给定的当前词来预测其上下文中的词，它将每个词语映射到两个向量：作为输入的中心词向量和作为输出的上下文词向量。连续词袋模型的目标是根据给定的上下文词来预测中心词。此模型首先将上下文中的每个词语映射到一个向量，然后对这些向量进行平均，得到平均向量，最后使用平均向量来预测当前词语的嵌入编码向量。GloVe 模型是一种用于学习词语向量的模型，基于全局词语出现情况的统计信息来获得嵌入编码向量。此模型首先构建一个全局词语的共现矩阵，然后在这个矩阵上使用最小二乘回归方法来获得词语的嵌入编码向量。

第二种方法使用 Keras 深度学习框架中的 Embedding 模块。此模块使用了全连接前馈神经网络，此网络只使用了权值参数，没有使用偏置参数。在神经网络的训练阶段，使用大量词语进行训练，能够得到权值参数的值。例如，某词典有 5 个词语：“宿舍”“公寓楼”“寝室”“优美”“舒适”，它们的独热编码值如表 5-4 所示。在该例中，使用 Embedding 模块得到二维空间的嵌入编码向量，如图 5-11(a)所示，网络为单层全连接前馈神经网络，输入信号和输出信号分别有 5 个元素和两个元素。此外,此网络有 10 个权值参数,没有偏置参数。

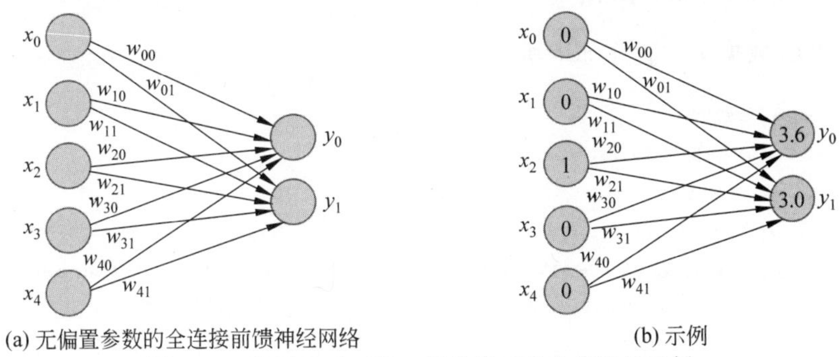

图 5-11 使用 Embedding 模块进行嵌入编码的示例

在图 5-11(a)中,输入信号为词语的独热编码值,输出信号为嵌入编码值。输出信号有两个元素:y_0 和 y_1,它们的计算方法为

$$y_0 = x_0 w_{00} + x_1 w_{10} + x_2 w_{20} + x_3 w_{30} + x_4 w_{40} \tag{5-14}$$

$$y_1 = x_0 w_{01} + x_1 w_{11} + x_2 w_{21} + x_3 w_{31} + x_4 w_{41} \tag{5-15}$$

其中,x_0、x_1、x_2、x_3 和 x_4 表示输入信号中的元素,w_{00}、w_{10}、w_{20}、w_{30} 和 w_{40} 表示输出层第一个神经元的权值参数,w_{01}、w_{11}、w_{21}、w_{31} 和 w_{41} 表示输出层第二个神经元的权值参数。

例如,计算词语“寝室”的嵌入编码值,把“寝室”的独热编码值[0 0 1 0 0]送入图 5-11(a)中的神经网络,能够得到嵌入编码值[3.6 3.0],如图 5-11(b)所示。

5.3 基于 Keras 深度学习框架的简单循环神经网络编程方法

本节介绍使用 Keras 深度学习框架编写简单循环神经网络程序的方法,并使用电影评论的情感分析问题作为案例。电影评论的情感分析问题使用 IMDB 数据集,此数据集有以下 5 个特点。第一,此数据集的规模比较大,包括 50 000 条评论数据,训练集和测试集分别包含 25 000 条评论数据,这为各种自然语言处理任务提供了丰富的训练样本。第二,此数据集包含了各种类型电影的评论数据,这种多样性为神经网络模型提供了广泛的背景知识,有助于神经网络模型更好地理解和分析不同主题和风格的评论。第三,IMDB 数据集中的每一条评论都有一个对应的标签,明确标记该评论是正面(Positive)评价还是负面(Negative)评价,这为情感分析任务提供了直接的监督信号。所以,使用 IMDB 数据集的电影评论情感分析问题是一种二分类问题。第四,在 IMDB 数据集中,正面评论和负面评论的数量相同,这种平衡性有助于神经网络模型更准确地处理正面和负面情感的分类问题。第五,在此数据集中,评论数据已经被预处理为整数序列,其中每个整数代表字典中的某个单词,这种预处理方式使神经网络模型可以直接使用这些整数序列进行训练。总之,使用 IMDB 数据集能够对电影评论进行情感分析,方便为用户推荐电影。

在 3.4.1 节,已经介绍了神经网络模型编程的 5 个步骤,分别是数据集的准备、神经网络模型的构建、神经网络模型的编译、神经网络模型的拟合和单个样本数据的预测。下面分别介绍简单循环神经网络每个步骤编程的方法。

5.3.1 数据集的准备

下载 IMDB 数据集的程序如下所示。

```
import numpy as np
from keras.datasets import imdb
max_features = 20000
print('... begin to load data')
(x_train, y_train), (x_test, y_test) = imdb.load_data("D:/DataSet/imdb/imdb.
npz", num_words = max_features)
print('... finish load data...')
print(type(x_train))
print('x_train shape: ', x_train.shape)
print('x_test shape: ', x_test.shape)
```

在上面的程序中,"load_data"函数表示读取 IMDB 数据集,如果在路径"D:/DataSet/imdb"中已经有"imdb.npz"文件,就直接读取这个文件;如果在这个路径中没有"imdb.npz"文件,则首先从网址"https://s3.amazonaws.com/text-datasets /imdb.npz"中把"imdb.npz"文件下载到路径"D:/DataSet/imdb"中,然后再读取此文件。张量"x_train"和"y_train"分别表示训练集的评论数据和标签数据,张量"x_test"和"y_test"分别表示测试集的评论数据和标签数据。参数"num_words = max_features"表示只保留评论数据中前 20 000 个出现频率较高的单词,并丢弃掉其他单词,这样处理能够使词典中词语的数量不会太大。上述程序的运行结果如下所示。

```
... begin to load data
... finish load data...
<class 'numpy.ndarray'>
x_train shape:  (25000,)
x_test shape:  (25000,)
```

在上面的结果中,可以看出训练集和测试集都包含了 25 000 个评论数据。

显示训练集前 9 个评论标签值的程序如下所示。

```
print(y_train[0:9])
```

上述程序的运行结果如下所示。

```
[1 0 0 1 0 0 1 0 1]
```

在上面的运行结果中,"1"表示"正面评论"标签值,"0"表示"负面评论"标签值。显然,训练集第 0 个评论的标签值为"正面评论",训练集第 1 个评论的标签值为"负面评论"。

显示训练集中第 0 个评论数据的程序如下所示。

```
print(x_train[0])
word_index = imdb.get_word_index("D:/DataSet/imdb/imdb_word_index.json")
reverse_word_index = dict([(value, key) for (key, value) in word_index.items()])
text=''
```

```
for i in x_train[0]:
    temp=reverse_word_index.get(i - 3, '?')
    text=text + ' ' +temp
print(text)
```

由于在IMDB的训练集和测试集中评论数据为单词的索引值,因此需要把每个索引值转换为单词。在上面的程序中,使用了字典"imdb_word_index.json"文件、"dict"字典函数、"for"循环和"reverse_word_index.get"函数把索引值转换为单词。在转换过程中,首先把单词的索引值减去3,再转换为单词,最后把单词放进text数组中。上述程序的运行结果如下所示。

```
[1, 14, 22, 16, 43, 530, 973, 1622, 1385, 65, 458, 4468, 66, 3941, 4, 173, 36, 256, 5,
25, 100, 43, 838, 112, 50, 670, 2, 9, 35, 480, 284, 5, 150, 4, 172, 112, 167, 2, 336,
385, 39, 4, 172, 4536, 1111, 17, 546, 38, 13, 447, 4, 192, 50, 16, 6, 147, 2025, 19, 14,
22, 4, 1920, 4613, 469, 4, 22, 71, 87, 12, 16, 43, 530, 38, 76, 15, 13, 1247, 4, 22, 17,
515, 17, 12, 16, 626, 18, 19193, 5, 62, 386, 12, 8, 316, 8, 106, 5, 4, 2223, 5244, 16,
480, 66, 3785, 33, 4, 130, 12, 16, 38, 619, 5, 25, 124, 51, 36, 135, 48, 25, 1415, 33, 6,
22, 12, 215, 28, 77, 52, 5, 14, 407, 16, 82, 10311, 8, 4, 107, 117, 5952, 15, 256, 4, 2,
7, 3766, 5, 723, 36, 71, 43, 530, 476, 26, 400, 317, 46, 7, 4, 12118, 1029, 13, 104, 88,
4, 381, 15, 297, 98, 32, 2071, 56, 26, 141, 6, 194, 7486, 18, 4, 226, 22, 21, 134, 476,
26, 480, 5, 144, 30, 5535, 18, 51, 36, 28, 224, 92, 25, 104, 4, 226, 65, 16, 38, 1334,
88, 12, 16, 283, 5, 16, 4472, 113, 103, 32, 15, 16, 5345, 19, 178, 32]
? this film was just brilliant casting location scenery story direction everyone's
really suited the part they played and you could just imagine being there robert ?
is an amazing actor and now the same being director ? father came from the same
scottish island as myself so i loved the fact there was a real connection with this
film the witty remarks throughout the film were great it was just brilliant so much
that i bought the film as soon as it was released for retail and would recommend it
to everyone to watch and the fly fishing was amazing really cried at the end it was
so sad and you know what they say if you cry at a film it must have been good and this
definitely was also congratulations to the two little boy's that played the ? of
norman and paul they were just brilliant children are often left out of the
praising list i think because the stars that play them all grown up are such a big
profile for the whole film but these children are amazing and should be praised for
what they have done don't you think the whole story was so lovely because it was
true and was someone's life after all that was shared with us all
```

在上面的运行结果中,第一部分为训练集第0个评论中每个单词的索引值,第二部分为把索引值转换为具体单词的文本。在上面的第二部分结果中,出现了"?"字符,这是因为此字符对应的单词不是词典中前20 000个出现频率较高的单词。仔细阅读上面的第二部分结果,可以看出训练集第0个评论是"正面评论",这和以上训练集第0个评论的"正面评论"标签值是一致的。

显示训练集第1个评论数据的程序如下所示。

```
print(x_train[1])
text=''
```

```
for i in x_train[1]:
    temp=reverse_word_index.get(i - 3, '?')
    text=text + ' ' +temp
print(text)
```

上述程序的运行结果如下所示。

```
[1, 194, 1153, 194, 8255, 78, 228, 5, 6, 1463, 4369, 5012, 134, 26, 4, 715, 8, 118,
1634, 14, 394, 20, 13, 119, 954, 189, 102, 5, 207, 110, 3103, 21, 14, 69, 188, 8, 30,
23, 7, 4, 249, 126, 93, 4, 114, 9, 2300, 1523, 5, 647, 4, 116, 9, 35, 8163, 4, 229, 9,
340, 1322, 4, 118, 9, 4, 130, 4901, 19, 4, 1002, 5, 89, 29, 952, 46, 37, 4, 455, 9, 45,
43, 38, 1543, 1905, 398, 4, 1649, 26, 6853, 5, 163, 11, 3215, 10156, 4, 1153, 9, 194,
775, 7, 8255, 11596, 349, 2637, 148, 605, 15358, 8003, 15, 123, 125, 68, 2, 6853, 15,
349, 165, 4362, 98, 5, 4, 228, 9, 43, 2, 1157, 15, 299, 120, 5, 120, 174, 11, 220, 175,
136, 50, 9, 4373, 228, 8255, 5, 2, 656, 245, 2350, 5, 4, 9837, 131, 152, 491, 18, 2, 32,
7464, 1212, 14, 9, 6, 371, 78, 22, 625, 64, 1382, 9, 8, 168, 145, 23, 4, 1690, 15, 16, 4,
1355, 5, 28, 6, 52, 154, 462, 33, 89, 78, 285, 16, 145, 95]
? big hair big boobs bad music and a giant safety pin these are the words to best
describe this terrible movie i love cheesy horror movies and i've seen hundreds but
this had got to be on of the worst ever made the plot is paper thin and ridiculous
the acting is an abomination the script is completely laughable the best is the end
showdown with the cop and how he worked out who the killer is it's just so damn
terribly written the clothes are sickening and funny in equal measures the hair is
big lots of boobs bounce men wear those cut tee shirts that show off their ?
sickening that men actually wore them and the music is just ? trash that plays over
and over again in almost every scene there is trashy music boobs and ? taking away
bodies and the gym still doesn't close for ? all joking aside this is a truly bad
film whose only charm is to look back on the disaster that was the 80's and have a
good old laugh at how bad everything was back then
```

在上面的运行结果中，第一部分为训练集第1个评论中每个单词的索引值，第二部分为把索引值转换为具体单词的文本。仔细阅读上面的第二部分结果，可以看出训练集第1个评论是“负面评论”，这和训练集第1个评论的“负面评论”标签值是一致的。

把训练集和测试集的每个评论填充“0”，使每个评论最终都包括500个单元，程序如下所示。

```
from keras.preprocessing import sequence
maxlen = 500
input_train = sequence.pad_sequences(x_train, maxlen = maxlen)
input_test = sequence.pad_sequences(x_test, maxlen = maxlen)
print(input_train[0])
```

在上面的程序中，使用了“pad_sequences”函数去填充“0”。以上程序的运行结果如下所示。

```
[    0     0     0     0     0     0     0     0     0     0     0     0
     0     0     0     0     0     0     0     0     0     0     0     0
     0     0     0     0     0     0     0     0     0     0     0     0
     0     0     0     0     0     0     0     0     0     0     0     0
     0     0     0     0     0     0     0     0     0     0     0     0
     0     0     0     0     0     0     0     0     0     0     0     0
     0     0     0     0     0     0     0     0     0     0     0     0
     0     0     0     0     0     0     0     0     0     0     0     0
     0     0     0     0     0     0     0     0     0     0     0     0
     0     0     0     0     0     0     0     0     0     0     0     0
     0     0     0     0     0     0     0     0     0     0     0     0
     0     0     0     0     0     0     0     0     0     0     0     0
     0     0     0     0     0     0     0     0     0     0     0     0
     0     0     0     0     0     0     0     0     0     0     0     0
     0     0     0     0     0     0     0     0     0     0     0     0
     0     0     0     0     0     0     0     0     0     0     0     0
     0     0     0     0     0     0     0     0     0     0     0     0
     0     0     0     0     0     0     0     0     0     0     0     0
     0     0     0     0     0     0     0     0     0     0     0     0
     0     0     0     0     0     0     0     0     0     0     0     0
     0     0     0     0     0     0     0     0     0     0     0     0
     0     0     0     0     0     0     0     0     0     0     0     0
     0     0     0     0     0     0     0     0     0     0     0     0
     0     0     0     0     0     0     1    14    22    16    43   530
   973  1622  1385    65   458  4468    66  3941     4   173    36   256
     5    25   100    43   838   112    50   670     2     9    35   480
   284     5   150     4   172   112   167     2   336   385    39     4
   172  4536  1111    17   546    38    13   447     4   192    50    16
     6   147  2025    19    14    22     4  1920  4613   469     4    22
    71    87    12    16    43   530    38    76    15    13  1247     4
    22    17   515    17    12    16   626    18 19193     5    62   386
    12     8   316     8   106     5     4  2223  5244    16   480    66
  3785    33     4   130    12    16    38   619     5    25   124    51
    36   135    48    25  1415    33     6    22    12   215    28    77
    52     5    14   407    16    82 10311     8     4   107   117  5952
    15   256     4     2     7  3766     5   723    36    71    43   530
   476    26   400   317    46     7     4 12118  1029    13   104    88
     4   381    15   297    98    32  2071    56    26   141     6   194
  7486    18     4   226    22    21   134   476    26   480     5   144
    30  5535    18    51    36    28   224    92    25   104     4   226
    65    16    38  1334    88    12    16   283     5    16  4472   113
   103    32    15    16  5345    19   178    32]
```

在填充"0"之后，显示训练集数据、测试集数据张量形状的程序如下所示。

```
print('after padding 0,input_train shape: ', input_train.shape)
print('after padding 0,input_test shape: ', input_test.shape)
```

上述程序的运行结果如下所示。

```
after padding 0,input_train shape:  (25000, 500)
after padding 0,input_test shape:  (25000, 500)
```

由于这里处理的电影评论情感分析问题是分类问题，所以需要把标签值设置为独热编码方式，程序如下所示。

```
from tensorflow.keras.utils import to_categorical
yy_train=to_categorical(y_train)
yy_test=to_categorical(y_test)
print(yy_train.shape)
print(yy_train[0:10])
```

上述程序的运行结果如下所示。

```
(25000, 2)
[[0. 1.]
 [1. 0.]
 [1. 0.]
 [0. 1.]
 [1. 0.]
 [1. 0.]
 [0. 1.]
 [1. 0.]
 [0. 1.]
 [1. 0.]]
```

5.3.2 神经网络模型的构建

简单循环神经网络模型包括输入层、嵌入编码层、隐藏层和输出层。构建简单循环神经网络模型的程序如下所示。

```
from keras import Model
from keras.layers import Dense,Embedding,SimpleRNN,Input
input_layer=Input([maxlen])
x=input_layer
x=Embedding(max_features, 64)(x)
x=SimpleRNN(16)(x)
x=Dense(2, activation = 'softmax')(x)
output_layer=x
model=Model(input_layer,output_layer)
model.summary()
```

在上面的程序中，"from keras.layers import Dense，Embedding，SimpleRNN，Input"语句中的"Dense""Embedding""SimpleRNN""Input"分别表示全连接层模块、嵌入编码层

模块、简单循环神经网络的隐藏层模块和输入层模块。“input_layer=Input([maxlen])”语句表示设置输入层，在输入层中输入每个评论的所有数据，每个评论都包括 maxlen(maxlen=500)个单词。“x=Embedding (max_features,64)(x)”语句表示嵌入编码层，此层为无偏置系数的单层全连接神经网络。此网络有 max_features(max_features=20 000)个输入信号、64 个输出信号，它的功能是把单词的独热编码值(此值包括 20 000 个元素)映射到 64 维的低维空间。“x=SimpleRNN(16)(x)”语句表示简单循环神经网络的隐藏层，此层具有 16 个神经元。“x=Dense(2, activation = 'softmax')(x)”语句表示输出层。

在上面的程序中，“model.summary()”语句的运行结果如下所示。

```
_________________________________________________________________
Layer (type)                 Output Shape              Param #
=================================================================
input_1 (InputLayer)          (None, 500)               0
_________________________________________________________________
embedding_1 (Embedding)      (None, 500, 64)           1280000
_________________________________________________________________
simple_rnn_1 (SimpleRNN)     (None, 16)                1296
_________________________________________________________________
dense_1 (Dense)              (None, 2)                 34
=================================================================
Total params: 1,281,330
Trainable params: 1,281,330
Non-trainable params: 0
```

在嵌入编码层中，当输入某个单词时，首先根据该单词的索引值，得到该单词的独热编码值，此值包括 20 000 个元素；然后，把此独热编码值送入嵌入编码层，此层的输出值就是该单词的嵌入编码值向量，此向量包括 64 个元素，如图 5-12 所示。每个评论有 maxlen(maxlen=500)个单词，所以嵌入编码层输出张量的形状为 500×64。例如，当计算“and”的嵌入编码值时，首先根据此单词的索引值“5”获得此单词的独热编码值“[0 0 0 0 0 1 0…0]”，此值包括 20 000 个元素，元素“1”的前面和后面分别有 5 个和 19 994 个元素“0”；然后把此独热编码值送给图 5-12 所示的神经网络，得到“and”单词的嵌入编码值“[e_0 e_1… e_{63}]”，此值包括 64 个元素。

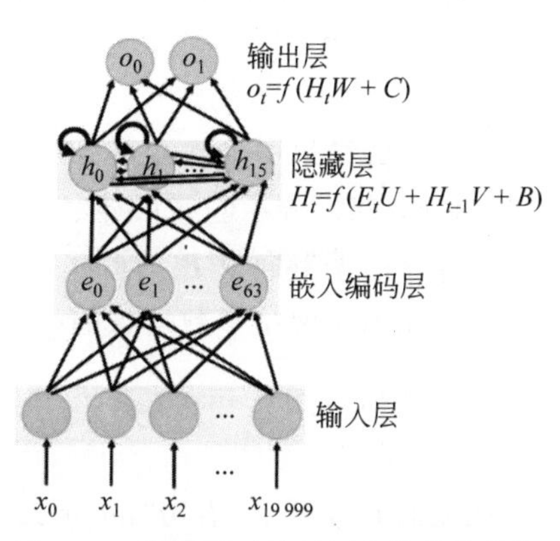

图 5-12　简单循环神经网络的具体结构

上述程序使用的简单循环神经网络的具体结构如图 5-12 所示。在图 5-12 的输入层中，没有使用网络参数。在图 5-12 所示的嵌入编码层中，没有使用偏置参数，仅仅使用了权值参数，权值参数的数量为

$$20\,000 \times 64 = 1\,280\,000 \tag{5-16}$$

在图 5-12 所示的隐藏层中，嵌入编码层神经元到隐藏层神经元的权值矩阵 $\boldsymbol{U}$ 中包括 1024(64×16)个权值参数，隐藏层神经元到隐藏层神经元的权值矩阵 $\boldsymbol{V}$ 中包括 256(16×16)个权值参数，隐藏层神经元的偏置向量 $\boldsymbol{B}$ 中包括 16 个偏置参数，所以隐藏层网络参数

的数量为

$$64 \times 16 + 16 \times 16 + 16 = 1296 \quad (5\text{-}17)$$

在图 5-12 所示的输出层中，隐藏层神经元到输出层神经元的权值矩阵 $\boldsymbol{W}$ 中包括 32(16×2)个权值参数，输出层神经元的偏置向量 $\boldsymbol{C}$ 包括 2 个偏置参数，所以输出层网络参数的数量为

$$16 \times 2 + 2 = 34 \quad (5\text{-}18)$$

在图 5-12 中，网络参数的全部数量为

$$1\,280\,000 + 1296 + 34 = 1\,281\,330 \quad (5\text{-}19)$$

显示嵌入编码层神经元权值系数形状的程序如下所示。

```
for w in model.layers[1].get_weights():
    print(w.shape)
```

在上面的程序中，语句“model.layers[1]”表示嵌入编码层。上述程序的运行结果如下所示。

```
(20000, 64)
```

显示隐藏层网络参数形状的程序如下所示。

```
for w in model.layers[2].get_weights():
    print(w.shape)
```

在上面的程序中，语句“model.layers[2]”表示隐藏层。上述程序的运行结果如下所示。

```
(64, 16)
(16, 16)
(16,)
```

在上面的结果中，“(64, 16)”表示嵌入编码层神经元到隐藏层神经元的权值矩阵 $\boldsymbol{U}$ 的形状，“(16, 16)”表示隐藏层神经元到隐藏层神经元的权值系数 $\boldsymbol{V}$ 的形状，“(16,)”表示隐藏层神经元的偏置向量 $\boldsymbol{B}$ 的形状。

显示输出层网络参数形状的程序如下所示。

```
for w in model.layers[3].get_weights():
    print(w.shape)
```

在上面的程序中，语句“model.layers[3]”表示输出层。上述程序的运行结果如下所示。

```
(16, 2)
(2,)
```

在上面的运行结果中，“(16, 2)”表示隐藏层神经元到输出层神经元的权值系数 $\boldsymbol{W}$ 的形状，“(2,)”表示输出层神经元的偏置向量 $\boldsymbol{C}$ 的形状。

5.3.3 神经网络模型的编译和拟合

对简单循环神经网络模型进行编译和拟合的程序如下所示。

```
from tensorflow.keras.optimizers import Adam
```

```
model.compile(optimizer = Adam(0.0002), loss = 'categorical_crossentropy',
metrics = ['accuracy'])
history = model.fit(input_train, yy_train, epochs = 50, batch_size = 2000,
validation_split = 0.2)
```

在上面的程序中，“compile”函数表示对网络模型进行编译，“fit”函数表示对网络模型进行拟合，参数“validation_split=0.2”表示使用训练集的20%样本数据作为测试集。也可以使用真正的测试集进行网络模型的拟合，程序如下所示。

```
history = model.fit(input_train, yy_train, epochs = 10, batch_size = 100,
validation_data = (input_test, yy_test))
```

对网络模型进行拟合的结果如下所示。

```
Epoch 1/50
10/10 [==============================] - 19s 1s/step - loss: 0.6975 -
accuracy: 0.5143 - val_loss: 0.6921 - val_accuracy: 0.5310
Epoch 2/50
10/10 [==============================] - 13s 1s/step - loss: 0.6766 -
accuracy: 0.5784 - val_loss: 0.6800 - val_accuracy: 0.5718
......................................................
Epoch 48/50
10/10 [==============================] - 13s 1s/step - loss: 0.1367 -
accuracy: 0.9696 - val_loss: 0.4248 - val_accuracy: 0.8276
Epoch 49/50
10/10 [==============================] - 13s 1s/step - loss: 0.1325 -
accuracy: 0.9709 - val_loss: 0.4278 - val_accuracy: 0.8272
Epoch 50/50
10/10 [==============================] - 13s 1s/step - loss: 0.1304 -
accuracy: 0.9720 - val_loss: 0.4281 - val_accuracy: 0.8296
```

从上面的结果可以看出，简单循环神经网络模型在测试集上的准确率达到82.96%。绘制在训练集和测试集上的准确率曲线和损失函数曲线，程序如下所示。

```
def plot_acc_loss_curve(history):
    from matplotlib import pyplot as plt
    acc = history.history['accuracy']
    val_acc = history.history['val_accuracy']
    loss = history.history['loss']
    val_loss = history.history['val_loss']
    plt.figure(figsize=(15, 5))
    plt.subplot(1, 2, 1)
    plt.plot(acc, label='Training Accuracy')
    plt.plot(val_acc, label='Validation Accuracy')
    plt.title('Training and Validation Accuracy')
    plt.legend()
    plt.grid()
    plt.subplot(1, 2, 2)
    plt.plot(loss, label='Training Loss')
    plt.plot(val_loss, label='Validation Loss')
    plt.title('Training and Validation Loss')
```

```
    plt.legend()
    plt.grid()
    plt.show()
plot_acc_loss_curve(history)
```

以上程序的运行结果如图 5-13 所示。

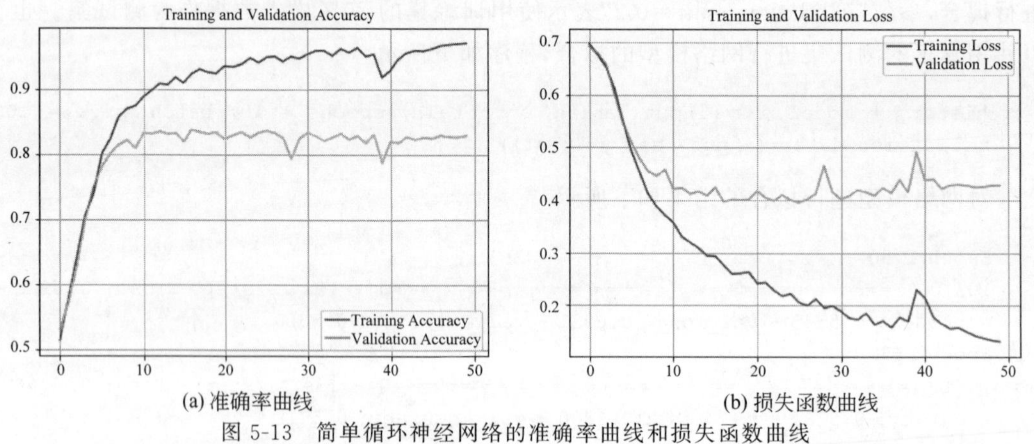

图 5-13 简单循环神经网络的准确率曲线和损失函数曲线

5.3.4 单个样本数据的预测

随机选择测试集中的某个评论,并把此评论输入已经训练好的简单循环神经网络模型,从而得到此评论的预测值,程序如下所示。

```
import random
index = random.randint(0, input_test.shape[0])
print('index:', index)
text=''
for i in x_test[index]:
    temp=reverse_word_index.get(i - 3, '?')
    text=text + ' ' +temp
print('text:', text)
print('original:', y_test[index])
y = "positive" if y_test[index] == 1 else "negative"
print('original:', y)
x = input_test[index]
print(x.shape)
x=x.reshape((1,maxlen))
print(x.shape)
predict1 = model.predict(x)
print('predicted:', predict1)
print(predict.shape)
if predict[0][0]>predict[0][1]:
    print("predicted: negative")
else:
    print("predicted: positive")
```

在上面的程序中,"predict"函数表示预测函数。上面的程序能够多次运行,它的运行结果如下所示。

```
index: 22464
text:  ? i saw this film when it first came out and didn't know what to expect
exactly what followed the ? was one of the most pleasurable ? experiences i have
ever had a lush score of songs and music by leslie of doctor doolittle ? and the
chocolate factory fame as well as making his mark on the broadway musical scene and
scored by the incomparable john williams there's not a bad song in the entire film
plus some of the most exquisite cinematography costume design and filming
locations i have ever seen in one film not to mention the academy award nominated
performance by peter o'toole and the equally strong performance in my opinion by
the wonderful clark now given that peter is not the same caliber a singer that is he
still manages to sell his songs to the audience and that after all is what it is all
about this is a faithful adaptation of the excellent book by james hilton and
deserves to be treasured for generations to come i recommend this film for family
viewing though most men will consider this a flick but if you like a truly great
film musical then this film is for you but be warned that a ? box of kleenex is just
as important as popcorn for your viewing pleasure
original: 1
original: positive
(500,)
(1, 500)
predicted: [[0.05430552 0.9456945 ]]
(1, 2)
predicted: positive
```

在上面的运行结果中，首先随机选择测试集中的第 22 464 个评论数据，此数据的标签值为“1”，即此标签值为“positive”(即正面评论)；然后，把此评论数据送入已经训练好的简单循环神经网络模型，此模型的输出结果为两个概率值；最后，找到这两个概率值中的最大概率值“0.9456945”，其对应的类别是“positive”。显然，使用已经训练好的简单循环神经网络模型对测试集中第 22 464 个评论数据进行预测得到的结果，和此评论数据的标签值一致。

5.4 基于门控的循环神经网络

简单循环神经网络虽然具有短期记忆能力，但是在处理长期依赖关系时存在挑战。具体来说，随着序列长度的增加，当简单循环神经网络把早期的信息传递到后面的时刻时，这些信息可能会逐渐消失或被覆盖，并且可能会遇到梯度消失或梯度爆炸的问题，导致难以有效捕捉和利用序列中的长期依赖关系。所以，简单循环神经网络无法实现长期的记忆性，即无法处理长期的依赖关系。例如，图 5-7(b)中，在 $t=0$ 时刻输入的值，对 $t=2/3/4$ 时刻产生的影响越来越小。

为了解决这个问题，研究人员提出了基于门控的循环神经网络(Gated Recurrent Neural Network，GRNN)。GRNN 使用了门控机制来控制信息的流动，从而有选择地保留以前的信息，并同时有选择地加入新信息。GRNN 有两种主要的类型：长短期记忆模型网络(Long Short Term Memory，LSTM)和门控循环单元网络(Gated Recurrent Unit，

GRU)。LSTM 使用了输入门、遗忘门和输出门这 3 个门控制信息的写入、读取和删除,能够自适应地更新记忆和选择性地遗忘信息。GRU 是 LSTM 的一个简化版本,使用更新门和重置门这两个门来代替 LSTM 中的 3 个门。GRU 在保持 LSTM 性能的同时,具有更少的参数和更快的计算速度。通过引入门控机制和记忆单元,基于门控的循环神经网络能够更有效地处理长期依赖关系,并且能够减少梯度消失现象和梯度爆炸问题。所以,基于门控的循环神经网络在处理具有长期依赖关系的长序列时具有更好的性能,广泛应用于自然语言处理、语音识别和时间序列预测等任务中。

5.4.1 长短期记忆模型网络

为了描述神经网络的历史信息,长短期记忆模型网络使用了两个状态变量:短期状态变量 h 和长期状态变量 c。短期状态变量 h 能够描述比较近的历史状态;而长期状态变量 c 能够描述比较远的历史状态,它的更新迭代和衰退的速度比短期状态变量 h 要慢一些。所以,长短期记忆模型网络能够同时兼顾长期记忆能力和短期记忆能力。在简单循环神经网络中,只有短期状态变量 h,没有长期状态变量 c。

长短期记忆模型网络与简单循环神经网络的内部结构对比如图 5-14 所示。在简单循环神经网络中,首先把上一时刻的短期状态 h_{t-1} 和当前时刻的输入信号 x_t 结合在一起,然后把结合的结果使用激活函数 Tanh 处理,从而得到当前时刻的短期状态 h_t。在长短期记忆模型网络中,首先把上一时刻的短期状态 h_{t-1}、长期状态 c_{t-1} 和当前时刻的输入信号 x_t 结合在一起,然后把结合的结果使用激活函数 Tanh 处理,从而得到当前时刻的短期状态 h_t 和长期状态 c_t。

从图 5-14(b)中可以看出,长短期记忆模型网络使用了 3 个门:遗忘门、输入门和输出门。当前时刻的长期状态 c_t 来自两部分信息:历史信息和当前时刻的输入信息。在长短期记忆模型网络中,使用遗忘门接收历史的信息,即继承上一时刻 t-1 的长期状态 c_{t-1},遗忘门张量 $\boldsymbol{f}_t$ 能够控制遗忘门继承历史信息的比例。在长短期记忆模型网络中,使用输入门接收当前时刻的输入信息。$\tilde{\boldsymbol{c}}_t$ 表示当前时刻输入信息综合在一起的张量,输入门张量 $\boldsymbol{i}_t$ 能够控制输入门输入信息的比例。当前时刻的长期状态 c_t 使用输出门得到当前时刻的短期状态 h_t,输出门张量 $\boldsymbol{o}_t$ 能够控制输出门输出信息的比例。

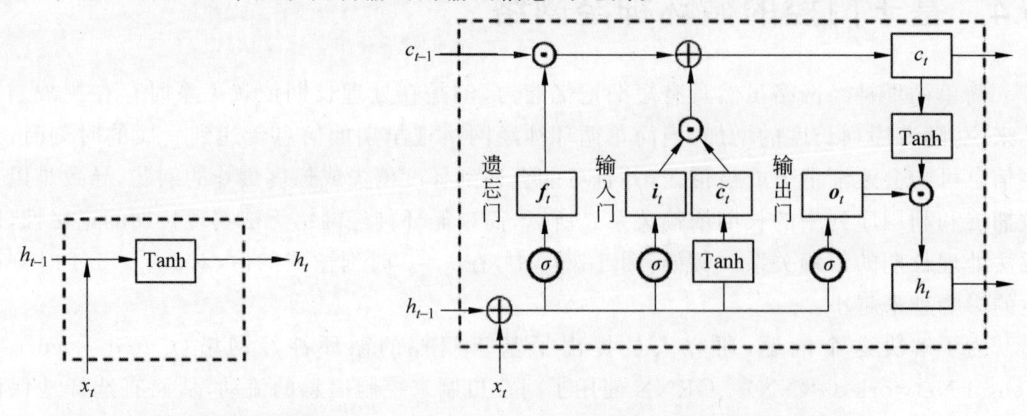

(a) 简单循环神经网络的内部结构　　(b) 长短期记忆模型网络的内部结构

图 5-14　长短期记忆模型网络与简单循环神经网络的内部结构对比

假设输入信号 x_t 包含 M 个神经元，同时假设长短期记忆模型网络内部的每个部分都包含 N 个神经元，则 $\boldsymbol{x}_t$ 是形状为 $1\times M$ 的向量，h_{t-1} 和 c_{t-1} 都是形状为 $1\times N$ 的向量。长短期记忆模型网络的遗忘门有两个输入信号：前一时刻的短期状态 h_{t-1} 和当前时刻的输入信号 x_t。

计算遗忘门张量 $\boldsymbol{f}_t$ 的网络如图 5-15 所示。

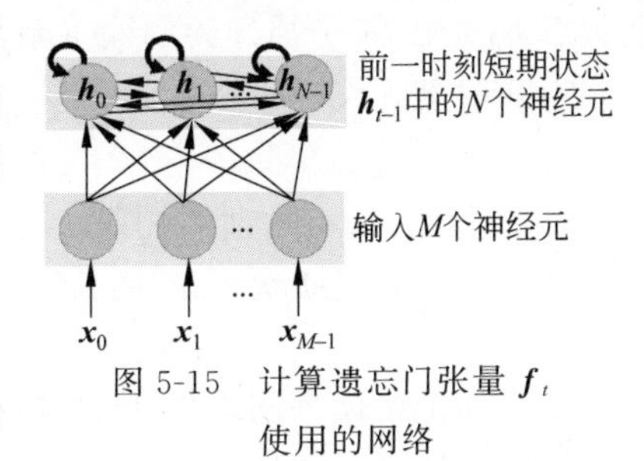

图 5-15　计算遗忘门张量 $\boldsymbol{f}_t$ 使用的网络

遗忘门张量 $\boldsymbol{f}_t$ 的计算方程为

$$\boldsymbol{f}_t=\sigma(x_t\boldsymbol{W}_f+h_{t-1}\boldsymbol{U}_f+\boldsymbol{b}_f) \tag{5-20}$$

其中，遗忘门张量 $\boldsymbol{f}_t$ 是具有形状为 $1\times N$ 的向量，它的每个元素取值范围为 0～1；σ 表示 Sigmoid 激活函数；$\boldsymbol{W}_f$ 表示在计算遗忘门张量 $\boldsymbol{f}_t$ 时，输入信号中的 M 个神经元与前一时刻短期状态 h_{t-1} 中 N 个神经元之间连线的权值系数组成的矩阵，其形状为 $M\times N$；$\boldsymbol{U}_f$ 表示在计算遗忘门张量 $\boldsymbol{f}_t$ 时，前一时刻短期状态 h_{t-1} 中的 N 个神经元与自身 N 个神经元之间连线的权值系数组成的矩阵，其形状为 $N\times N$；$\boldsymbol{b}_f$ 表示在计算遗忘门张量 $\boldsymbol{f}_t$ 时，前一时刻短期状态 h_{t-1} 中 N 个神经元的偏置系数组成的向量，其形状为 $1\times N$。

长短期记忆模型网络的输入门有两个输入信号：前一时刻的短期状态 h_{t-1} 和当前时刻的输入信号 x_t。输入门张量 $\boldsymbol{i}_t$ 的计算方程为

$$\boldsymbol{i}_t=\sigma(x_t\boldsymbol{W}_i+h_{t-1}\boldsymbol{U}_i+\boldsymbol{b}_i) \tag{5-21}$$

其中，输入门张量 $\boldsymbol{i}_t$ 是形状为 $1\times N$ 的向量，它的每个元素取值范围为 0～1；σ 表示 Sigmoid 激活函数；$\boldsymbol{W}_i$ 表示在计算输入门张量 $\boldsymbol{i}_t$ 时，输入信号中的 M 个神经元与前一时刻短期状态 h_{t-1} 中 N 个神经元之间连线的权值系数组成的矩阵，其形状为 $M\times N$；$\boldsymbol{U}_i$ 表示在计算输入门张量 $\boldsymbol{i}_t$ 时，前一时刻短期状态 h_{t-1} 中的 N 个神经元与自身 N 个神经元之间连线的权值系数组成的矩阵，其形状为 $N\times N$；$\boldsymbol{b}_i$ 表示在计算输入门张量 $\boldsymbol{i}_t$ 时，前一时刻短期状态 h_{t-1} 中 N 个神经元的偏置系数组成的向量，其形状为 $1\times N$。

$\tilde{\boldsymbol{c}}_t$ 表示当前时刻输入信息综合在一起的张量，它的计算方程为

$$\tilde{\boldsymbol{c}}_t=\tanh(x_t\boldsymbol{W}_c+h_{t-1}\boldsymbol{U}_c+\boldsymbol{b}_c) \tag{5-22}$$

其中，$\tilde{\boldsymbol{c}}_t$ 是具有形状为 $1\times N$ 的向量，它的每个元素取值范围为 0～1；tanh 表示 Tanh 激活函数；$\boldsymbol{W}_c$ 表示在计算 $\tilde{\boldsymbol{c}}_t$ 时，输入信号中的 M 个神经元与前一时刻短期状态 h_{t-1} 中 N 个神经元之间连线的权值系数组成的矩阵，其形状为 $M\times N$；$\boldsymbol{U}_c$ 表示在计算 $\tilde{\boldsymbol{c}}_t$ 时，前一时刻短期状态 h_{t-1} 中的 N 个神经元与自身 N 个神经元之间连线的权值系数组成的矩阵，其形状为 $N\times N$；$\boldsymbol{b}_c$ 表示在计算 $\tilde{\boldsymbol{c}}_t$ 时，前一时刻短期状态 h_{t-1} 中 N 个神经元的偏置系数组成的向量，其形状为 $1\times N$。

长短期记忆模型网络的输出门有两个输入：前一时刻的短期状态 h_{t-1} 和当前时刻的输入信号 x_t。输出门张量 $\boldsymbol{o}_t$ 的计算方程为

$$\boldsymbol{o}_t=\sigma(x_t\boldsymbol{W}_o+h_{t-1}\boldsymbol{U}_o+\boldsymbol{b}_o) \tag{5-23}$$

其中，输出门张量 $\boldsymbol{o}_t$ 是形状为 $1\times N$ 的向量，它的每个元素取值范围为 0～1；σ 表示 Sigmoid 激活函数；$\boldsymbol{W}_o$ 表示在计算输出门张量 $\boldsymbol{o}_t$ 时，输入信号中的 M 个神经元与前一时刻短期状态 h_{t-1} 中 N 个神经元之间连线的权值系数组成的矩阵，其形状为 $M\times N$；$\boldsymbol{U}_o$ 表示在计算输出门张量 $\boldsymbol{o}_t$ 时，前一时刻短期状态 h_{t-1} 中的 N 个神经元与自身 N 个神经元之间连

线的权值系数组成的矩阵，其形状为 $N\times N$；$\boldsymbol{b}_o$ 表示在计算输出门张量 $\boldsymbol{o}_t$ 时，前一时刻短期状态 h_{t-1} 中 N 个神经元的偏置系数组成的向量，其形状为 $1\times N$。

当前时刻 t 长期状态 c_t 的计算方程为

$$c_t=\boldsymbol{f}_t\odot c_{t-1}+\boldsymbol{i}_t\odot\tilde{\boldsymbol{c}}_t \tag{5-24}$$

其中，c_{t-1} 表示 $t-1$ 时刻的长期状态，$\odot$ 表示两个张量内部相同位置元素相乘。

当前时刻 t 短期状态 h_t 的计算方程为

$$h_t=\boldsymbol{o}_t\odot\tanh(c_t) \tag{5-25}$$

长短期记忆模型网络使用的网络参数包括 4 部分。首先，在计算遗忘门张量 $\boldsymbol{f}_t$ 的方程，即式(5-20)中，权值系数矩阵 $\boldsymbol{W}_f$、权值系数矩阵 $\boldsymbol{U}_f$ 和偏置系数向量 $\boldsymbol{b}_f$ 中的系数属于第一部分网络参数。然后，在计算输入门张量 $\boldsymbol{i}_t$ 的方程，即式(5-21)中，权值系数矩阵 $\boldsymbol{W}_i$、权值系数矩阵 $\boldsymbol{U}_i$ 和偏置系数向量 $\boldsymbol{b}_i$ 中的系数属于第二部分网络参数。接下来，在计算张量 $\tilde{\boldsymbol{c}}_t$ 的方程，即式(5-22)中，权值系数矩阵 $\boldsymbol{W}_c$、权值系数矩阵 $\boldsymbol{U}_c$ 和偏置系数向量 $\boldsymbol{b}_c$ 中的系数属于第 3 部分网络参数。最后，在计算输出门张量 $\boldsymbol{o}_t$ 的方程，即式(5-23)中，权值系数矩阵 $\boldsymbol{W}_o$、权值系数矩阵 $\boldsymbol{U}_o$ 和偏置系数向量 $\boldsymbol{b}_o$ 中的系数属于第 4 部分网络参数。

5.4.2 门控循环单元网络

和长短期记忆模型网络相比，门控循环单元网络相对比较简单。长短期记忆模型网络使用了 3 个门：遗忘门、输入门和输出门，而门控循环单元网络只使用两个门：更新门和重置门。长短期记忆模型网络需要计算 4 个张量：遗忘门张量 $\boldsymbol{f}_t$、输入门张量 $\boldsymbol{i}_t$、把当前时刻的输入信息综合在一起的张量 $\tilde{\boldsymbol{c}}_t$ 和输出门张量 $\boldsymbol{o}_t$；而在门控循环单元网络中，只需要计算两个张量：更新门张量 $\boldsymbol{z}_t$ 和重置门张量 $\boldsymbol{r}_t$。此外，长短期记忆模型网络使用了两个状态变量描述网络的历史信息，而门控循环单元网络只使用了一个状态变量 h 描述网络的历史信息。门控循环单元网络的结构如图 5-16 所示。

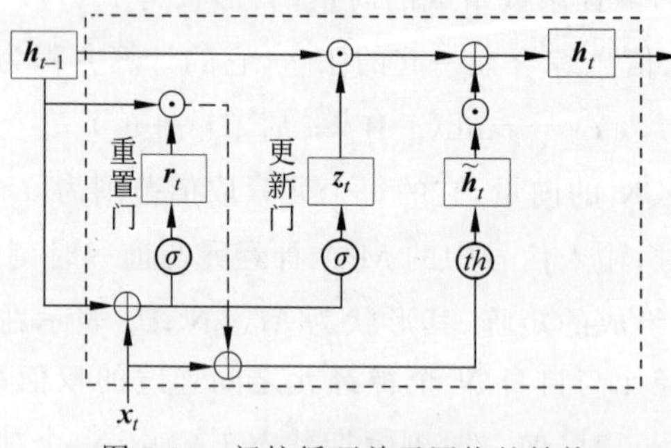

图 5-16 门控循环单元网络的结构

在图 5-16 中，假设输入信号 $\boldsymbol{x}_t$ 具有 M 个神经元，同时假设门控循环单元网络内部的每个部分都具有 N 个神经元，则输入信号 $\boldsymbol{x}_t$ 是形状为 $1\times M$ 的向量，前一时刻的状态 $\boldsymbol{h}_{t-1}$ 和当前时刻的状态 $\boldsymbol{h}_t$ 都是形状为 $1\times N$ 的向量。更新门有两个输入信号：前一时刻的状态 $\boldsymbol{h}_{t-1}$ 和当前时刻的输入信号 $\boldsymbol{x}_t$。更新门张量 $\boldsymbol{z}_t$ 的计算方程为

$$\boldsymbol{z}_t=\sigma(\boldsymbol{x}_t\boldsymbol{W}_z+\boldsymbol{h}_{t-1}\boldsymbol{U}_z+\boldsymbol{b}_z) \tag{5-26}$$

其中，更新门张量 $\boldsymbol{z}_t$ 是形状为 $1\times N$ 的向量，它的每个元素取值范围为 0～1；σ 表示 Sigmoid 激活函数；$\boldsymbol{W}_z$ 表示在计算更新门张量 $\boldsymbol{z}_t$ 时，输入信号 x_t 中的 M 个神经元与前一时刻状态 h_{t-1} 中 N 个神经元之间连线的权值系数组成的矩阵，其形状为 $M\times N$；$\boldsymbol{U}_z$ 表示在

计算更新门张量 $\boldsymbol{z}_t$ 时，前一时刻短期状态 h_{t-1} 中的 N 个神经元与自身 N 个神经元之间连线的权值系数组成的矩阵，其形状为 $N\times N$；$\boldsymbol{b}_z$ 表示在计算更新门张量 $\boldsymbol{z}_t$ 时，前一时刻短期状态 $\boldsymbol{h}_{t-1}$ 中 N 个神经元的偏置系数组成的向量，其形状为 $1\times N$。

重置门也有两个相同的输入信号：前一时刻的状态 $\boldsymbol{h}_{t-1}$ 和当前时刻的输入信号 $\boldsymbol{x}_t$。重置门张量 $\boldsymbol{r}_t$ 的计算方程为

$$\boldsymbol{r}_t=\sigma(\boldsymbol{x}_t\boldsymbol{W}_r+\boldsymbol{h}_{t-1}\boldsymbol{U}_r+\boldsymbol{b}_r) \tag{5-27}$$

其中，重置门张量 $\boldsymbol{r}_t$ 是形状为 $1\times N$ 的向量，它的每个元素取值范围为 0～1；σ 表示 Sigmoid 激活函数；$\boldsymbol{W}_r$ 表示在计算重置门张量 $\boldsymbol{r}_t$ 时，输入信号 $\boldsymbol{x}_t$ 中的 M 个神经元与前一时刻状态 h_{t-1} 中 N 个神经元之间连线的权值系数组成的矩阵，其形状为 $M\times N$；$\boldsymbol{U}_r$ 表示在计算重置门张量 r_t 时，前一时刻状态 h_{t-1} 中的 N 个神经元与自身 N 个神经元之间连线的权值系数组成的矩阵，其形状为 $N\times N$；$\boldsymbol{b}_r$ 表示在计算重置门张量 $\boldsymbol{r}_t$ 时，前一时刻状态 h_{t-1} 中 N 个神经元的偏置系数组成的向量，其形状为 $1\times N$。

候选状态 $\widetilde{h}_t$ 的计算方程为

$$\widetilde{\boldsymbol{h}}_t=\tanh(\boldsymbol{x}_t\boldsymbol{W}_h+(\boldsymbol{r}_t\odot\boldsymbol{h}_{t-1})\boldsymbol{U}_h+\boldsymbol{b}_h) \tag{5-28}$$

其中，$\widetilde{\boldsymbol{h}}_t$ 的形状为 $1\times N$；tanh 表示 Tanh 激活函数；$\odot$ 表示两个张量内相同位置元素相乘；$\boldsymbol{r}_t\odot\boldsymbol{h}_{t-1}$ 表示使用重置门张量 $\boldsymbol{r}_t$ 控制候选状态 $\widetilde{\boldsymbol{h}}_t$ 来自前一时刻状态 h_{t-1} 的比例关系；$\boldsymbol{W}_h$ 表示在计算候选状态 $\widetilde{\boldsymbol{h}}_t$ 时，输入信号 $\boldsymbol{x}_t$ 中的 M 个神经元与 $(\boldsymbol{r}_t\odot\boldsymbol{h}_{t-1})$ 结果值中 N 个神经元之间连线的权值系数组成的矩阵，其形状为 $M\times N$；$\boldsymbol{U}_h$ 表示在计算候选状态 $\widetilde{\boldsymbol{h}}_t$ 时，$(r_t\odot h_{t-1})$ 结果值中的 N 个神经元与自身 N 个神经元之间连线的权值系数组成的矩阵，其形状为 $N\times N$；$\boldsymbol{b}_h$ 表示在计算候选状态 $\widetilde{\boldsymbol{h}}_t$ 时，$(\boldsymbol{r}_t\odot\boldsymbol{h}_{t-1})$ 结果中 N 个神经元的偏置系数组成的向量，其形状为 $1\times N$。

在计算门控循环单元网络当前时刻 t 的状态 $\boldsymbol{h}_t$ 时，使用了更新门张量 z_t 控制历史信息和当前时刻输入信息 $\boldsymbol{x}_t$ 之间的平衡关系。h_t 的计算方程为

$$\boldsymbol{h}_t=z_t\odot\boldsymbol{h}_{t-1}+(1-z_t)\odot\widetilde{\boldsymbol{h}}_t \tag{5-29}$$

其中，$\boldsymbol{h}_{t-1}$ 表示前一时刻的状态，也就是门控循环单元网络的历史信息。

门控循环单元网络使用的网络参数包括 3 部分。首先，在计算更新门张量 $\boldsymbol{z}_t$ 的方程，即式(5-26)中，权值系数矩阵 $\boldsymbol{W}_z$、权值系数矩阵 $\boldsymbol{U}_z$ 和偏置系数向量 $\boldsymbol{b}_z$ 中的系数属于第一部分网络参数。然后，在计算重置门张量 $\boldsymbol{r}_t$ 的方程，即式(5-27)中，权值系数矩阵 $\boldsymbol{W}_r$、权值系数矩阵 $\boldsymbol{U}_r$ 和偏置系数向量 $\boldsymbol{b}_r$ 中的系数属于第二部分网络参数。最后，在计算候选状态 $\widetilde{\boldsymbol{h}}_t$ 的方程，即式(5-28)中，权值系数矩阵 $\boldsymbol{W}_h$、权值系数矩阵 $\boldsymbol{U}_h$ 和偏置系数向量 $\boldsymbol{b}_h$ 中的系数属于第三部分网络参数。

5.5 基于 Keras 深度学习框架的长短期记忆模型网络编程方法

本节介绍了使用 Keras 深度学习框架编写长短期记忆模型网络程序的方法，并使用电影评论的情感分析问题作为案例。电影评论的情感分析问题使用了 IMDB 数据集。和 5.3

节中简单循环神经网络的编程方法相比，长短期记忆模型网络只有第二个步骤“神经网络模型的构建”的编程方法有所不同，其他步骤的编程方法都相同。

在第二个步骤“神经网络模型的构建”中，程序如下所示。

```
from keras import Model
from keras.layers import Dense,Embedding,LSTM,Input
input_layer=Input([maxlen])
x=input_layer
x=Embedding(max_features, 64)(x)
x=LSTM(32)(x)
x=Dense(2, activation = 'softmax')(x)
output_layer=x
model=Model(input_layer,output_layer)
model.summary()
```

在上面的程序中，“from keras.layers import Dense，Embedding，SimpleRNN，Input”语句中的“LSTM”表示长短期记忆模型的隐藏层模块；“x＝LSTM(32)(x)”语句表示LSTM隐藏层，此层中的每个部分都使用了32个神经元；“model.summary()”语句的运行结果如下所示。

```
Model: "model"
_________________________________________________________________
Layer (type)                 Output Shape              Param #
=================================================================
input_1 (InputLayer)          [(None, 500)]             0
_________________________________________________________________
embedding (Embedding)        (None, 500, 64)           1280000
_________________________________________________________________
lstm (LSTM)                 (None, 32)               12416
_________________________________________________________________
dense (Dense)                 (None, 2)                66
=================================================================
Total params: 1,292,482
Trainable params: 1,292,482
Non-trainable params: 0
_________________________________________________________________
```

上述程序使用的长短期记忆模型网络的具体结构如图5-17所示。

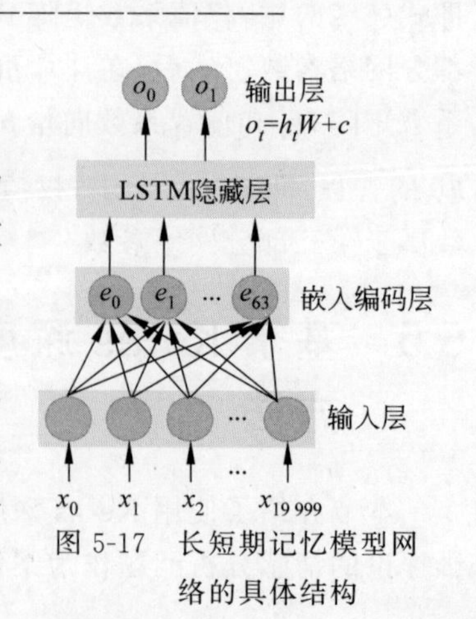

图5-17 长短期记忆模型网络的具体结构

在图5-17所示的输入层，没有使用网络参数；嵌入编码层没有使用偏置参数，只使用了权值参数，权值参数的数量为

$$20\,000\times 64=1\,280\,000 \tag{5-30}$$

在5.4.1节介绍过，LSTM隐藏层的网络参数包括4部分。首先，在计算遗忘门张量$\boldsymbol{f}_t$时，权值系数矩阵$\boldsymbol{W}_f$、权值系数矩阵$\boldsymbol{U}_f$和偏置系数向量$\boldsymbol{b}_f$中的系数属于第1部分网络参数。然后，在计算输入门张量$\boldsymbol{i}_t$时，权值系数矩阵

$\boldsymbol{W}_i$、权值系数矩阵 $\boldsymbol{U}_i$ 和偏置系数向量 $\boldsymbol{b}_i$ 中的系数属于第 2 部分网络参数。接下来，在计算张量 $\widetilde{\boldsymbol{c}}_t$ 时，权值系数矩阵 $\boldsymbol{W}_c$、权值系数矩阵 $\boldsymbol{U}_c$ 和偏置系数向量 $\boldsymbol{b}_c$ 中的系数属于第 3 部分网络参数。最后，在计算输出门张量 $\boldsymbol{o}_t$ 时，权值系数矩阵 $\boldsymbol{W}_o$、权值系数矩阵 $\boldsymbol{U}_o$ 和偏置系数向量 $\boldsymbol{b}_o$ 中的系数属于第 4 部分网络参数。在这 4 部分中，每部分网络参数的数量都相同。遗忘门张量 $\boldsymbol{f}_t$ 的计算方程如式(5-20)所示，此方程中的矩阵 $\boldsymbol{W}_f$、矩阵 $\boldsymbol{U}_f$ 和向量 $\boldsymbol{b}_f$ 的形状分别为 $M\times N$、$N\times N$ 和 $1\times N$。在计算遗忘门张量 $\boldsymbol{f}_t$ 时，使用的网络如图 5-15 所示。

在图 5-15 中，输入信号 $x_0\sim x_{M-1}$ 来自嵌入编码层的输出信号，所以 M 的值为 64。此外，由于 LSTM 隐藏层的每个部分都使用了 32 个神经元，因此 N 的值为 32。在计算遗忘门张量时，使用的网络参数数量为

$$M\times N+N\times N+1\times N=64\times 32+32\times 32+1\times 32=3104 \tag{5-31}$$

LSTM 隐藏层使用的网络参数全部数量为

$$3104\times 4=12\ 416 \tag{5-32}$$

在图 5-17 所示的输出层中，输出层中神经元的权值矩阵 $\boldsymbol{W}$ 中包括 64(32×2)个权值参数，输出层中神经元的偏置向量 $\boldsymbol{C}$ 包括 2 个偏置参数，所以输出层网络参数的数量为

$$32\times 2+2=66 \tag{5-33}$$

在图 5-17 中，网络参数的全部数量为

$$1\ 280\ 000+12\ 146+66=1\ 292\ 482 \tag{5-34}$$

对此网络模型进行拟合的结果如下所示。

```
Epoch 1/50
10/10 [==============================] - 11s 134ms/step - loss: 0.6922 -
accuracy: 0.5357 - val_loss: 0.6914 - val_accuracy: 0.5554
Epoch 2/50
10/10 [==============================] - 1s 91ms/step - loss: 0.6900 -
accuracy: 0.5974 - val_loss: 0.6895 - val_accuracy: 0.6014
Epoch 3/50
10/10 [==============================] - 1s 80ms/step - loss: 0.6872 -
accuracy: 0.6492 - val_loss: 0.6869 - val_accuracy: 0.6328
……………………………………………………
Epoch 48/50
10/10 [==============================] - 1s 77ms/step - loss: 0.0544 -
accuracy: 0.9890 - val_loss: 0.3791 - val_accuracy: 0.8788
Epoch 49/50
10/10 [==============================] - 1s 78ms/step - loss: 0.0522 -
accuracy: 0.9896 - val_loss: 0.3839 - val_accuracy: 0.8776
Epoch 50/50
10/10 [==============================] - 1s 72ms/step - loss: 0.0501 -
accuracy: 0.9901 - val_loss: 0.3835 - val_accuracy: 0.8776
```

从上面的结果可以看出，长短期记忆模型网络在测试集上的准确率达到 87.76%。在 5.3.3 节，已经获得简单循环神经网络模型在测试集上的准确率为 82.96%。所以，和简单循环神经网络模型相比，长短期记忆模型网络在测试集上的准确率提高了 4.8%。

思考练习

1. 序列数据的定义是什么？独热编码和嵌入编码的原理分别是什么？举例说明。

2. 循环神经网络和卷积神经网络的区别是什么？

3. 简单循环神经网络的工作原理是什么？画图并举例说明。

4. 长短期记忆模型网络与简单循环神经网络的内部结构有什么区别？画图说明。长短期记忆模型网络的遗忘门张量 $\boldsymbol{f}_t$、输入门张量 $\boldsymbol{i}_t$、$\tilde{\boldsymbol{c}}_t$、输出门张量 $\boldsymbol{o}_t$ 的计算公式分别是什么？公式中的每个符号表示什么含义？

参考文献

[1] 王汉生.深度学习：从入门到精通(微课版)[M].北京：人民邮电出版社,2021,50-56.

[2] 辛大奇.深度学习实战：基于 TensorFlow 2.0 的人工智能开发应用[M].北京：中国水利水电出版社,2020,2-11.

[3] 周志华.机器学习[M].北京：清华大学出版社,2016,97-120.

[4] 李玉鑑,张婷,单传辉,等.深度学习：卷积神经网络从入门到精通[M].北京：机械工业出版社,2019,41-75.

[5] 邱锡鹏.神经网络与深度学习[M].北京：机械工业出版社,2021,23-51.

[6] 邱锡鹏.神经网络与深度学习：案例与实践[M].北京：机械工业出版社,2023,145-182.

[7] 吴茂贵,王冬,李涛,等.Python 深度学习：基于 TensorFlow[M].2 版.北京：机械工业出版社,2022,145-182.

[8] 扶松柏.图像识别技术与实战(OpenCV＋dlib＋Keras＋Sklearn＋TensorFlow)[M].北京：清华大学出版社,2021,155-157.

[9] 明日科技,赵宁,赛奎春,等.Python OpenCV 从入门到实践[M].长春：吉林大学出版社,2021,9-15.

[10] 曹其新,庄春刚.机器视觉与应用[M].北京：机械工业出版社,2021,171-187.

[11] 余海林,翟中华.计算机视觉：基于 OpenCV 与 TensorFlow 的深度学习方法[M].北京：清华大学出版社,2021,84-88.

[12] 章毓晋.计算机视觉教程：微课版[M].3 版.北京：人民邮电出版社,2023,260-263.

[13] 高随祥,文新,马艳军,等.深度学习导论与应用实践[M].北京：清华大学出版社,2020,67-100.

附录 缩略词语

	A
Adam	Adaptive Moment Estimation,自适应矩估计
AI	Artificial Intelligence,人工智能
AMD	Advanced Micro Devices,超威半导体
ANN	Artificial Neural Network,人工神经网络
	B
BP	Back Propagation,反向传播
BN	Batch Normalization,批归一化
	C
CBOW	Continuous Bag of Words,连续词袋模型
CNN	Convolutional Neural Network,卷积神经网络
CPU	Central Processing Unit,中央处理器
CVPR	IEEE Conference on Computer Vision and Pattern Recognition,IEEE 国际计算机视觉与模式识别会议
	D
DBN	Deep Belief Network,深度信念网络
DNN	Deep Neural Network,深度神经网络
	F
FC	Full Connection,全连接
	G
GAN	Generative Adversarial Network,生成对抗网络
GPU	Graphics Processing Unit,图形处理器
GRU	Gated Recurrent Unit,门控循环单元网络
	H
HOG	Histogram of Oriented Gradient,梯度方向直方图
	I
ILSVRC	ImageNet Large Scale Visual Recognition Challenge,ImageNet 大规模视觉识别挑战赛
	L
LBP	Local Binary Pattern,局部二值模式
LR	Learning Rate,学习率
LSTM	Long Short Term Memory,长短期记忆模型

M	
ML	Machine Learning,机器学习
MLP	Multilayer Perceptron,多层感知器
MT	Machine Translation,机器翻译
N	
NLP	Natural Language Processing,自然语言处理
NPU	Neural Processing Unit,神经网络处理器
P	
PCA	Principal Component Analysis,主成分分析
R	
ResNet	Residual Neural Network,残差网络
RMSProp	Root Mean Square Prop,均方根加速方法
RNN	Recurrent Neural Network,循环神经网络
S	
SRNN	Simple Recurrent Neural Network,简单循环神经网络
SVM	Support Vector Machine,支持向量机
T	
TPU	Tensor Processing Unit,张量处理器
V	
ViT	Vision Transformer,视觉变换器

图书资源支持

感谢您一直以来对清华版图书的支持和爱护。为了配合本书的使用，本书提供配套的资源，有需求的读者请扫描下方的“书圈”微信公众号二维码，在图书专区下载，也可以拨打电话或发送电子邮件咨询。

如果您在使用本书的过程中遇到了什么问题，或者有相关图书出版计划，也请您发邮件告诉我们，以便我们更好地为您服务。

我们的联系方式：

清华大学出版社计算机与信息分社网站：https://www.shuimushuhui.com/

地　　址：北京市海淀区双清路学研大厦 A 座 714

邮　　编：100084

电　　话：010-83470236　010-83470237

客服邮箱：2301891038@qq.com

QQ：2301891038（请写明您的单位和姓名）

资源下载：关注公众号“书圈”下载配套资源。

资源下载、样书申请

书圈

图书案例

清华计算机学堂

观看课程直播